[美]乔纳森·安德鲁斯　编
杨　颋　罗　佳　译
刘东洋　译校

Architectural Visions
建筑构想

当代建筑草图、透视图和技术图
Contemporary Sketches Perspectives Drawings

中国建筑工业出版社

著作权合同登记图字：01-2010-1318号

图书在版编目(CIP)数据

建筑构想：当代建筑草图、透视图和技术图／（美）乔纳森·安德鲁斯编；
杨颋，罗佳译．— 北京：中国建筑工业出版社，2010.6
ISBN 978-7-112-12170-0

Ⅰ.建… Ⅱ.①乔…②杨…③罗… Ⅲ.建筑设计-作品集-德国-现代 Ⅳ.TU206

中国版本图书馆CIP数据核字（2010）第106370号

Editorial staff: Silva Brand, Anika Burger, Sophie Steybe, Chris Van Uffelen
Graphic concept and layout: Michaela Prinz
本书由Braun Publishing AG 正式授权翻译出版。

责任编辑：常 燕

建筑构想

当代建筑草图、透视图和技术图

[美] 乔纳森·安德鲁斯 编
杨 颋 罗 佳 译
刘东洋 译校

*

中国建筑工业出版社出版、发行（北京西郊百万庄）
各地新华书店、建筑书店经销
北京方舟正佳图文设计有限公司制版
深圳宝峰印刷有限公司印刷

*

开本：590×770毫米 1/12 印张：31 字数：466千字
2010年6月第一版 2010年6月第一次印刷
定价：350.00元
ISBN 978-7-112-12170-0
(19431)

[美]乔纳森 · 安德鲁斯　编
杨　颋　罗　佳　译
刘东洋　译校

Architectural Visions
建筑构想

当代建筑草图、透视图和技术图
Contemporary
Sketches
Perspectives
Drawings

中国建筑工业出版社

目录

手绘图

克瑞斯·范·乌菲伦

在建造活动的复杂过程中，人们会在两个关键阶段使用手绘：草图阶段和表现图阶段。另外，人们还可能用手勾画技术详图。今天，在上面提到的这三个方面，手绘图的地位都受到了新的表现方式的冲击：计算机精确绘制的草稿图纸几乎完全代替了所有的手绘平面图，计算机渲染也差不多代替了所有手工渲染。不仅如此，20世纪90年代以来，以盖里（Gehry）第一次将建筑设计的工作方式由计算机辅助设计转向计算机辅助管理为标志，手绘图的地位在计算机三维模型的冲击下变得岌岌可危。那么，建筑手绘图会消失么？如果读这本书，你会发现这几乎就要变成事实。有建筑师认为，手绘图不面向出版，不会被保存起来，甚至把它们故意销毁。有些建筑师甚至从建筑理论发展的角度，拒绝使用手绘图。

建筑草图和施工图在古代文明和西方的上古时代就出现了。这些图纸通过两维的平面表达，尽可能具体地确定要建造的建筑的三维形状：在美索不达米亚的泥板上和古埃及纸草上都可以找到这些例子。如今，保留下来的不仅有古希腊和古罗马时期的建筑图刻，还有庞贝古城壁画中那些装饰性的建筑绘图。除了绘图之外，建筑模型也是表现的一种，它们包括1：1的建筑细节模型以及按一定比例缩小的整体建筑模型。

中世纪的建筑图

最古老的中世纪建筑图，是公元819年至826年间绘制于莱荷瑙大教堂（Abby of Reichenau）的圣·加仑（St.Gall）修道院的一张图。它由五块羊皮缝制而成，长112cm，宽77.5cm。然而，从文字中可以看出，这张红色笔绘制的修道院平面可能只是理想化的，绘图者阿伯特·戈伯特（Abbott Gozbert）只是用它来"练习一种新技巧"——后来建成的圣·加仑修道院与这张图的内容细节几乎没什么相似之处。所以，这第一张中世纪的建筑图其实是一张表达建筑理论的示意图——它所给出的描述后来很难找到相关证据去支持。确切地说，中世纪建筑绘图主要包括对已经建成建筑某些部分的粗略蓝图，有关整个建筑所有剖面的详细施工图（斯特拉斯

莱荷瑙
圣·加仑修道院平面（圣·加仑图书馆，圣典Ms 1092）
红色墨水笔，羊皮纸
112cm×77.5cm
公元819年至826年

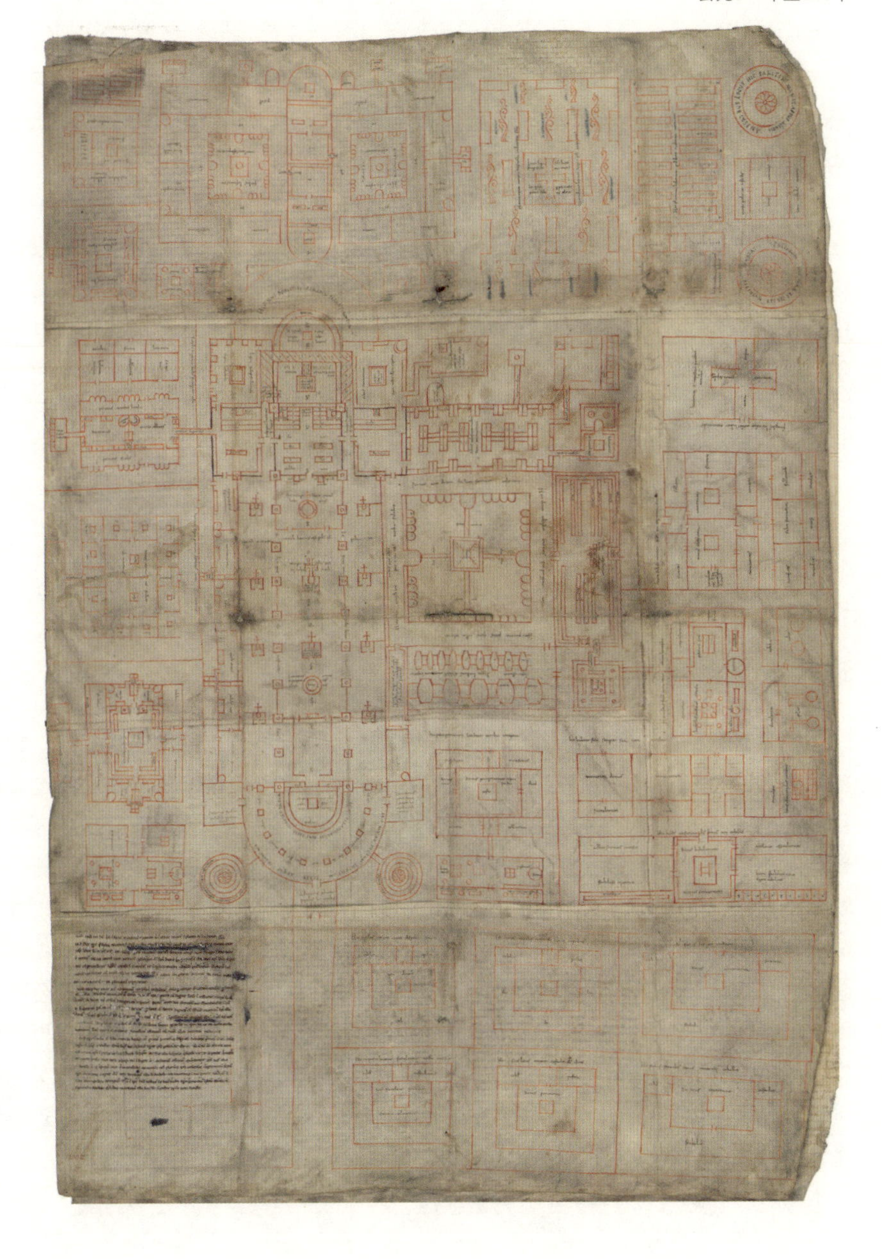

堡Strasbourg主教堂、乌尔里希·冯·恩森根Ulrich von Ensingen的乌尔姆Ulm主教堂塔楼都是这类型的例子）；还包括建筑样书。这些施工图非常精确，人们甚至可以依照它们来重建那些被废弃的建筑，如19世纪人们用古图修建科隆（Cologne）教堂。这所教堂的立面草图可以追溯到13世纪，图纸超过4m高，被分成了两个部分：1814年，教堂北塔的草图在达姆施塔特（Darmstadt）的"楚·特劳贝（Zur Traube）"旅馆阁楼里被发现，1816年，教堂中部和南塔的草图在巴黎一古董商手中被发现。这表明这份草图很可能在中世纪已经开始应用于施工——通常，这种工作主要是由样书来完成的。现在发现的最古老的建筑样书，其实是一本草图集子，是维拉尔·德·奥内库尔（Villard de Honnecourt）的一本被称为"汇编"的作品集，可以追溯到1240年左右。33页的内容中，包含了建筑的绘图、草图、图案、建筑工具及技巧。我们不知道这本书是一本指导手册还是个人记录，也不知道它是否真的是一本汇编。然而，正是这些绘图向人们展示了出处迥异的建筑风格，并且导致了一个半世纪后波及诸多国家的晚期哥特风格的出现。

现代主义时期的建筑绘图

随着现代时期的到来，建筑手绘已经显露出它今天所有的功能特征了：它们被用来传达建筑信息、在理论著作中经常帮助阐述理论、在建筑调查中手绘可以用作记录思想。作为草图，可以用手绘帮助构思方案；作为表现图时又可以帮助筛选方案。这些建筑手绘图不但是后续建筑施工的指南，本身作为风景画和建筑画的时候，也自成一种艺术门类。作为建筑图的画册，像费歇尔·冯·埃尔拉赫（Fischer von Erlach）的"民用与历史建筑平面（Plan of Civil and Historical Architecture）"、皮拉尼西（Piranesi）关于古代建筑以及他个人创作的如舞台布景般的幻想图像，以及卡纳莱托（Canalettos）完成的那些绘画和城市风景画（乔万尼安东尼奥·卡纳尔Giovanni Antonio Canal笔下的威尼斯和英格兰、贝尔纳多·贝洛托Bernardo Bellotto笔下的华沙和德累斯顿），这些图画展现了现代时期多样的建筑表现手法。从严谨、客观的建筑描绘，到以广角"记录下的"狭小空间，再到空气光感的地景，所有我们今天知道的计算机应用于其他领域的那些渲染方法，都适于建筑

乔万尼·巴蒂斯塔·皮拉尼西
康斯坦丁拱门，illustrationi di antichità romane
蚀刻版画
12cm×26cm
1748年

表现。从乔托（Giotto）开始，建筑甚至成为宗教和历史主题绘画的一部分——而在这之前，此类绘画中只有些模糊的样子而已。在乔托的带领下，文艺复兴时期重新发现的透视法，因其数学原理，成为建筑绘图中营造"真实"空间的关键。例如：皮耶罗·德拉·弗兰切斯卡（Piero della Francesca）创作的世俗和宗教题材的场景构图都是以建筑物为统领的。有的作品里，建筑的地位看上去甚至比绘画真正的主题还重要，例如拉斐尔（Raphael）的《圣母的婚礼》（Wedding of the Virgin）——画中，正多边形神殿占据了整个画面的一半。建筑画还能被用于将真实的生活空间带入绘画空间中：在巴洛克时期的作品中，就有在镜像式穹隆顶上，画着穹隆被穿破，看到一位飞在天上的基督教化的奥林匹斯神。不过，狭义地讲：荷兰人将纯粹的建筑图像看做是宗教场所室内绘画的延续（扬·范·艾克Jan van Eyck），而且让建筑绘画成了诸如静物画和风景画之类的绘画类别之一。教堂内部空间和世俗的外部形态都被当作绘画的原型（亨德里·科奈里兹·凡弗利特Hendrik Cornelisz van Vliet与汉斯·福德曼·德·弗里斯Hans Vredeman de Vries分别是这两种类型的代表）。17世纪以后，随着人们对现实主义的追求（皮特·杰斯·桑里达姆Pieter Jansz Saenredam是这类型的代表之一），那些幻境要素才被遗弃。不过，画家们喜欢的并不只有那些著名的大建筑，他们还喜欢一些不太出名的建筑。一个著名的例子是扬·维梅尔（Jan Vermeer）的《代尔夫特街景》，一幅所谓的城市"室内"画作：

维梅尔选取了一段城市街景作为主题，与他的另一个作品《代尔夫特全景》形成对照。可以说，荷兰人在17世纪的建筑绘画中占有最重要的地位，而到了18世纪，意大利人又重新夺回了这种地位。

反馈回建筑

画家们在发现可以用透视法表现建筑之后，他们马上将这种视错觉的手法用回到建筑里面去了。如果帕拉迪奥（Palladio）不能这么老道地试图用带有透视的舞台布景去强化维琴察奥林匹克剧场（Teatro Olimpico in Vicenza）舞台深度，乔凡尼·洛伦佐·贝尼尼（Giovanni Lorenzo Bernini）已经可以利用透视的原理将梵蒂冈的斯卡雷吉纳厅（Scala Regia at the Vatican）的视觉深度进行戏剧性的扩展了。米开朗琪罗（Michelangelo）绘制的米兰斯弗尔扎小礼拜堂（Milanese Capella Sforza）的平面草图，也已经可以专门利用透视的手法增加房间的动感了。用带有视错觉的室内空间去描述建筑思想，革命性地改变了建筑的表达方式。这时，建筑师开始通过视错觉的表现展现他们的设计，再加上一些配景和生动的光影效果，他们可以利用一切可能的手段使建筑看起来更加生动漂亮、比周边的建筑更棒、更醒目。甚至新建筑在未来成为一种田园风光的废墟景象，都已经被表达出来（休伯特·罗伯特 Hubert Robert：卢浮宫格兰德画廊设计方案，1796）。画家建筑师设计了整套的可能场景或是乌托邦的建筑（卡尔·弗里德里希·辛克尔 Karl Friedrich Schinkel：水边的哥特大教堂Gothic cathedral by the water，1813）。这也使得很多非专业人员变成了建筑师。与绘画风格的发展差不多，不同的建筑师也往往基于罗马古代建筑，用装饰手法，把建筑测绘用制图和绘画的方式美化一遍。不仅如此，更主要的是，通过那些手册和图集汇编，建筑设计套路化语汇传遍整个西方世界——当然，字体和图像印刷技术的革命也帮助了图集的广泛传播。梅里安（Merian）的城市风光图，随着维特鲁威（Vitruv）著名的理论文集、与里昂·巴蒂斯塔·阿尔伯蒂（Leon Battista Albert）或是文森佐·斯卡莫齐（Vincenzo Scamozzi）的专著一起，广为传播。勒杜（Ledoux）和布雷（Boullée）被刻板印刷的建筑图集，其影响力远远大于他们寥寥无几的作品。人们对建筑接纳的一般潮流，逐渐由对建筑本身的认识，转向了对建筑各种各样的复制品的认识。人们对建筑的认识主要靠建筑绘图，直到照片的广泛使用：即使照片只是对建筑间接的认知方式产生了影响：即使有着各种实地考察和罗马奖的存在。在摄影技术出现以后的时代，照片上的影像主导了人们对建筑的印象。不过，1800年之后，喜好结构化的工程绘图的时代也开始了。这时，人们对于“独本”以及个性化绘图开始失去兴趣，转而喜欢那些通过蚀刻复制制作出来的更为“理性化”的建筑表现。19世纪的最后30年，氨复印技术更推动了这种趋势的发展。

拉斐尔
罗马万神庙内部
墨水，普通纸
27.7cm × 40.7cm
1505年

汉斯·夏隆

规划平面

水彩，普通纸

1946年

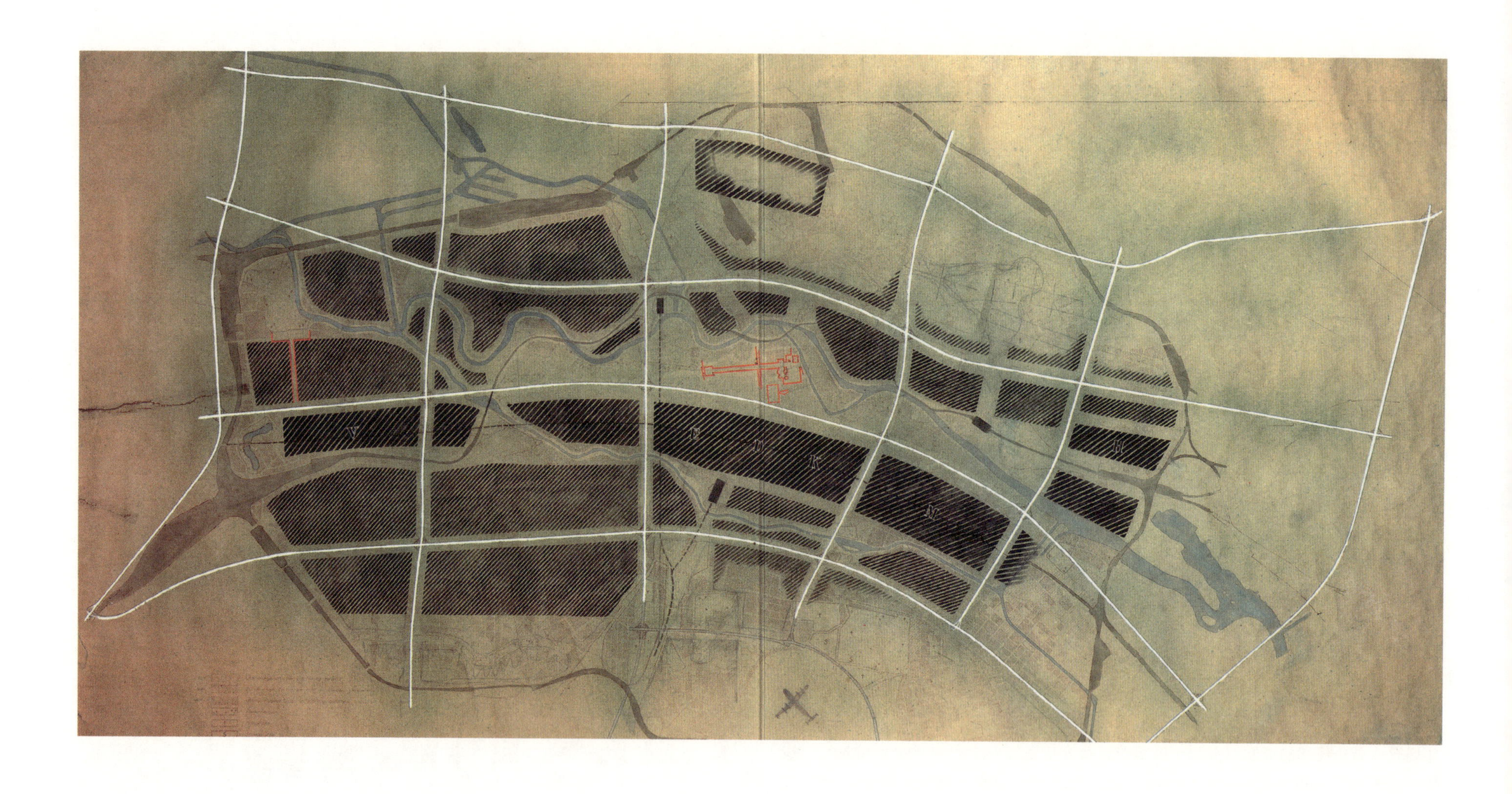

在这段时间里，建筑学院更是一手建立了一整套“正确”的建筑制图规范。最后，随着古典主义建筑（弗里德里希·大卫·基利 Friedrich David Gilly）和浪漫主义建筑（卡斯帕·大卫·弗里德里希 Caspar David Friedrich）的终结，直接跟建造有关的建筑制图已经与美术的一般性发展风格渐行渐远。写实主义普遍成了表达建筑的一种形式，但是写实主义也被削减成为仅仅是对可见部分的客观表现。虽然在后来的艺术风格中还会描绘建筑——城市景观仍然是印象派最重要的主题——有关建筑的艺术性描绘已经不再能够对建筑建造有任何影响，艺术的潮流也几乎与建筑师的图绘没有任何关系。建筑师们要么去创造“客观的”技术性图纸，要么就沿着18世纪至19世纪初的现实主义风格，用高度写实的手法，去艺术地描绘建筑。尽管H.P.贝尔拉格（H. P. Berlage）对印象派建筑充满热爱，但建筑制图的要求不会再容纳消失在酷暑夏日颤动光感之中的建筑物，或是只作为光照映衬下藏匿细节的剪影的建筑物。直到新艺术运动时期，如赫托克·吉马德（Hector Guimard）、查尔斯·瑞尼·麦金托什（Charles Rennie Mackintosh）和约瑟夫·玛丽亚·奥尔布里希（Joseph Maria Olbrich）的建筑绘画作品所展示的那样，才有了一种独立的建筑绘图风格。那是一种拥有清晰简单轮廓、表面、装饰的强烈线条风格。这个特点也是这个时期印刷品的风格，而后，在古典化的现代主义艺术当中再度浮现。

理性、装饰和宣传

在那些因其建筑绘画而最先引起人们注意的建筑作品中，麦金托什（Charles Rennie Mackintosh，1868～1928年）可以说是最有代表性的一位。然而，19世纪末期，另一种新事物影响了视觉表达，它与新艺术运动一起，对建筑产生了重要影响。人们越来越喜欢理性客观的技术制图，喜欢那些清晰线条的水平和竖向投射，它们在印刷复制中的优势被整合进了绘图。赫尔曼·穆特修斯（Hermann Muthesius）1904年发表的三卷《英格兰房屋》和恩斯特·瓦斯穆特(Ernst Wasmuth)1910年出版的两卷有着弗兰克·劳埃德·赖特（Frank Lloyd Wright）约100张版画作品的册子是建筑绘图趋向理性化的两个重要的标志。与此同时，建筑风格的发展不再把建筑实施当成接纳风格的一个前提。这种有着精确和清晰线条的简约风格影响着基于逻辑、知性、工艺的诸如托尼·加尼尔（Tony Garnier）和海因里希（Heinrich Tessenow）作品的改良古典主义的建筑风格。紧接着，表现主义创新阶段的设计，也很少被实施，跟这一清醒风格相对应的，是一种强调入画性的精神，例如赫尔曼·芬斯特林（Hermann Finsterlin）那些缥渺的水彩建筑幻象，以及布鲁诺·陶特（Bruno Taut）那些色彩斑斓的城市地标。而此外，沃尔特·格罗皮乌斯（Walter Gropius）第一次包豪斯宣言封面上的水晶教堂（莱昂内尔·范戈尔德Lyonel Feininger）的图画，和埃里克·门德尔松（Erich Mendelsohn）用劲画的粗壮线条、尽管这些图只是黑白的——都说明了绘画可以具有如此表现性的自由。在这两类绘画作品中，建筑的外观轮廓占据着最主要的地位，内部则丝毫不重要，甚至被当作完全不存在。在水晶教堂的版画中，作为一种流行的表现主义技巧，木刻很容易具有这样的表现力；而在门德尔松的草图中，作者主要考虑的是绘图和建筑身上的线条以及动态的整体造型。在这两者中，线条不再仅仅作为构成形象的一组线中的无名一条，而变成了表现的方式。自由奔放的线条、改良古典主义建筑的清醒、新艺术风格中舒展的装饰，塑造了现代主义建筑古典时期的建筑画风。清晰的轮廓线与守边不带渐变的局部涂色，是荷兰风格派、俄罗斯先锋派和包豪斯画风的最大特点。此外，这三种风格都很重视轴测法，特别是等距轴测图，作为在许多表现图的中心视点的非常规表达——对于普通人来说，这样的图，很难看得懂。这种绘图具有很强的装饰效果，它们把建造的再生产活动，在一个三维空间坐标系统内简化成为一堆可以很容易构建的线与面，并把水平与竖向投射统一在了很容易感知的1：1：1的统一坐标尺度内。这就放弃了透视法对于深度的视错觉，取而代之的是技术测量价值。这种以圆规与直尺来完成的线性表达几乎没什么细节，没有人物、没有场景，见证着“机器美学”。这种“机器美学”在未来派那里还只是英雄主义的、表现主义的、个人化的——此时，演化成为一种对于理性与批量生产的关注——勒·柯布西耶（Le Corbusier）的宣言《立体派之后》于1918年出版，同年（仍是表现主义的）包豪斯成立了。卡济米尔·谢韦里诺维奇·马列维奇（Kasimir Malewitsch）将轴测法应用于绘画中8年后，风格派首次于1923年出版了第一张轴测绘画。紧接着，随着浪漫主义、保守主义和表现主义建筑师之间的争论以及现代主义建筑师内部的争论都变得越来越激烈的时候，不但建筑本身（无论是建成的还是未建成的）的设计变得更加激进，就连有关这些建筑的几何性绘图也变得越来越线条化。这种现象在德国尤为明显。就像某些词汇的使用本身就带有争议一样，建筑物成了理论上捍卫它们的创造者立场、确立建筑师从新艺术运动和改良古典主义的前理性倾向的历史源流的工具。国际主义风格纯白色的墙，就是之前提到的更早的没有表现室内、轮廓鲜明的建筑绘图风格的一种自我实现。虽然这种制图方法在这时变得更加数学化，但仍然可以说，这种产生于20世纪前20年的制图风格，导致了20世纪20年代和30年代的国际式风格的产生。

埃里克·门德尔松
厂房
墨水，普通纸
1917

建造与想象

20世纪30年代至40年代的纪念碑式建筑，无论是在集权体制国家还是民主体制国家，其设计思想一方面来源于古典主义，另一方面则来源于对理性潮流的简化。然而与20世纪初的改良古典主义相反的是，它并不是以逻辑和知性的手段把二者结合起来，而是把二者糅合成一种旨在塑造英雄主义与纪念碑式的自大风格。然而，简化去了柱头与柱础的圆柱与柱子（多数是筒柱）的建造方式与几何元素的运用确是采用了“新建筑”的原则，这点在一些以白色粉刷外墙的建筑上尤为明显。尽管如此，除了华盛顿的那类纪念碑建筑做法以外，用类似机械加工的毛面或光面巨石砌的建筑也很常见。这个时期里建筑绘图风格的变化，就像此时的建筑元素一样纷繁复杂——英雄化的表现主义速写、功能化的线图（不是具体的图像内容）以及之前仅在“新建筑”绘图中出现过的无个人色彩的技术制图。在技术制图的领域里，如一些临时建筑的半工业化建造，即使在当时德国这样的集权国家里，新建筑的表现和推行都还有可能。这些国家拒绝的，是对建筑的国际式或者新理性主义的表达。现代主义建筑师，如艾贡·埃尔曼（Egon Eiermann），因此可以在工业建筑当中找到自己存活的一席之地，他们的绘图风格是以技术制图的方式存活下来的。1945年以后，新建筑运动强力反弹，很大程度上替代了之前腐朽保守的建筑学思想。在美国，建筑绘图里的主观化艺术表现也幸存至二战后，威廉姆·莱斯卡茨（William Lescaze），理查德·诺伊特拉（Richard Neutra），鲁道夫·辛德勒（Rudolf Schindler）。最后，表现主义画风（博姆家族B hm family）与其建筑风格（勒·柯布西耶的朗香教堂Le Corbusier's church in Ronchamp）又回到欧洲。值得注意的是，当时的建筑工程师（康拉德·瓦克斯曼Konrad Wachsman）也在寻找一种强有力的表现手段。20世纪60年代和70年代的建筑乌托邦分子，在建筑绘图的领域里，引进了一些新的表现方式：吸纳了新建筑运动经常使用的示意图和分析图，将简单的图文元素转换成带有装饰性的图案（鲁克尔及合伙人公司Haus-Rucker-Co），或如达达派那样创建一种拼贴（蓝天组Coop Himmelb(l)au）。针管笔绘制的“高技派”建筑图看上去很像所有风格的早期后现代绘图（不过，有着远为复杂的空间），这一事实是视觉表现史上最不寻常的事件之一。不过，高技派们很快引进了形象和色彩——虽然仅仅是二维和装饰性的形式。第三种选择是在新建筑运动那些技术完美的透视

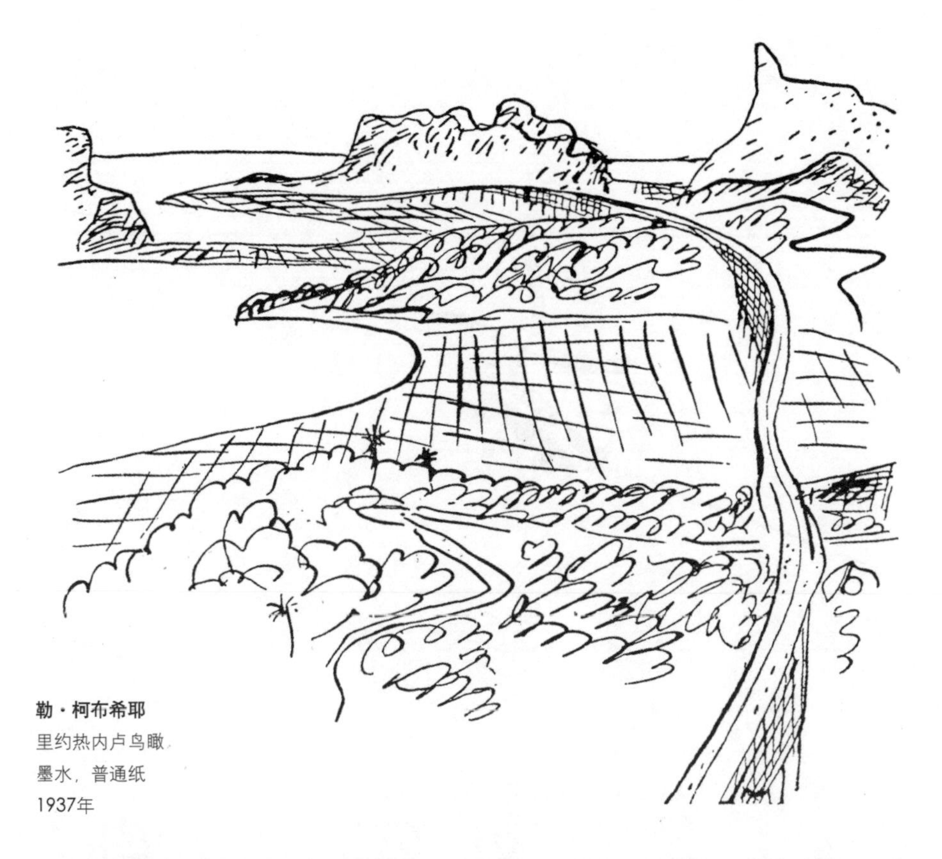

勒·柯布希耶
里约热内卢鸟瞰，
墨水，普通纸
1937年

图和轴侧图与乌托邦者的实验性表现之间的若干表现形式，譬如，带有一至三个灭点的古典线性透视图（罗伯·克里尔Rob Krier）；又譬如，重新复兴的水平及垂直投影图（多点的正向投影图）：那些正交投影图彼此颇有装饰性地对位排在一起，就像“裁样图”一般（乔治·格拉希Giorgio Grassi）；比如，混搭使用复杂的前卫风格（斯坦利·泰格曼Stanley Tigerman）。就像我们在阿尔多·罗西（Aldo Rossi）的作品中所看到的那样，这类绘图可以说是建造领域里的具有自主性的艺术作品。

渲染的挑战

建筑表现作为一种独立的技术，在后现代主义时期的建筑理论、有计划建造、作为独立的视觉表现实践、或是可能的建筑概念表现中，依然存在。不过，20世纪末，计算机作为绘图与表现工具的引入，挑战了建筑表现在二维平面上的卓越成就。平面图、线性透视图以及轴测投影图，如今全都由计算机“发布”出来。“照片级”的计算机渲染和动画主宰了建筑方案投标的建筑表现，计算机可以让人在虚拟数据世界里去进行三维体验。这就出现了全新形式的视觉表现方式。将来，人们可以佩戴三维眼镜，体会更加震撼的建筑立体演示。在联合工作室（UN Studio）的斯图加特梅塞德斯·奔驰博物馆设计中，计算机技术改变了整个建造行业：图纸不再只是平面的概念，动态数据模型可以把所有参数都联系起来，任何的新增或修改，都可以生成新的修改过的平面。这已与盖里的草图——计算机辅助制图（CAD）——计算机辅助工程管理（CAM）这种应用模式相去甚远——就像一个工匠，不得不面对一种可以自我调节的技术那样。设计的完成度，可以自动进行操作；而在完成设计之前，这个建筑的数据模型就像一尊进炉前尚可变形的泥塑，可以拉伸、扭曲，虚拟模型的其他部分就随之进行相应的调整。这就将手绘的自发性与技术渲染的完美性结合了起来，同时，放弃了（个人化）的抽象。

今天，计算机渲染用于建筑表现，对建筑师的手绘构成了巨大的威胁。这主要是因为计算机已经可以比最为熟练的手绘者都能画出更完美的阴影、无暇的线条。然而，也正是因为人们对于这种完美程度的欲望，无论是建筑师或他们潜在的客户，这种想看到自己的建筑呈现一种完美状态的欲望，造就了计算机图像统治的基础。不过，景观建筑师们倒一直以来会为手绘提供了一些空间，因为在景观设计的领域里，图与图间的数字化拷贝，或是变形，都不能很好的表达景观方案的设计意图。所以，建筑渲染图的存在，是依靠人们对于无暇的表现的愿望而存在的。在建筑绘图发展历程理性和表现性的交替过程中，这些精确的渲染作品只是代表着绘图的最为实证主义的阶段，因为即使在我们当下所处的“情境”——一个最实证的阶段——这些渲染图跟20世纪七八十年代的摄影和具像写实主义一样，都舍弃了激情。等到有人想要在渲染中表现激情的时候，它们就变成了超现实主义或是梦幻写实主义，这时，主观性和抽象性多半就被排斥在外了。然而，这种建筑表现手法中的内在力量，在哈迪德的绘画作品中清晰可见：当她思考水平或垂直投影的可能性时，透视图或者轴测图对她实验性的建筑空间的表达已不够充分。她用油彩在画布上绘制抽象构成，这些构成，可以被部分地视为创造了的建筑化的空间，但是在旁观者那里并不反映一种清晰明确的建筑现实。建筑图像与建筑的物质结构是分开来

鲁兹·施图茨纳，化名奥什温

明天的城市

钢笔，普通纸

1957年

的，图像并不表示（可能要）建造的建筑现实，而是在描述空间效果。雷姆·库哈斯的草图也与之类似：他的草图也在抽象建造过程——不过，不是抽象成为对于空间的个性化氛围，而是用它们无等级化的醒目表现风格，尝试去捕捉社会的潜能、集体效应或者独立于设计之外的建造核心。在哈迪德和库哈斯那里，不仅建造细部被抽象化了，而且，概念总是能够抓住一个建造的所有方面。通过创造一个核心概念，去寻找形式，这恰恰就是手绘表现的最大潜能。一张手绘图，或是一系列的图，它们不仅呈现着建筑师"手"绘出的图，甚至还能让图像分析者进行评估，还积藏着作品的诞生过程。全套的草图保存了设计的历史——层层草图中，保留了电脑渲染所不能体现的那种保存了建筑整个形状和细部被逐渐确定和优化的过程。另一方面，在一些建筑表现图和建筑绘画中，草图保留着最完美的电脑渲染图都保留不了的神采。即使电脑可以拥有配景、天气现象甚至极端角度的透视，但始终不能传达人的情绪。计算机渲染可以被当成是对美丽新世界的宣传画，而不能算是建筑师的表达。

本书试图展示最近几十年德国建筑界里所有的建筑绘图的可能性。挑选这些建筑师和建筑师事务所，是因为他们能够提供的绘图的最为开阔的视角（从功能和形式方面看）以及他们在当代建筑界的重要程度。本书中既有一些仅要表达限定某个特定形状的狂草速写，也有已经包涵施工的细部表现图；有传递着某种情绪的淡彩，也有表达建筑功能的基本概念的初步表现图。有代表建筑的研究和规划测绘图，也有专业建筑效果图绘图师为不同公司绘制的作品。通常，这些专业效果图的旁边，会有一些该建筑建成之后的照片，读者可以对效果图上所表现的设计过程的程度，跟建成的建筑做比对。还有一些作品只能活在纸上，但是比任何出现在服务器上没有开启的文件，显得更具真实感和现场感。

拥有这些宝贵的资料、形式和绘图的可能性，本书旨在促进人们对建筑绘图完整价值的鉴赏，给建筑师更加个人化的表达风格以更重要的地位——不只看到建筑的实施，还看到把我们从每天的建筑通讯上不断出现的同样蓝天、同样的空间结构中同样的配景的重复中，解救出来的可能。

"我画图时，图画并不是走向建成建筑的一个台阶，而是一种我试图投入其中的、自己说了算的真实世界。"（雷蒙·亚伯拉罕Raimund Abraham，BOMB 77 / 2001秋）

建筑图

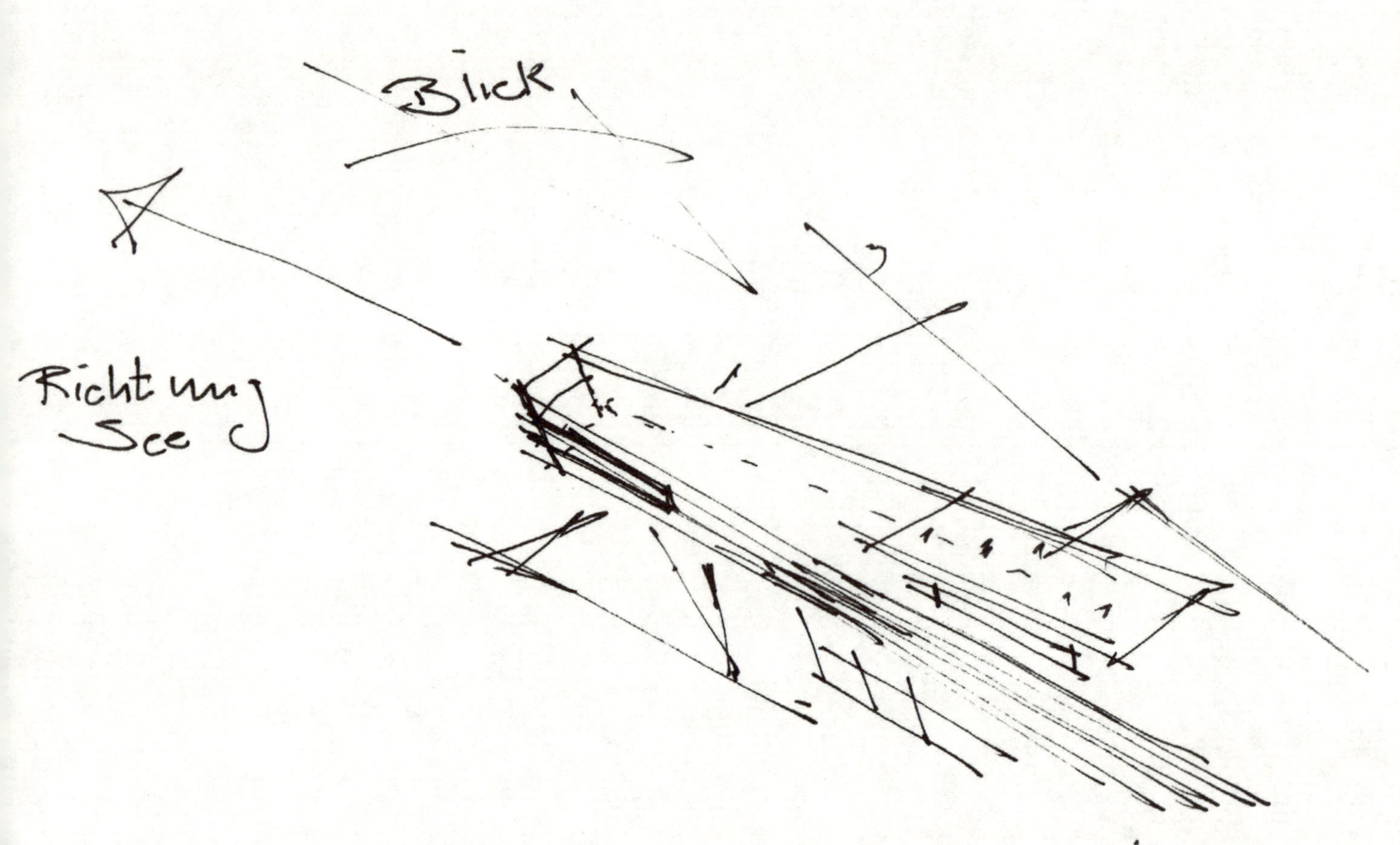

4a 建筑师事务所

亚历山大·冯·扎尔穆特（1959年生于海德堡）于达姆施塔特工业大学学习建筑，恩斯特·乌尔里希·蒂尔曼斯(1956年生于索斯特)在法兰克福应用技术大学学习建筑。在学生时代他们就分别为不同的建筑师事务所工作，毕业以后一起在斯图加特的班尼士及其合伙人建筑师事务所担任项目负责人。1990年，他们与马蒂亚斯·伯卡尔特和埃伯哈德·普瑞兹一起创建了4a 建筑师事务所(后者于2001年离开)。 除此之外，扎尔穆特还曾就职于斯图加特大学结构设计学院，时任该学院的讲师。

康斯坦斯湖，博登湖温泉，新桑拿室

毡尖笔

素描纸

10cm × 30cm

2004年

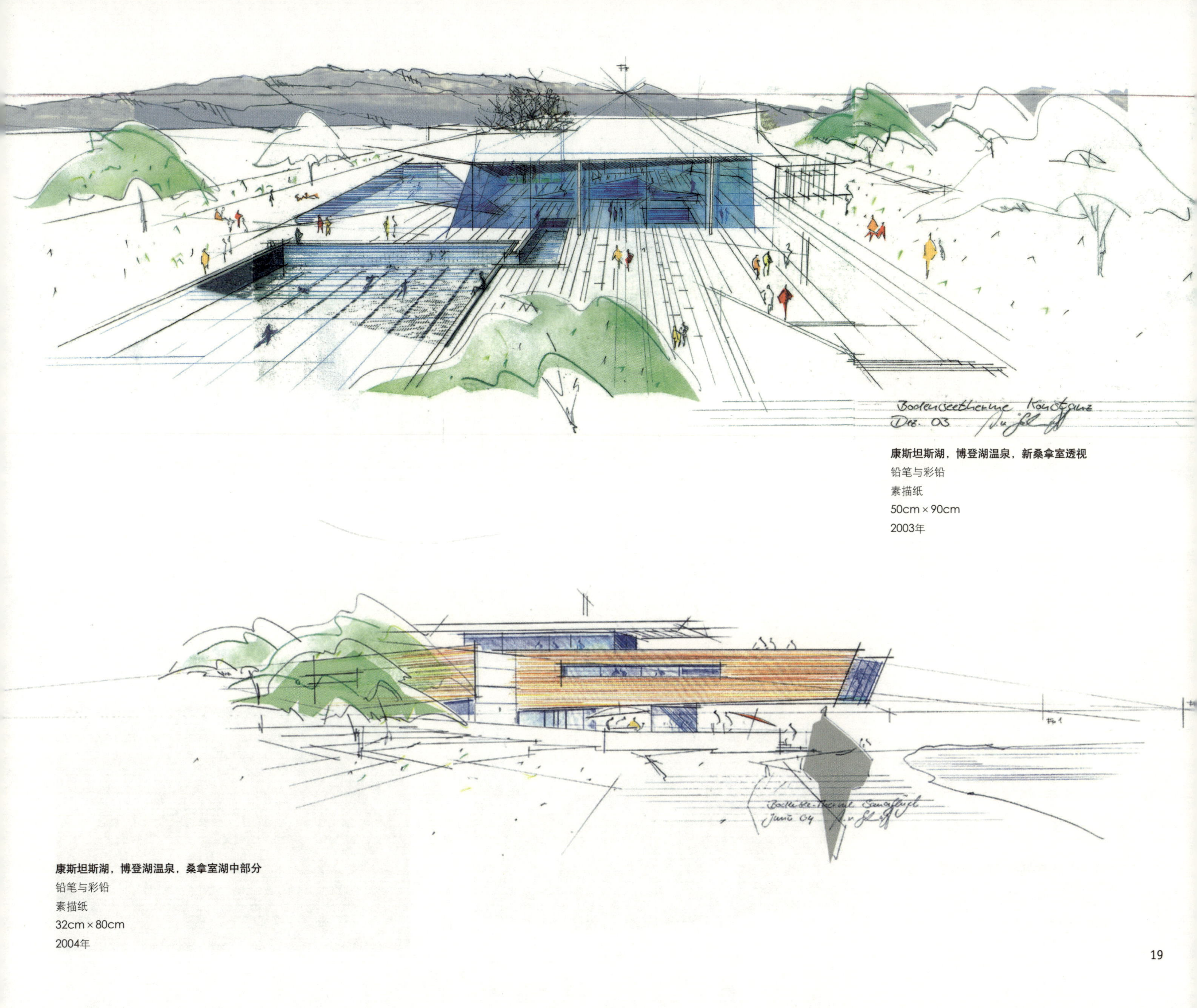

康斯坦斯湖，博登湖温泉，新桑拿室透视

铅笔与彩铅

素描纸

50cm × 90cm

2003年

康斯坦斯湖，博登湖温泉，桑拿室湖中部分

铅笔与彩铅

素描纸

32cm × 80cm

2004年

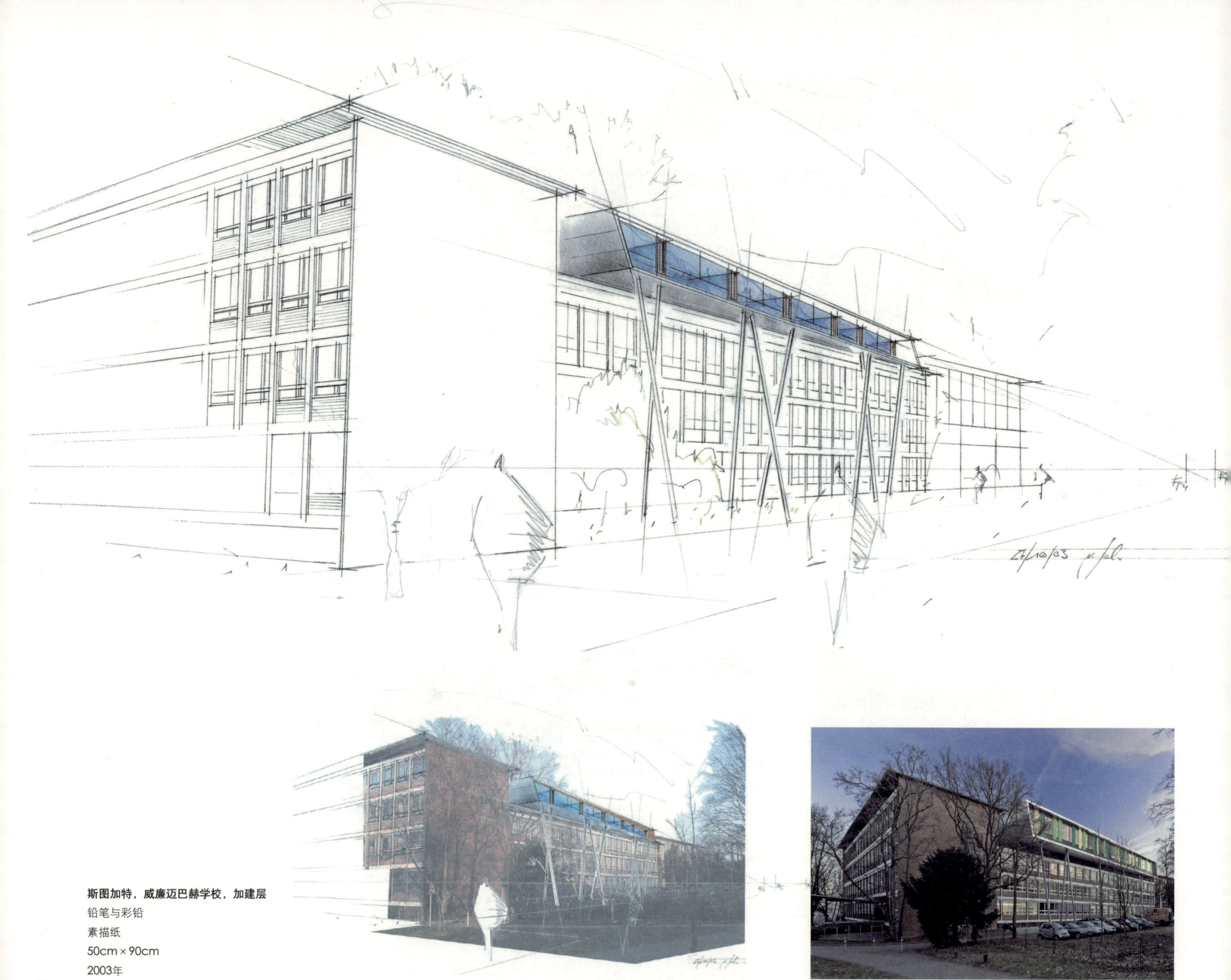

斯图加特，威廉迈巴赫学校，加建层

铅笔与彩铅

素描纸

50cm × 90cm

2003年

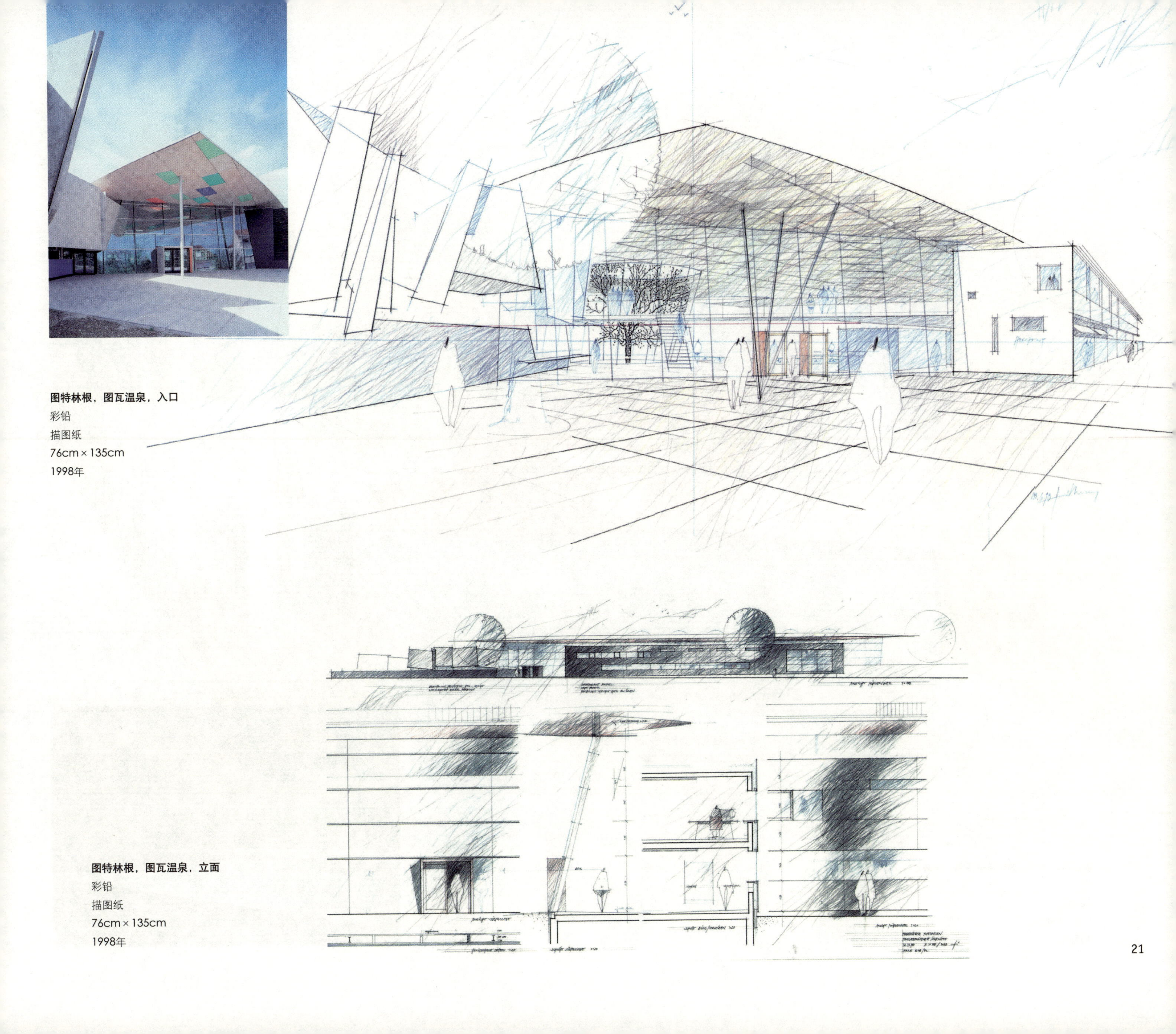

图特林根，图瓦温泉，入口
彩铅
描图纸
76cm × 135cm
1998年

图特林根，图瓦温泉，立面
彩铅
描图纸
76cm × 135cm
1998年

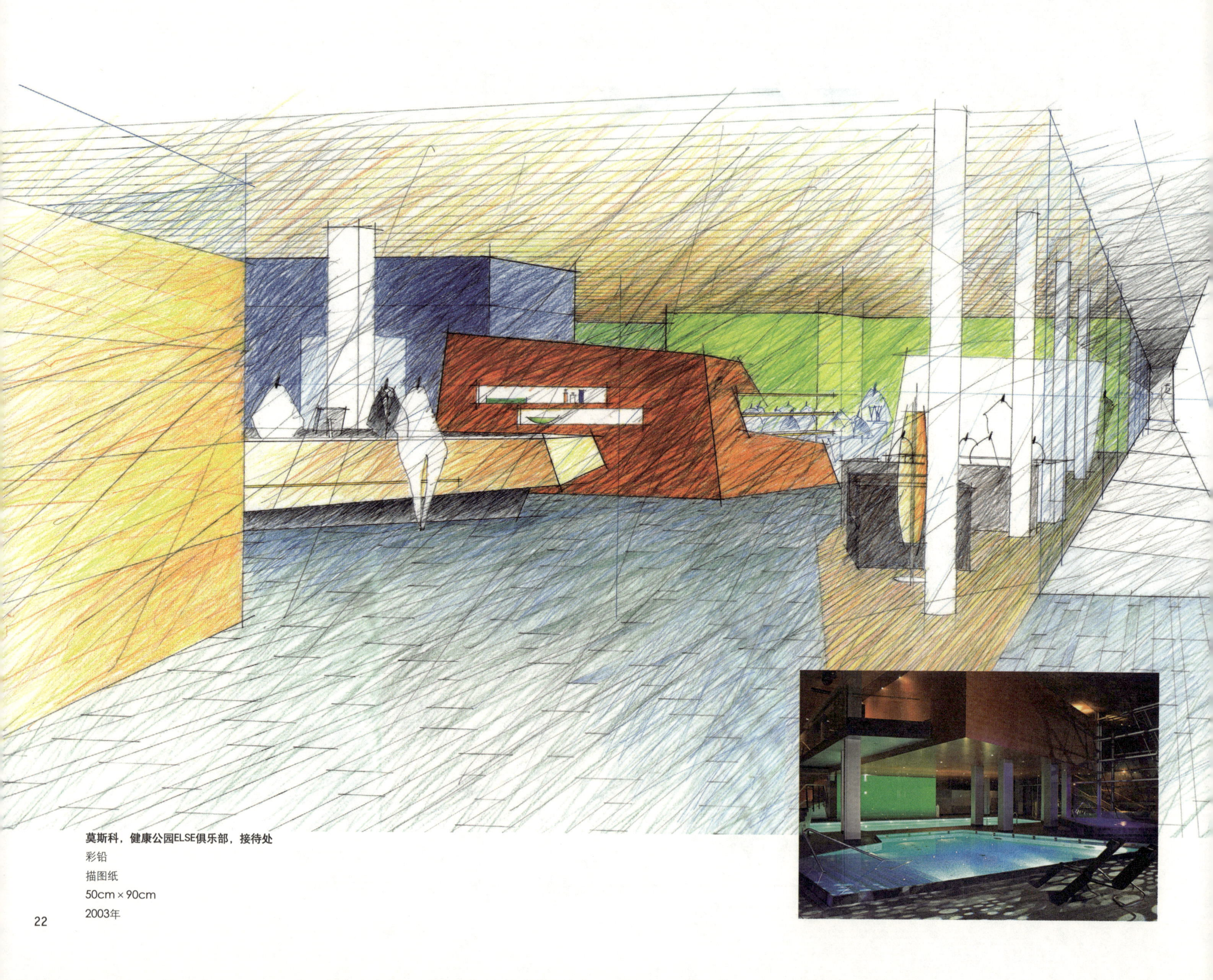

莫斯科，健康公园ELSE俱乐部，接待处

彩铅

描图纸

50cm × 90cm

2003年

莫斯科，健康公园ELSE俱乐部，游泳池
彩铅
描图纸
50cm × 130cm
2003年

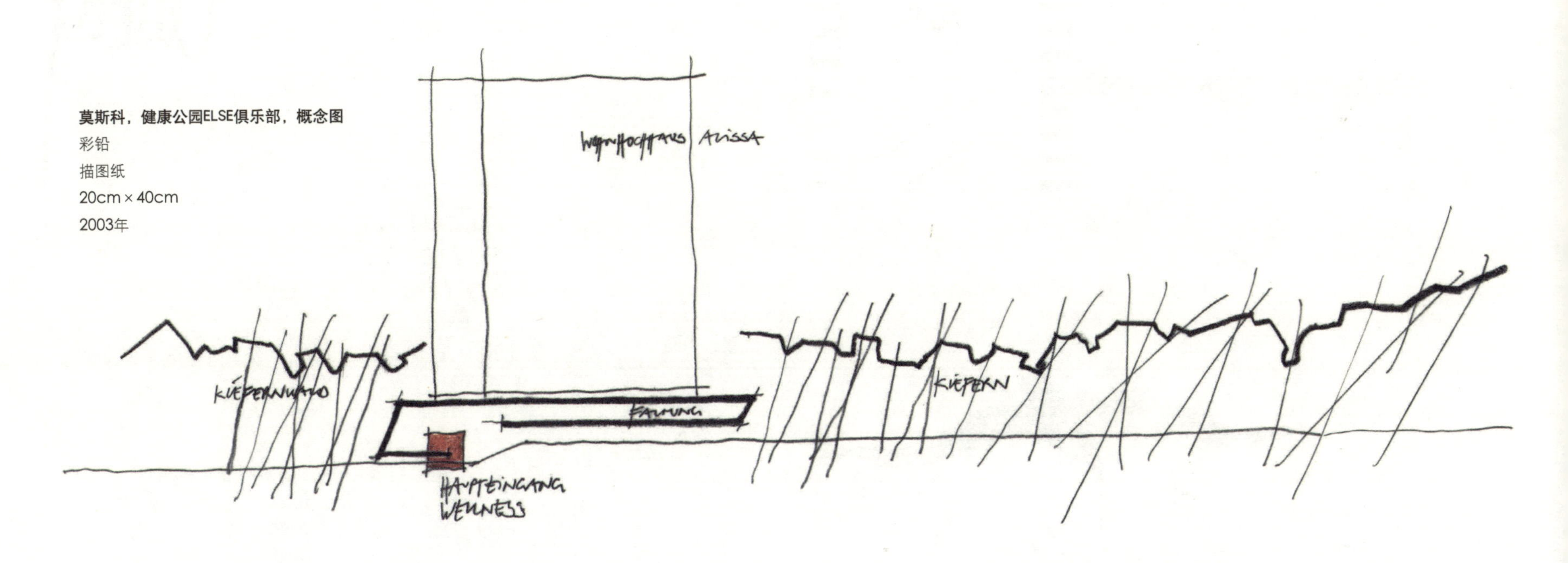

莫斯科，健康公园ELSE俱乐部，概念图
彩铅
描图纸
20cm × 40cm
2003年

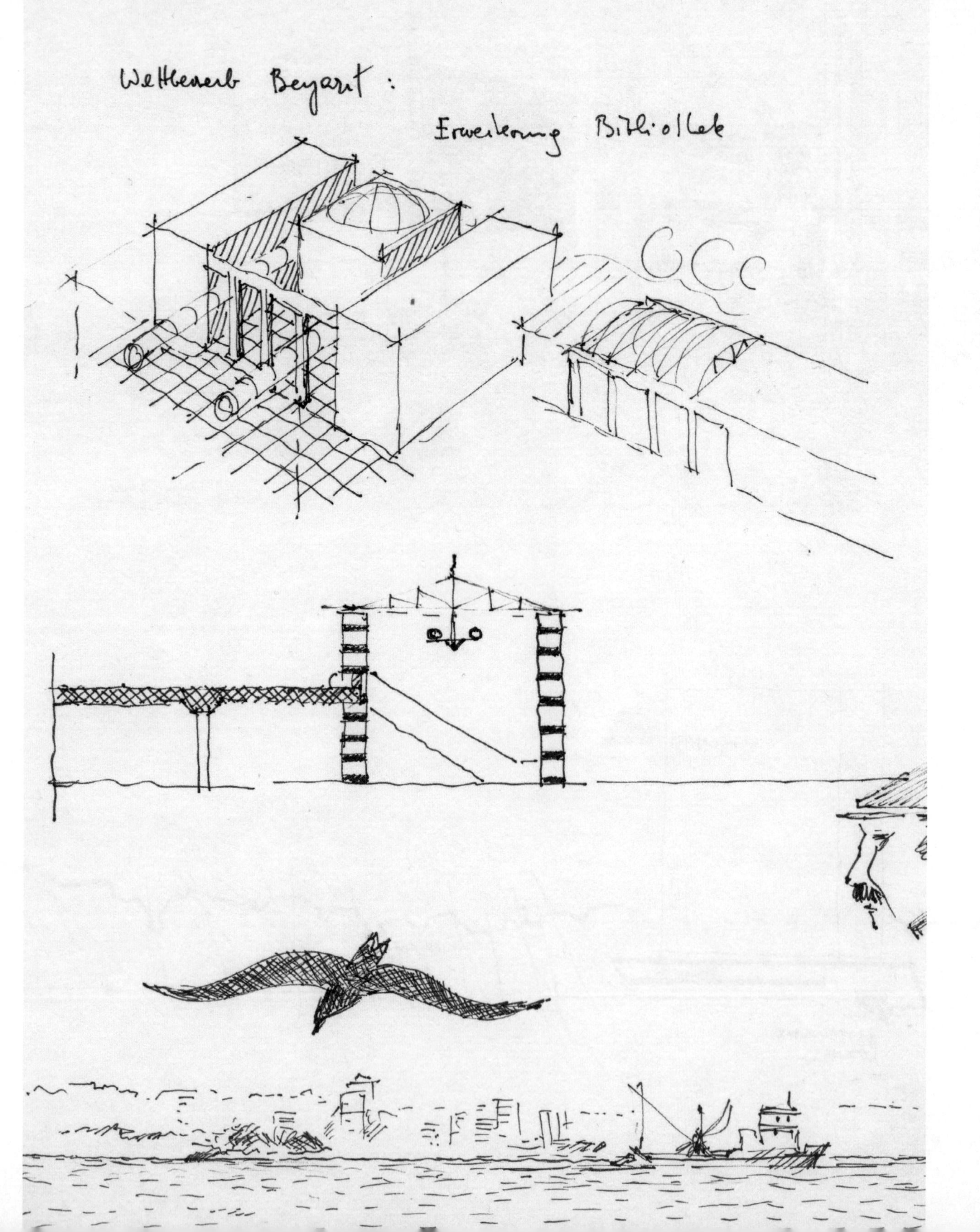

梅特·阿拉特

梅特·阿拉特（1938年生于土耳其伊斯坦布尔）是德国和法国线条与色彩建筑师协会会员。从1979年开始，阿拉特在伦敦和巴黎多次展出他的手绘图。他毕业于伊斯坦布尔的一所寄宿学校，并取得德国高校文凭。1959年到1965年在斯图加特工业大学学习建筑，后来他又回到该校任讲师。在1991年创建德国ASP建筑师事务所（Arat-Siegel und Partner）之前，阿拉特以自由职业者和合伙人的身份参加过许多竞赛。

贝亚泽特，图书馆扩建
毡尖笔
普通纸
21cm × 30cm
1988年

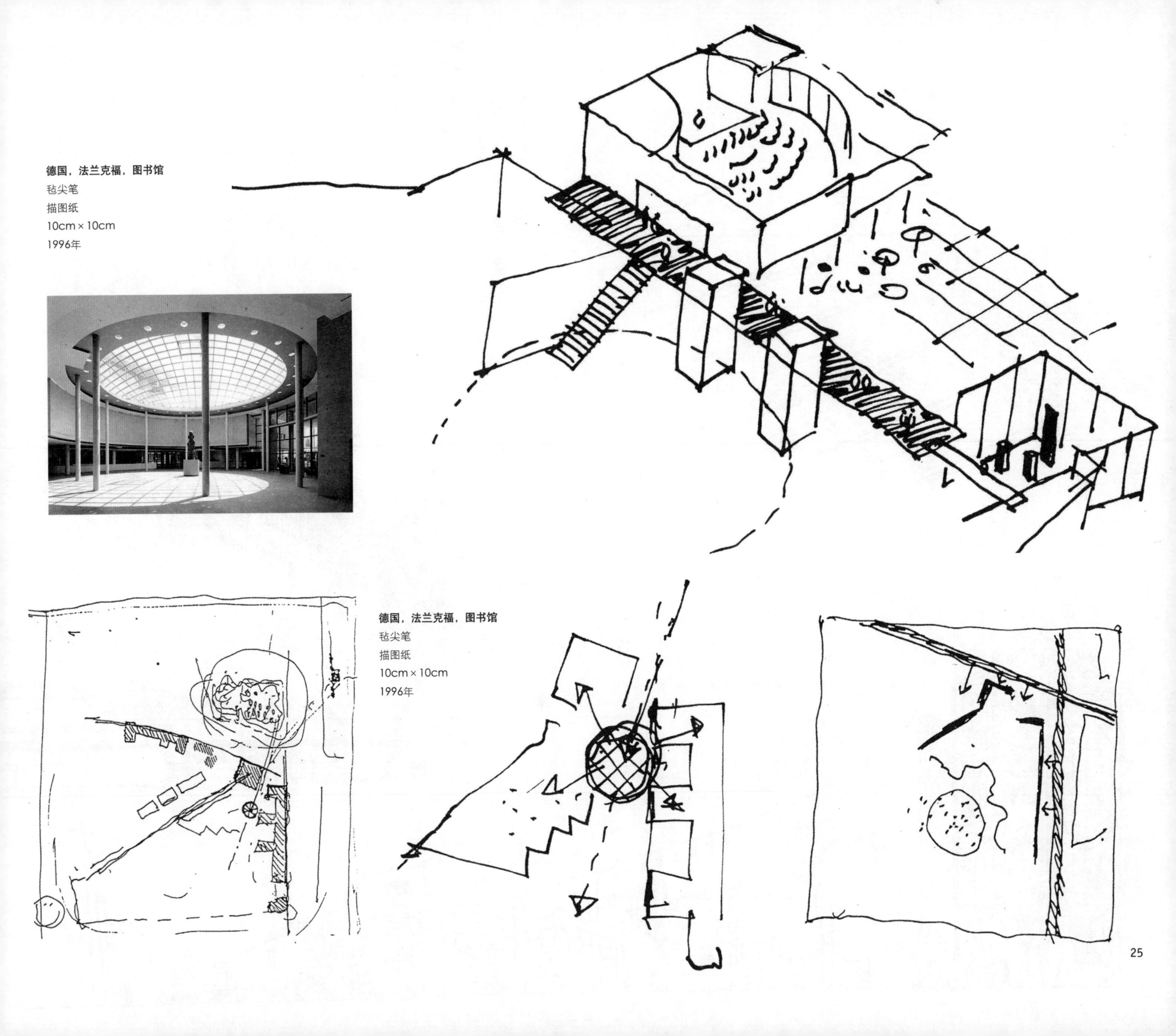

德国，法兰克福，图书馆
毡尖笔
描图纸
10cm × 10cm
1996年

德国，法兰克福，图书馆
毡尖笔
描图纸
10cm × 10cm
1996年

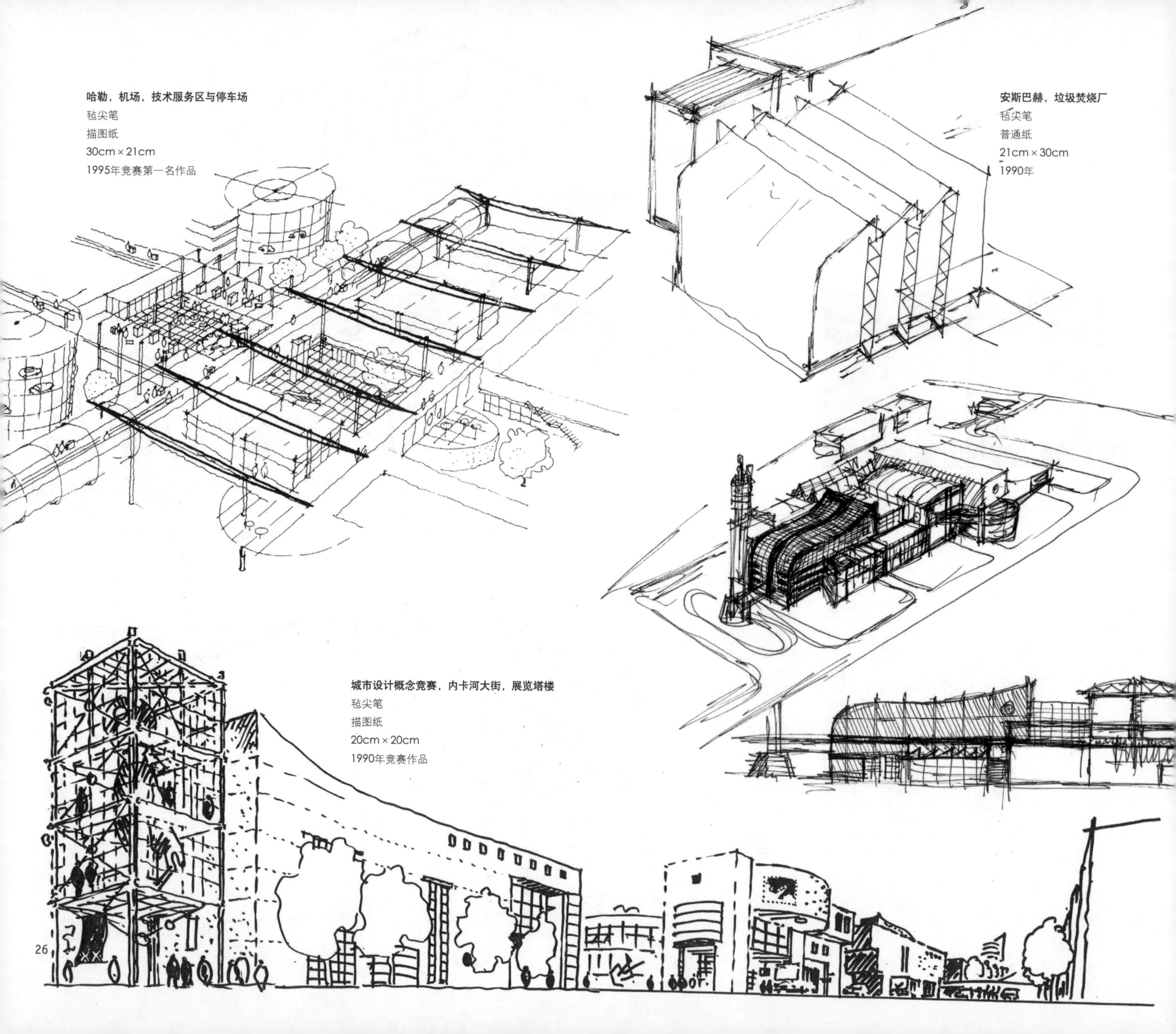

哈勒，机场，技术服务区与停车场
毡尖笔
描图纸
30cm × 21cm
1995年竞赛第一名作品

安斯巴赫，垃圾焚烧厂
毡尖笔
普通纸
21cm × 30cm
1990年

城市设计概念竞赛，内卡河大街，展览塔楼
毡尖笔
描图纸
20cm × 20cm
1990年竞赛作品

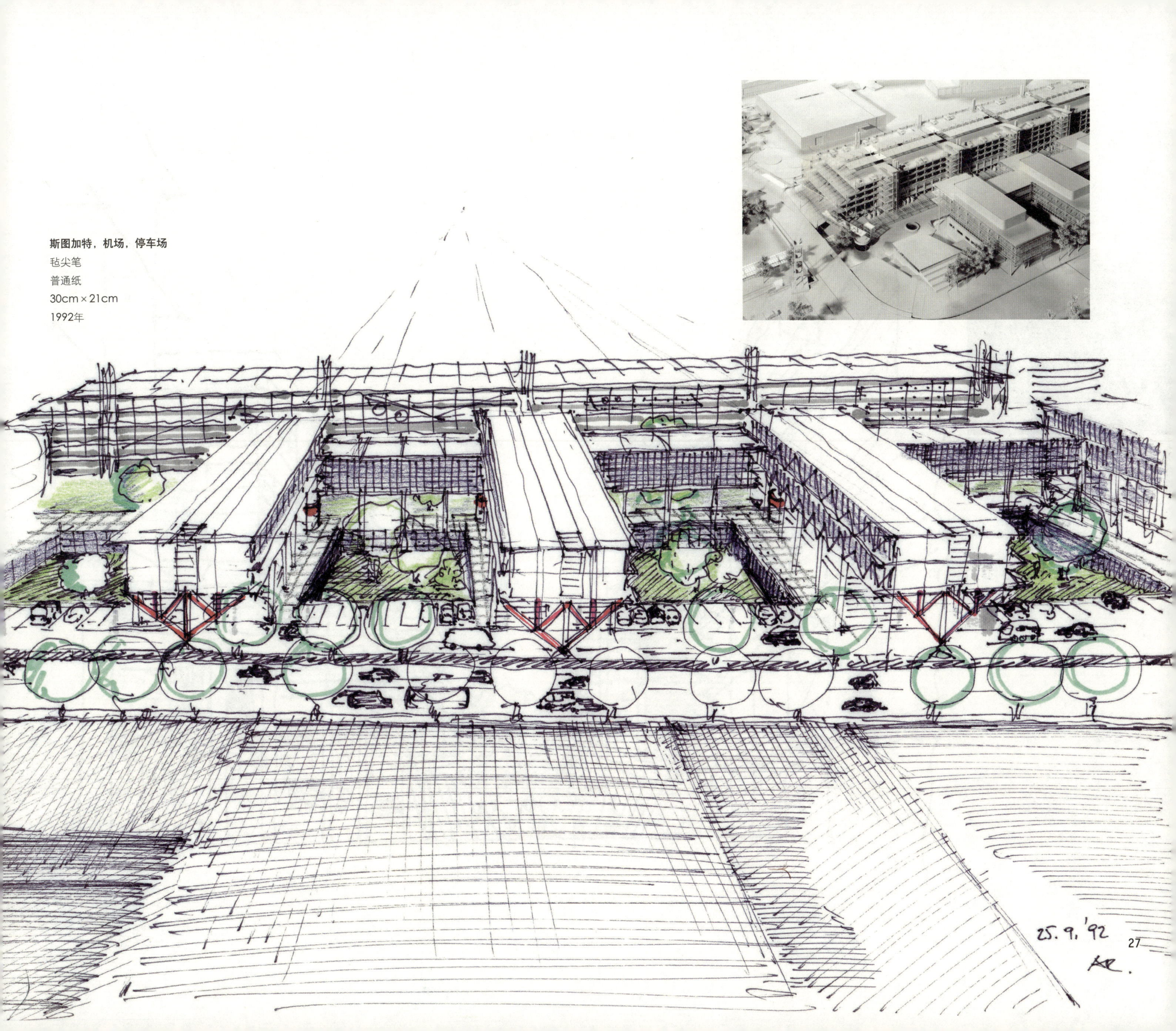

斯图加特，机场，停车场

毡尖笔

普通纸

30cm×21cm

1992年

斯图加特，机场，停车场

毡尖笔

普通纸

30cm×21cm

1992年

德累斯顿，舞蹈大学

墨水

描图纸

30cm × 42cm

1990年竞赛作品

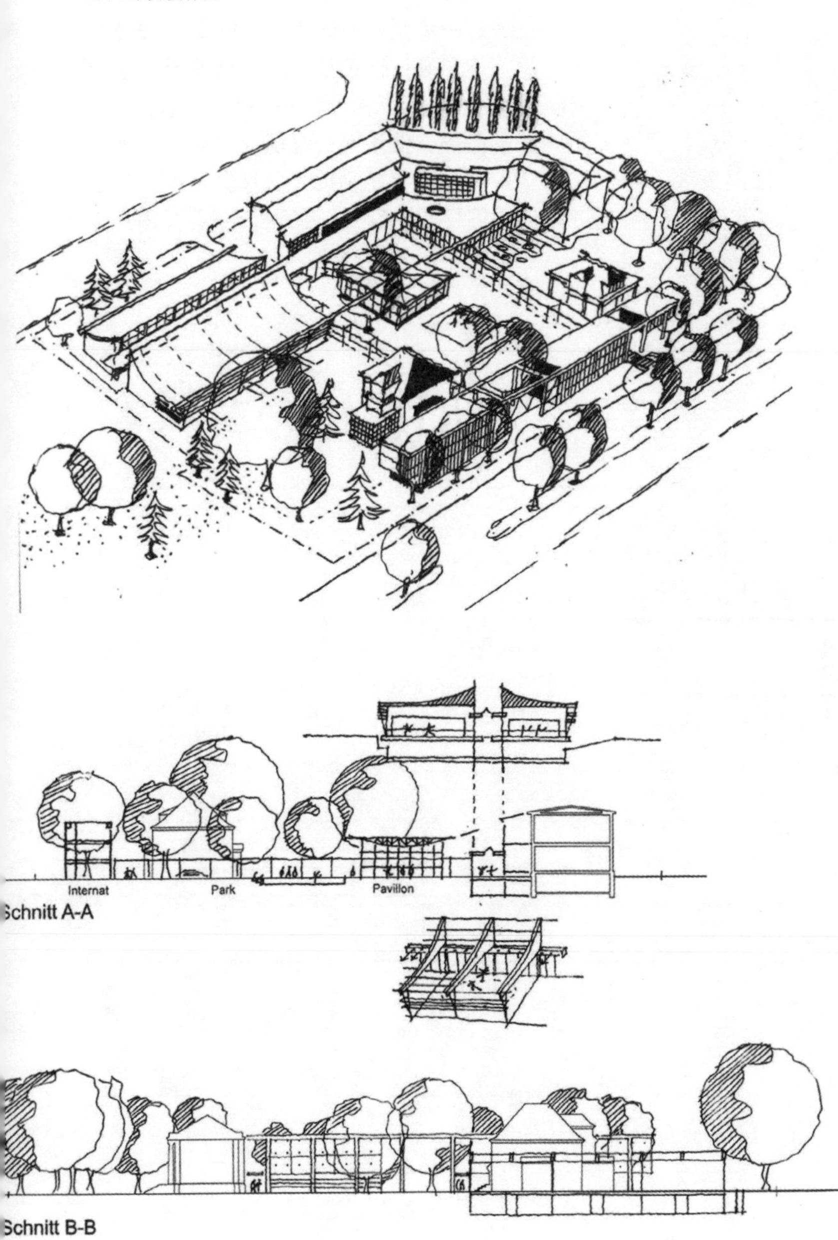

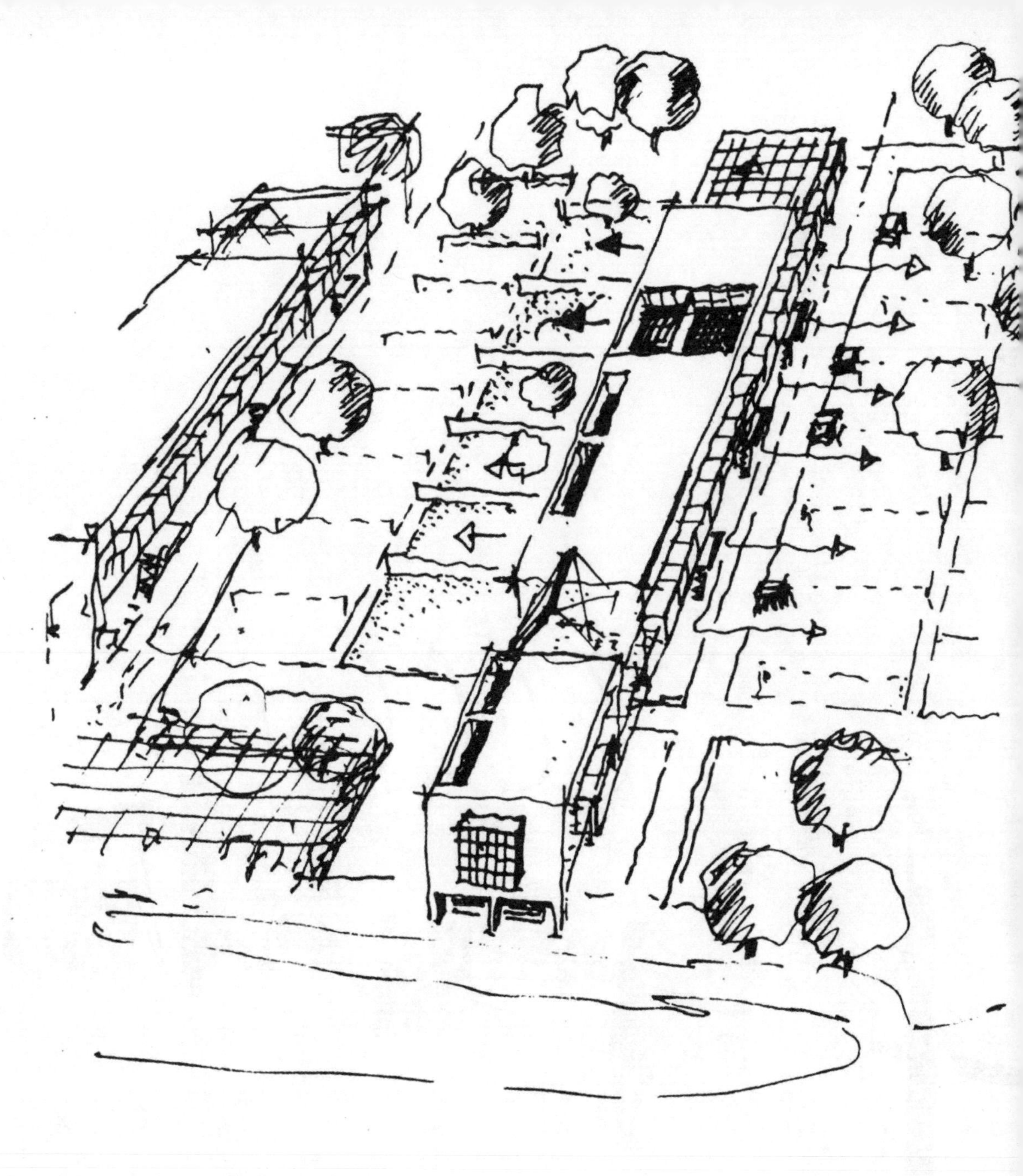

伯布林根，住宅

毡尖笔

描图纸

21cm × 15cm

1993年

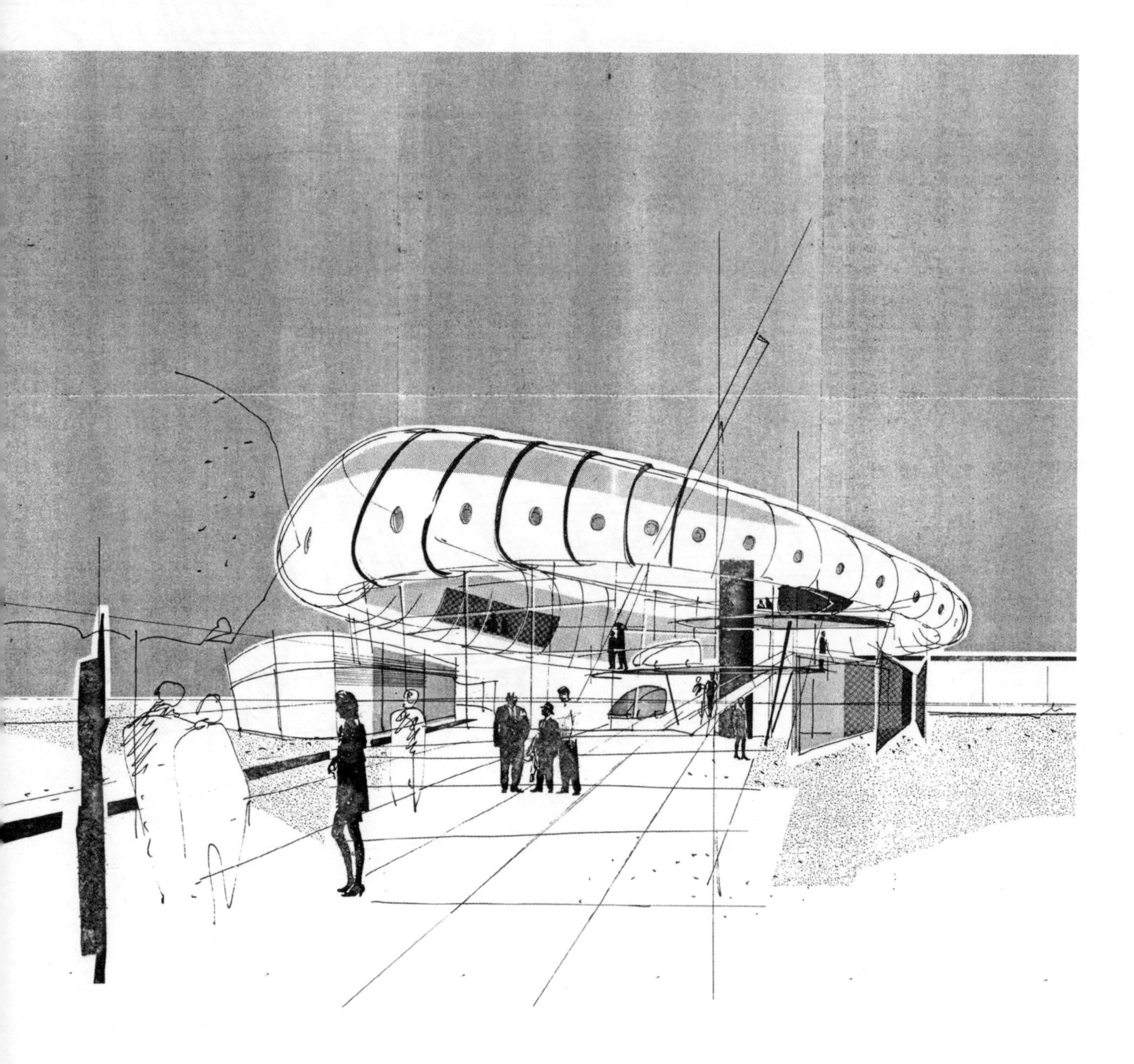

曼弗雷德·埃尔勒

曼弗雷德·埃尔勒（1964年生于伊斯尼）是柏林佛里尔建筑师事务所的合伙人（2006年开始）。他还做过一些竞赛的评委。1989年到1993年间，埃尔勒在比伯拉赫应用技术大学学习建筑，同时为斯图加特Auer+Weber事务所工作。此前，他还接受过职业木匠的培训。1993年后，埃尔勒成为项目负责人，并于1999年到2005年间，担任考夫曼泰里格合伙人建筑师事务所的合伙人。

智能中心

黑色笔

白纸

59cm × 42cm

1995年

莱比锡，马德勒通道
黑色笔
白纸
59cm × 42cm
1993年

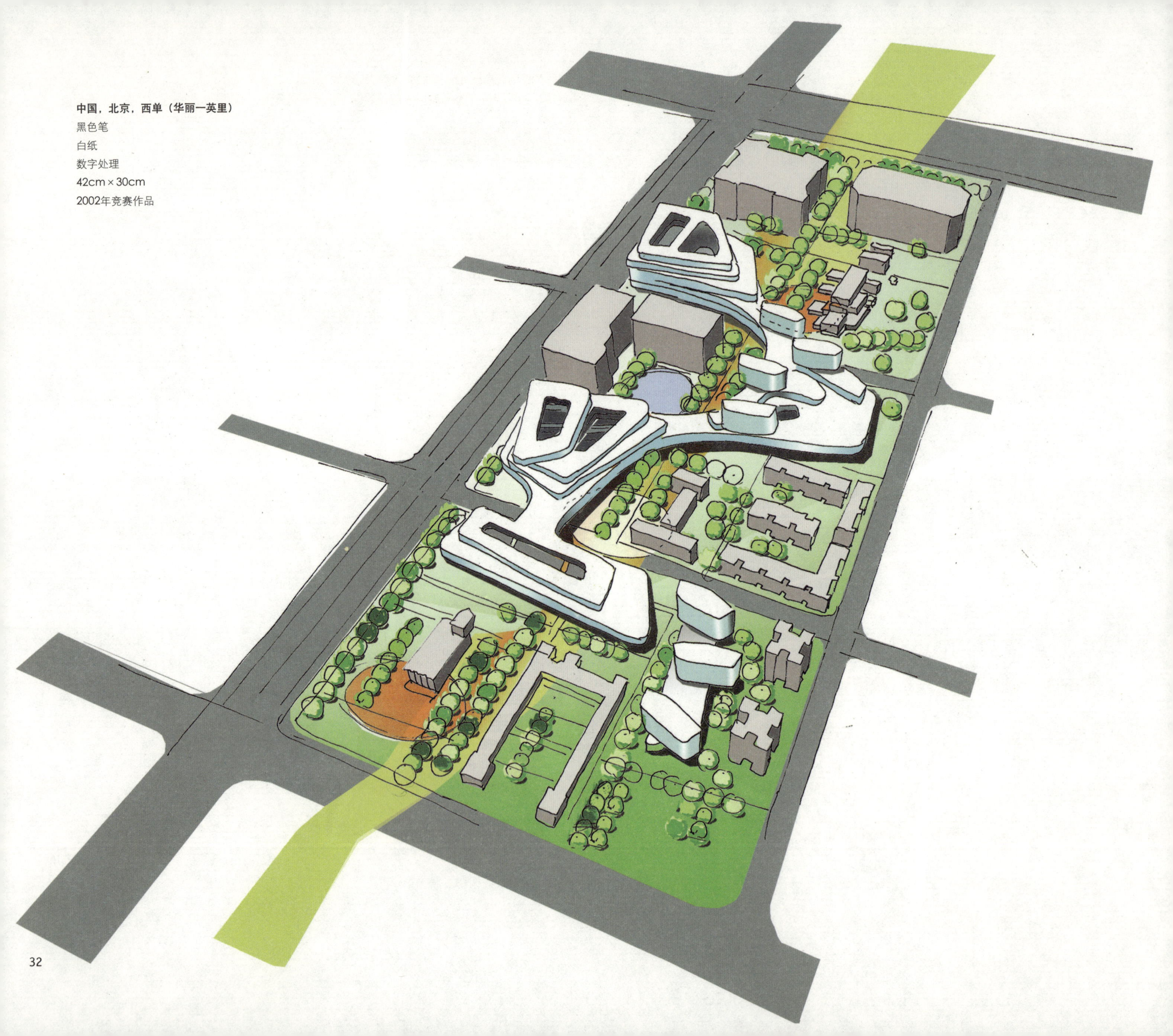

中国，北京，西单（华丽一英里）

黑色笔

白纸

数字处理

42cm × 30cm

2002年竞赛作品

中国，北京，西单（华丽一英里）
黑色笔
白纸
数字处理
42cm × 30cm
2002年竞赛作品

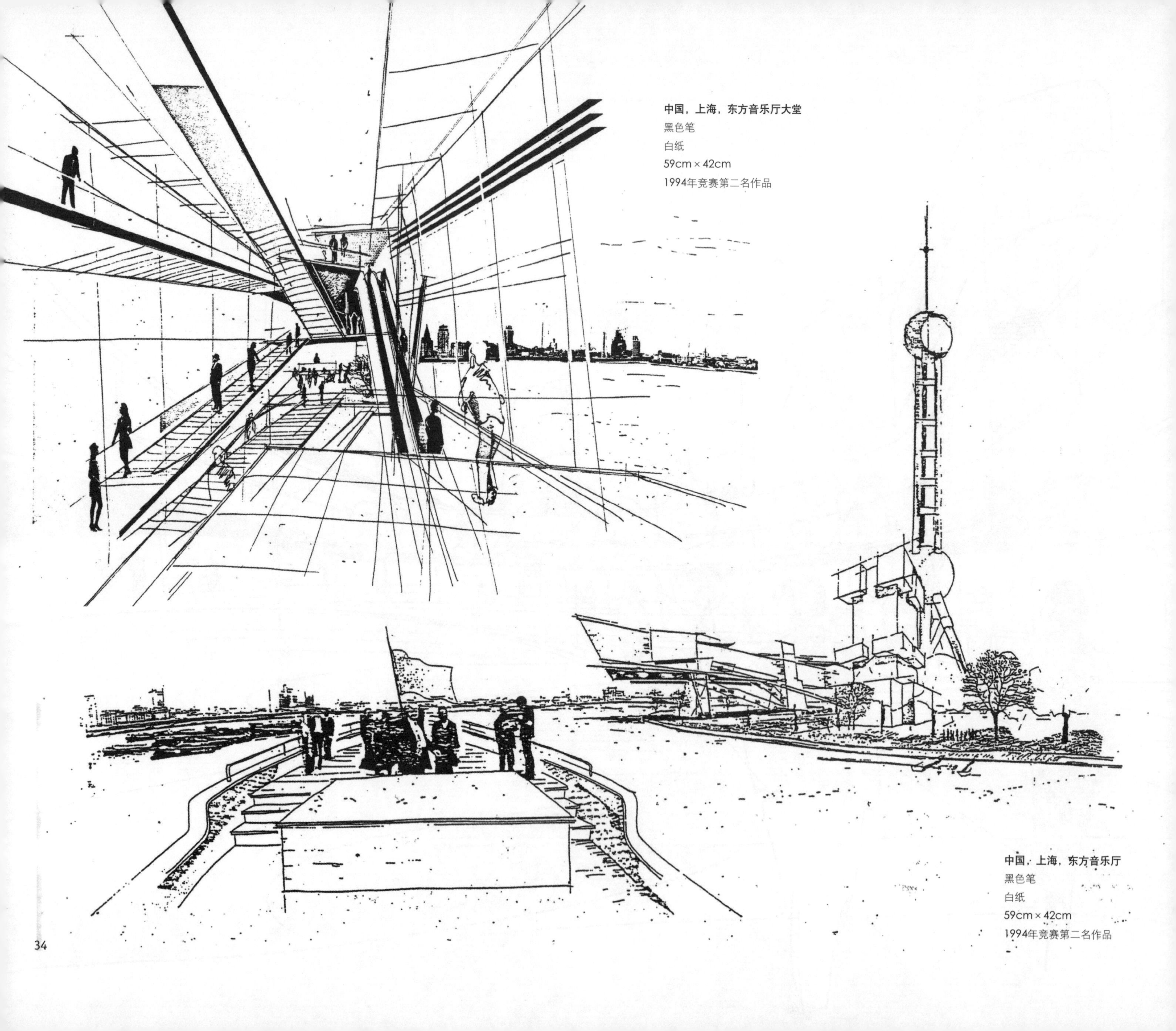

中国，上海，东方音乐厅大堂
黑色笔
白纸
59cm × 42cm
1994年竞赛第二名作品

中国，上海，东方音乐厅
黑色笔
白纸
59cm × 42cm
1994年竞赛第二名作品

中国，上海，东方音乐厅

黑色笔

白纸

59cm × 42cm

1994年竞赛第二名作品

中国，北京，德语学校
彩铅与黑色笔
白纸
120cm × 89cm
1997年竞赛作品

瑞士，马伦特健康农场，荷斯坦诊所
黑色笔
白纸
数字处理
42cm × 30cm
2001年竞赛作品

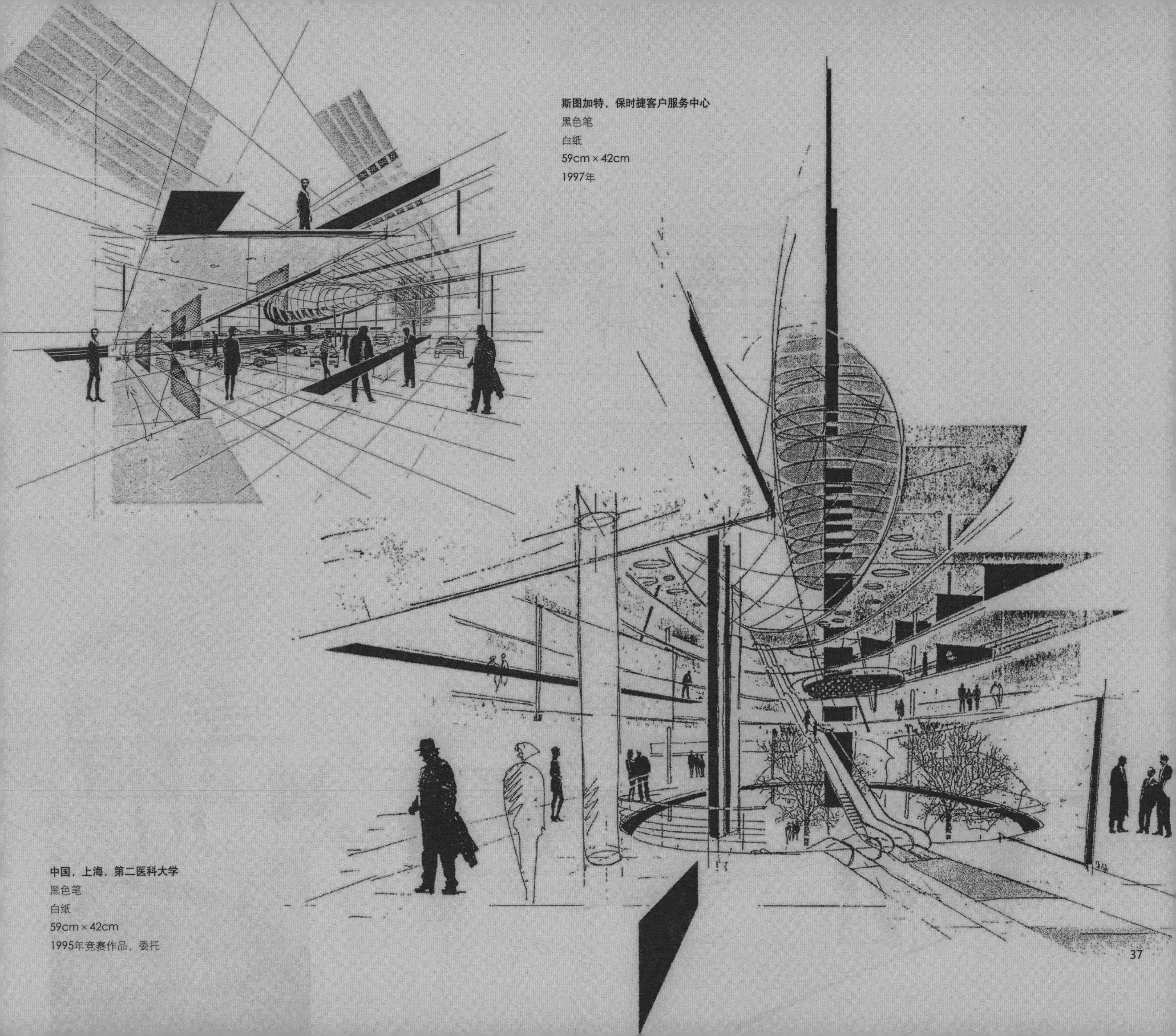

斯图加特，保时捷客户服务中心

黑色笔

白纸

59cm × 42cm

1997年

中国，上海，第二医科大学

黑色笔

白纸

59cm × 42cm

1995年竞赛作品，委托

哥廷根，XLAB大学，新建项目
黑色笔
白纸
数字处理
42cm × 30cm
2001年竞赛作品

普福尔茨海姆，大众银行
黑色笔
白纸
59cm × 42cm
1993年竞赛第二名作品

慕尼黑，学生公寓

黑色笔

白纸

数字处理

42cm × 30cm

2002年竞赛作品

雅德格·阿斯思

雅德格·阿斯思（1995年生于奥地利维也纳）得名于他对建筑结构和设计独特的全景描绘。他在1995年与《明星》杂志(Stern magazine)共同举办了“柏林2005——城市景象”展览。阿斯思在德累斯顿工业大学学习建筑，在柏林艺术大学学习绘画。1982年开始，他在柏林经营一所建筑绘图工作室，并在数所大学教设计，还参与了许多展览。此外，他的“Tekton”公司也进行以电脑为基础的图像处理。

向古斯塔夫·埃菲尔致敬
彩铅与丙烯酸涂料
纸板
60cm × 40cm
1984年

柏林，康德三角
油画棒
彩色影印纸
21cm × 30cm
1988年竞赛第四名作品

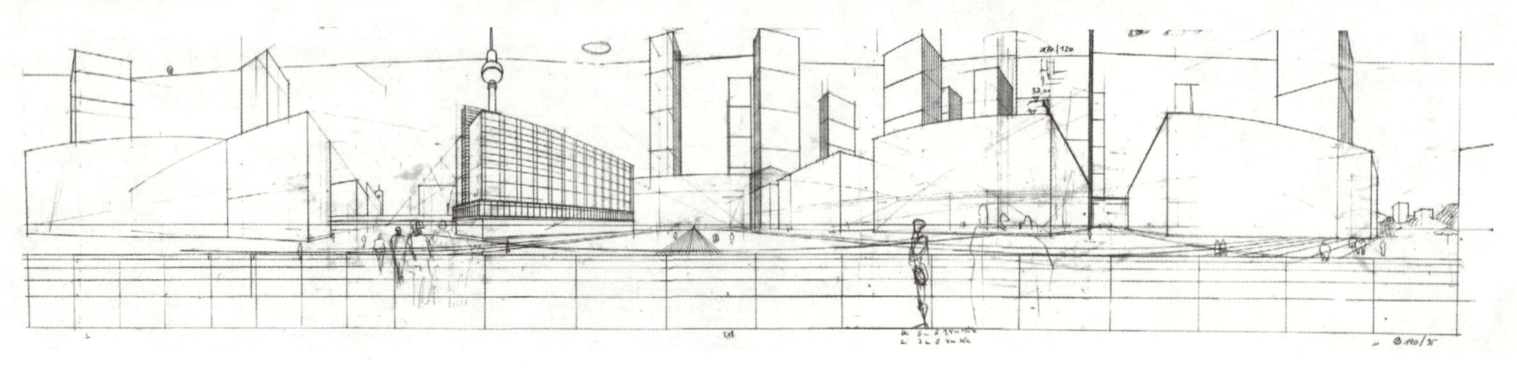

柏林，亚历山大广场
铅笔
描图纸
30cm × 42cm
1993年

柏林，亚历山大广场
油画
木板
60cm × 220cm
1993年竞赛第一名作品
建筑师：Kollhoff/Timmermann

柏林，波茨坦广场

油画

木板

60cm × 220cm

1995年

柏林，宫廷广场

油画

木板

60cm × 220cm

1995年

柏林全景，圆厅展览

铅笔与彩铅

描图纸

42cm × 30cm

1995年

葡萄牙，里斯本，Vestir o Christo Rei装置

铅笔与丙烯酸涂料

普通纸

21cm × 30cm

1997年

威廉·迈耶

威廉·迈耶（1950年生于汉诺威）1979年以建筑学学位毕业后，1979年到1987年在汉诺威大学任副教授，同时也是建筑与设计系学术委员会成员。1987年到1993年任设计初步课程教授。此外，从1979年到1996年，他作为独立建筑师为德国ASP建筑师事务所的施韦格尔与合伙人事务所（Schweger Partner）工作，并在1997年成为ASP的合伙人。2006年，他与沃尔夫冈·施耐德（Wolfgang Schneider）共同创建了德国ASP建筑师事务所的施耐德迈耶与合伙人事务所。

汉诺威，海伦和萨花园餐厅

油画

帆布

155cm × 155cm

2000年

汉诺威，海伦和萨花园餐厅，空间序列
水彩
普通纸
26cm × 26cm
2000年

卡尔斯鲁厄，设计学院
油画
帆布
155cm × 155cm
2001年

俄罗斯，冰塔
油画
帆布
155cm × 155cm
2007年

汉诺威，展览广场，办公中心
油画
帆布
155cm × 155cm
2003年

卡尔斯鲁厄，传播与艺术中心，立方体
油画
帆布
155cm × 155cm
1999年

汉诺威，红墙
水彩
普通纸
20cm × 20cm
2007年

卡尔斯鲁厄，媒体与艺术中心，传播电影院
油画
帆布
155cm × 155cm
1999年

汉堡，桑德托卡伊海港城
水彩
普通纸
46cm × 64cm
2000年

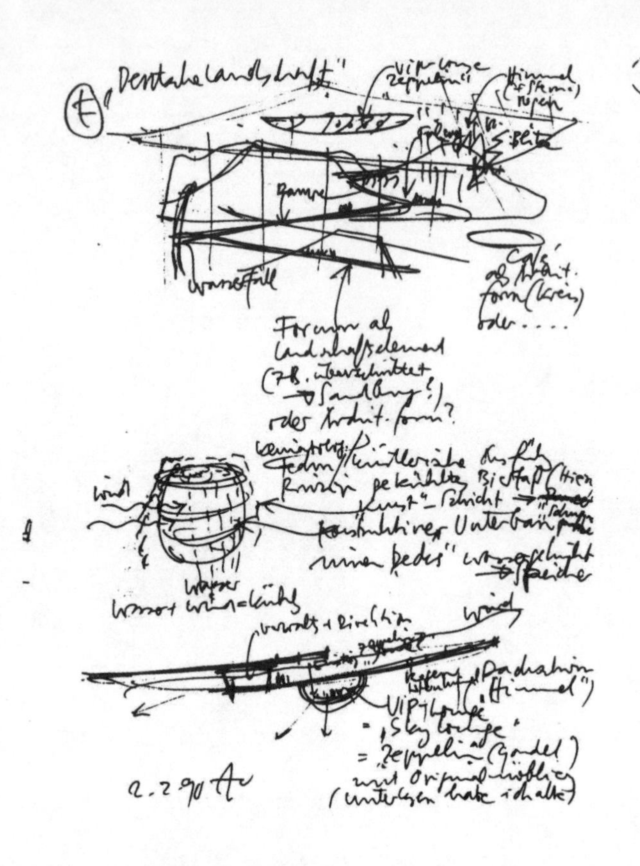

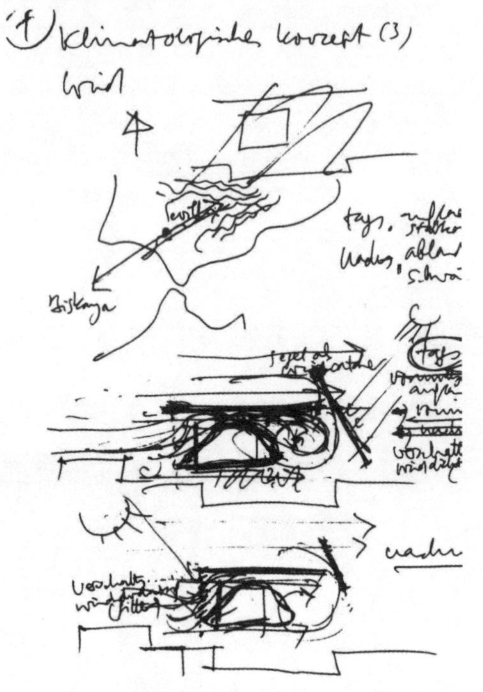

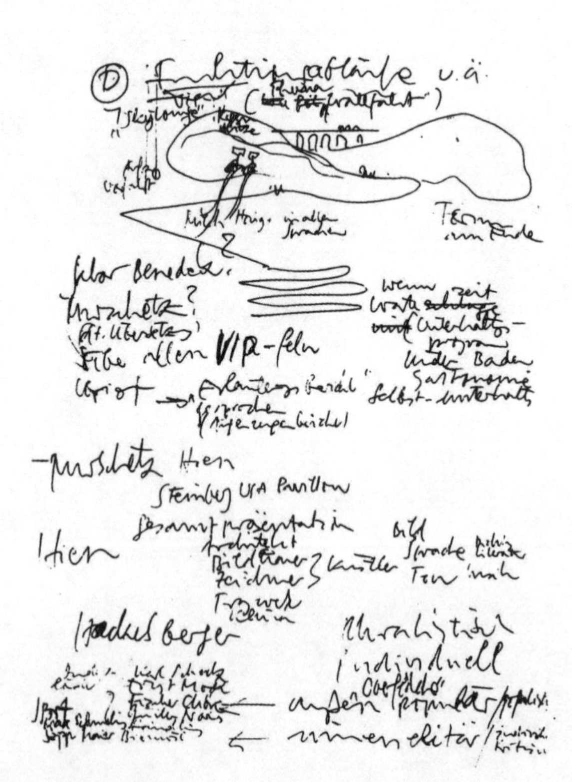

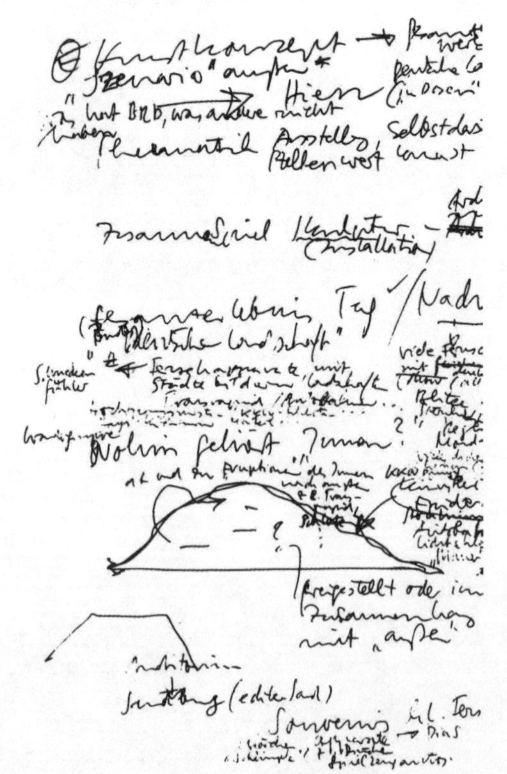

弗里茨·奥尔

对弗里茨·奥尔（1933年生于图宾根）来说，绘画所传达的想法比单纯的图面美更加重要。他的草图更像剧本，向人们展示着设计的过程。奥尔曾就读于斯图加特工业大学和美国密歇根州布卢姆菲尔德山的克兰布鲁克艺术学院。1980年创建了Auer+Weber事务所（今天被称为Auer+Weber+Assoziierte事务所）。他为许多的建筑师事务所工作过，并曾是班尼士及其合伙人建筑师事务所的合作伙伴。除了2001年的德国建筑奖外，奥尔还获得过其他奖项，例如1992年在塞维利亚的世博会中他设计的德国馆为其赢得了建筑评论家奖。此外，他还在数所学校任设计系的教授。

塞维利亚，1992年世博会，德国馆

毡尖笔

普通纸

10cm×9cm

1990年竞赛第一名作品

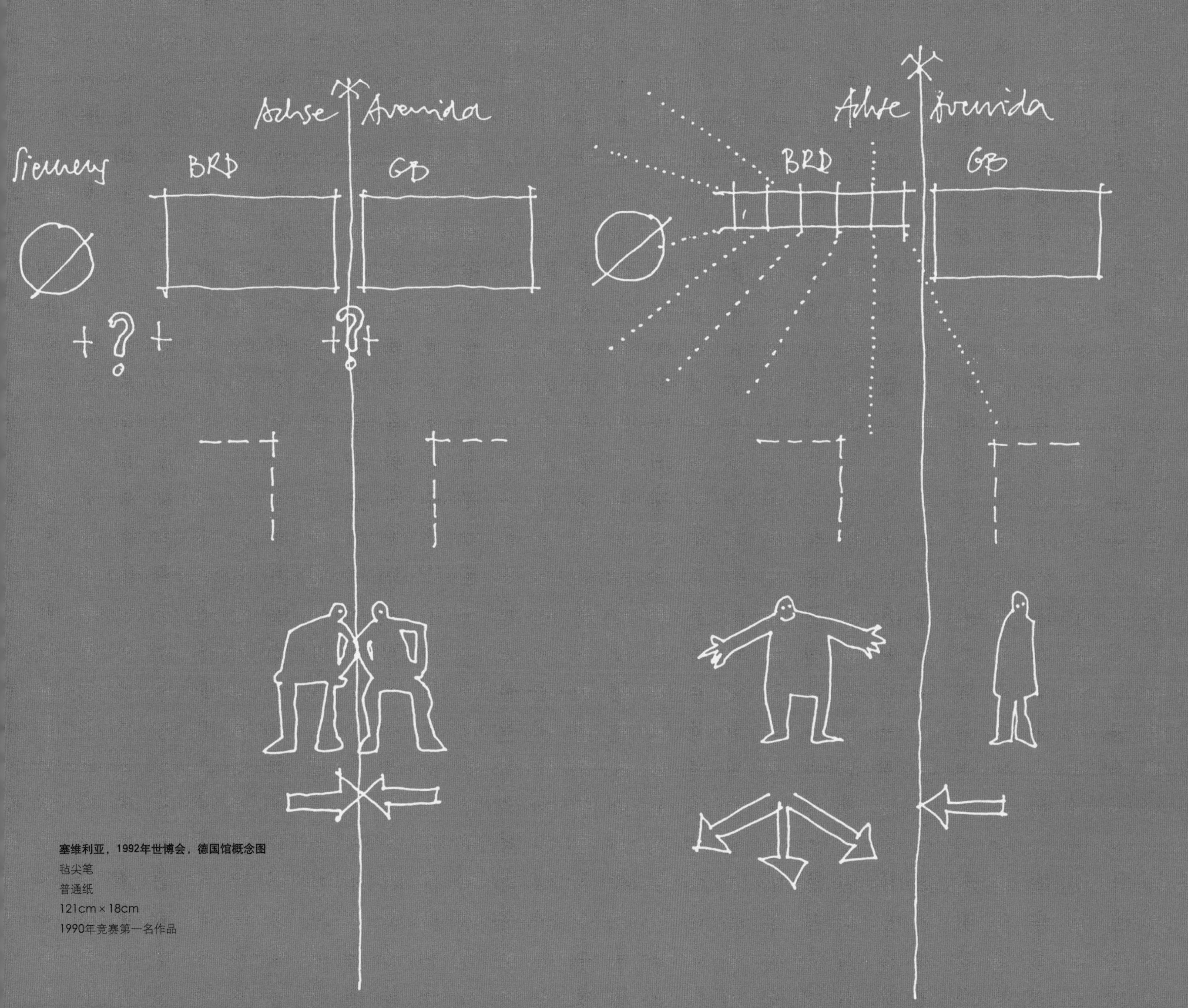

塞维利亚，1992年世博会，德国馆概念图

毡尖笔

普通纸

121cm × 18cm

1990年竞赛第一名作品

塞维利亚，1992年世博会，德国馆

毡尖笔

普通纸

22cm×11cm

1990年竞赛第一名作品

塞维利亚，1992年世博会，德国馆

毡尖笔

普通纸

22cm×14cm

1990年竞赛第一名作品

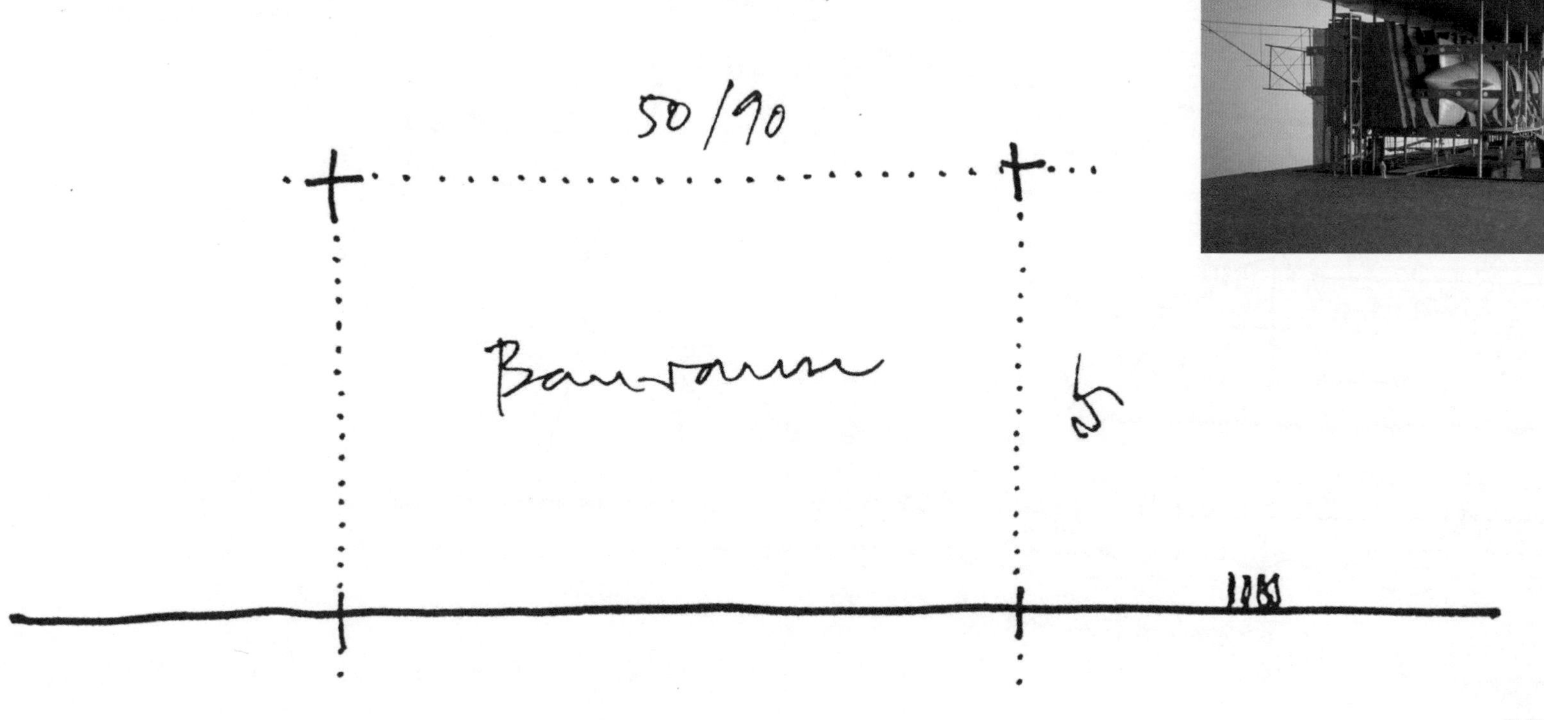

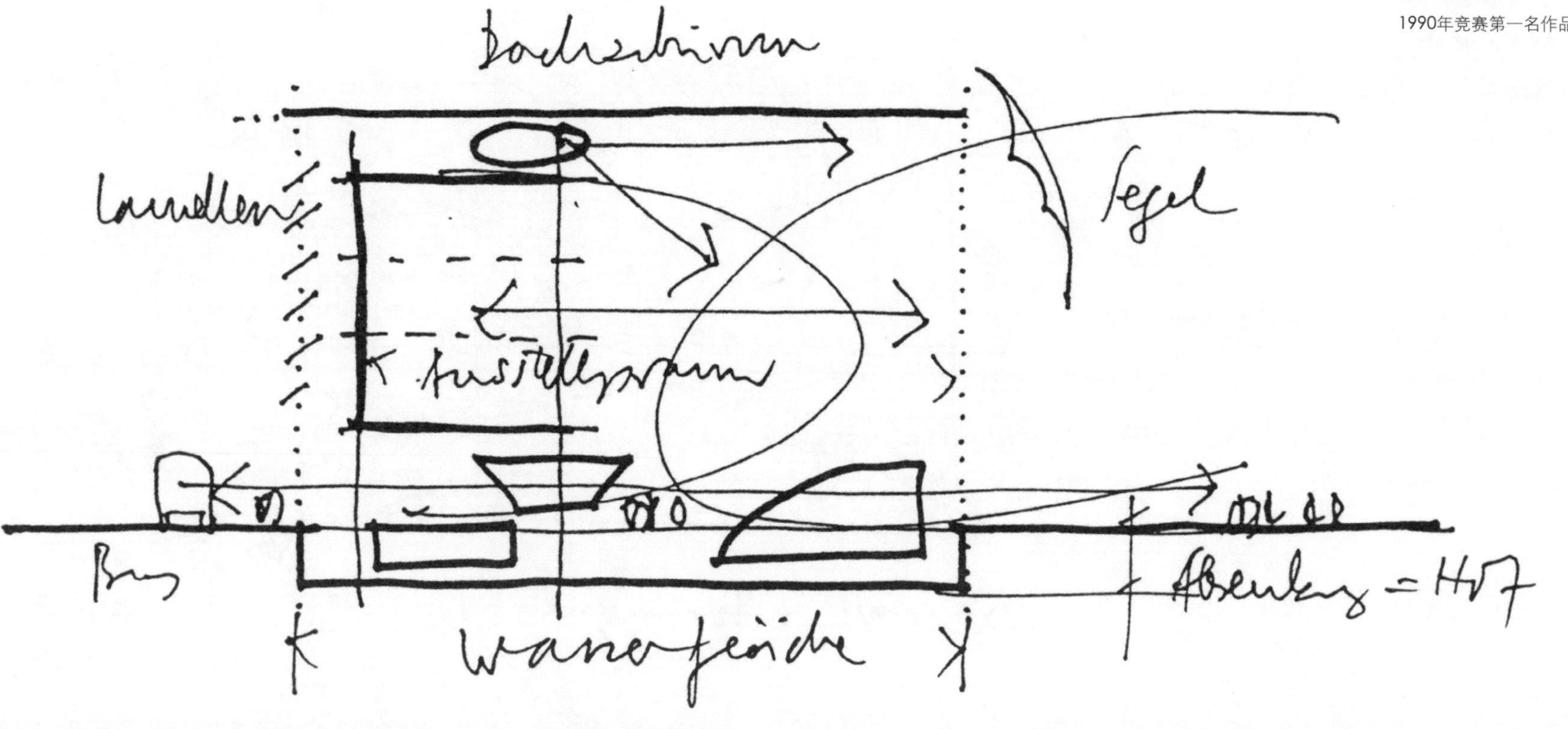

塞维利亚，1992年世博会，德国馆

毡尖笔

普通纸

22cm × 23cm

1990年竞赛第一名作品

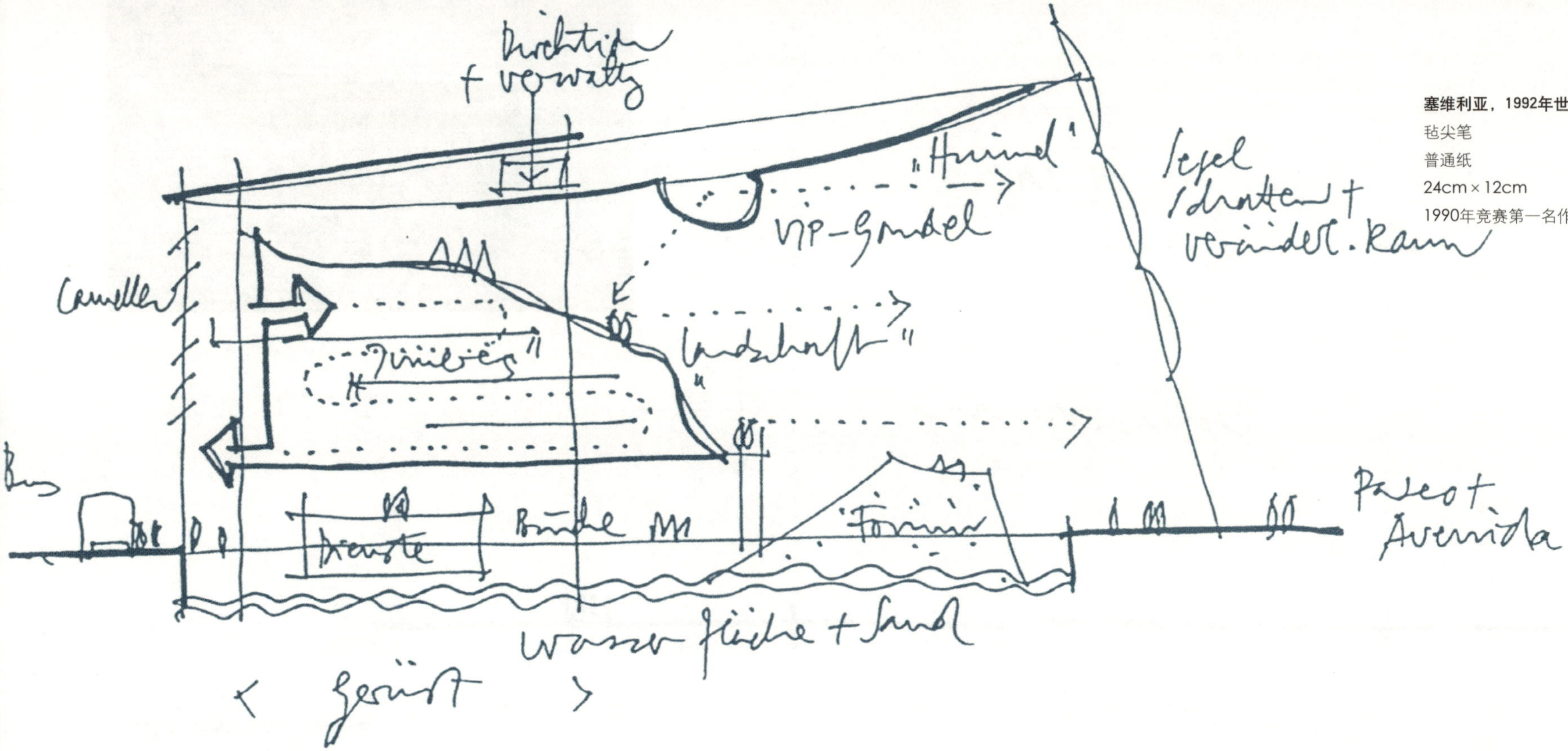

塞维利亚，1992年世博会，德国馆

毡尖笔

普通纸

24cm × 12cm

1990年竞赛第一名作品

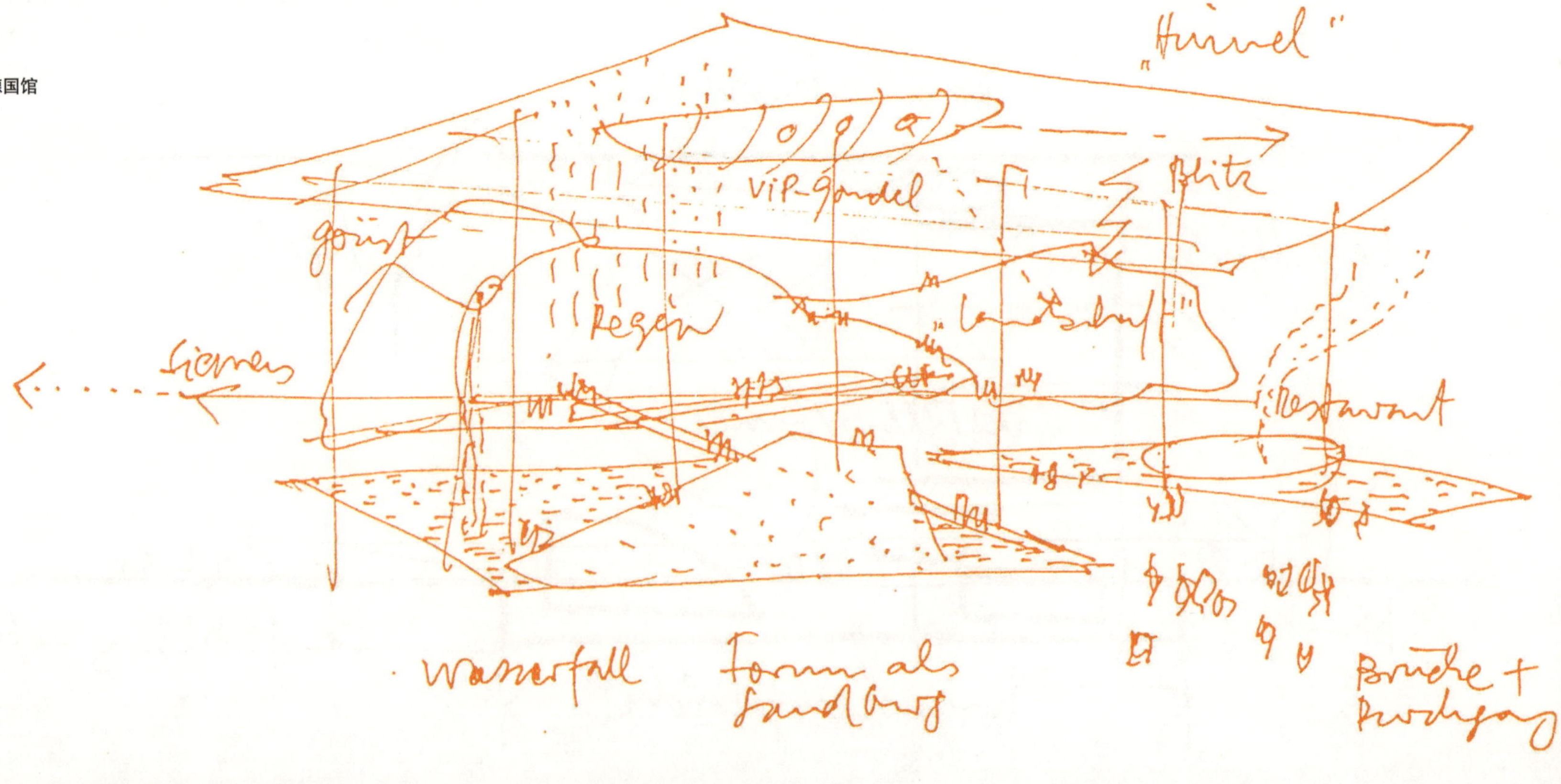

塞维利亚，1992年世博会，德国馆

塞维利亚，1992年世博会，德国馆

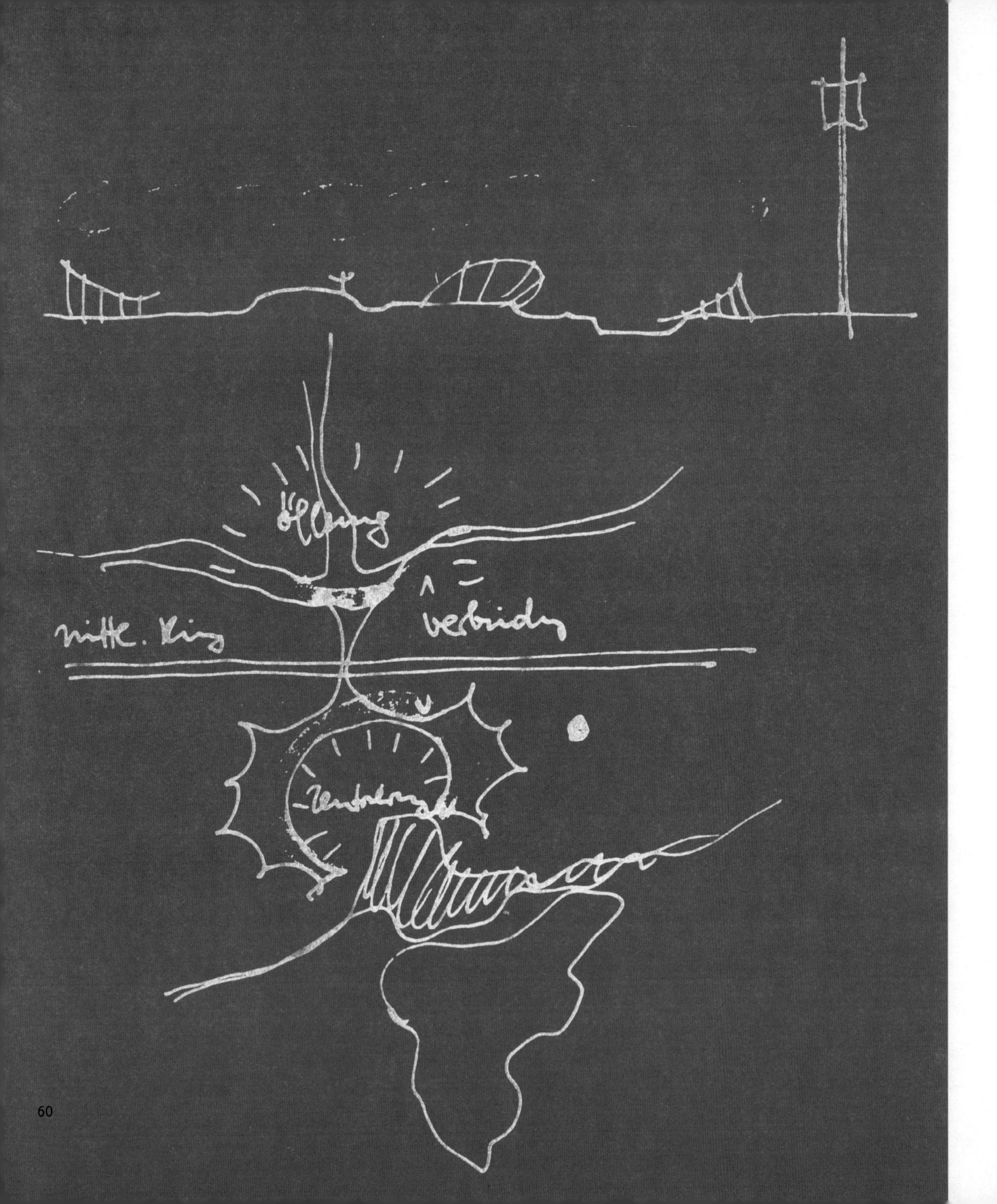

卡洛·韦伯

卡洛·韦伯（1934年生于萨尔布吕肯）在与弗里茨·奥尔创建了Auer+Weber事务所（现称为Auer+Weber+Assoziierte事务所）。韦伯之前是Behnisch & Partner事务所的员工。Auer+Weber事务所的作品曾在许多场地展出，包括2003年斯图加特国家美术学院以及慕尼黑建筑画廊。卡洛·韦伯曾就读于斯图加特工业大学，并获得过巴黎国立高等美术学院奖学金。后任职于斯图加特大学，成为德累斯顿工业大学建筑理论与设计的教授。1996年起，成为萨克森艺术学院的成员。

C. Weber

1972年XX奥运会，结构与地面建筑，概念草图

墨水

描图纸

21cm × 30cm

1968年

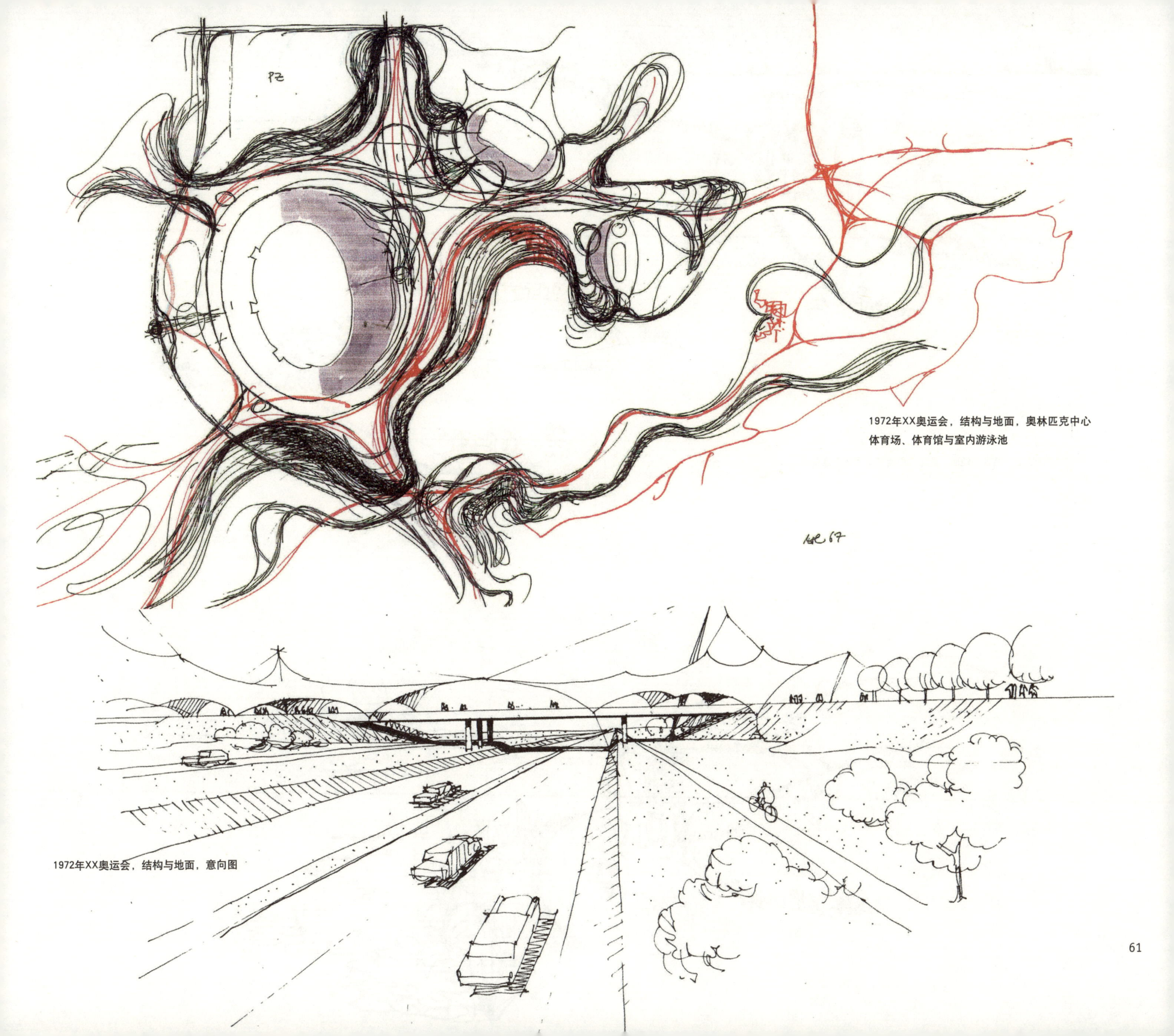

1972年XX奥运会，结构与地面，奥林匹克中心体育场、体育馆与室内游泳池

1972年XX奥运会，结构与地面，意向图

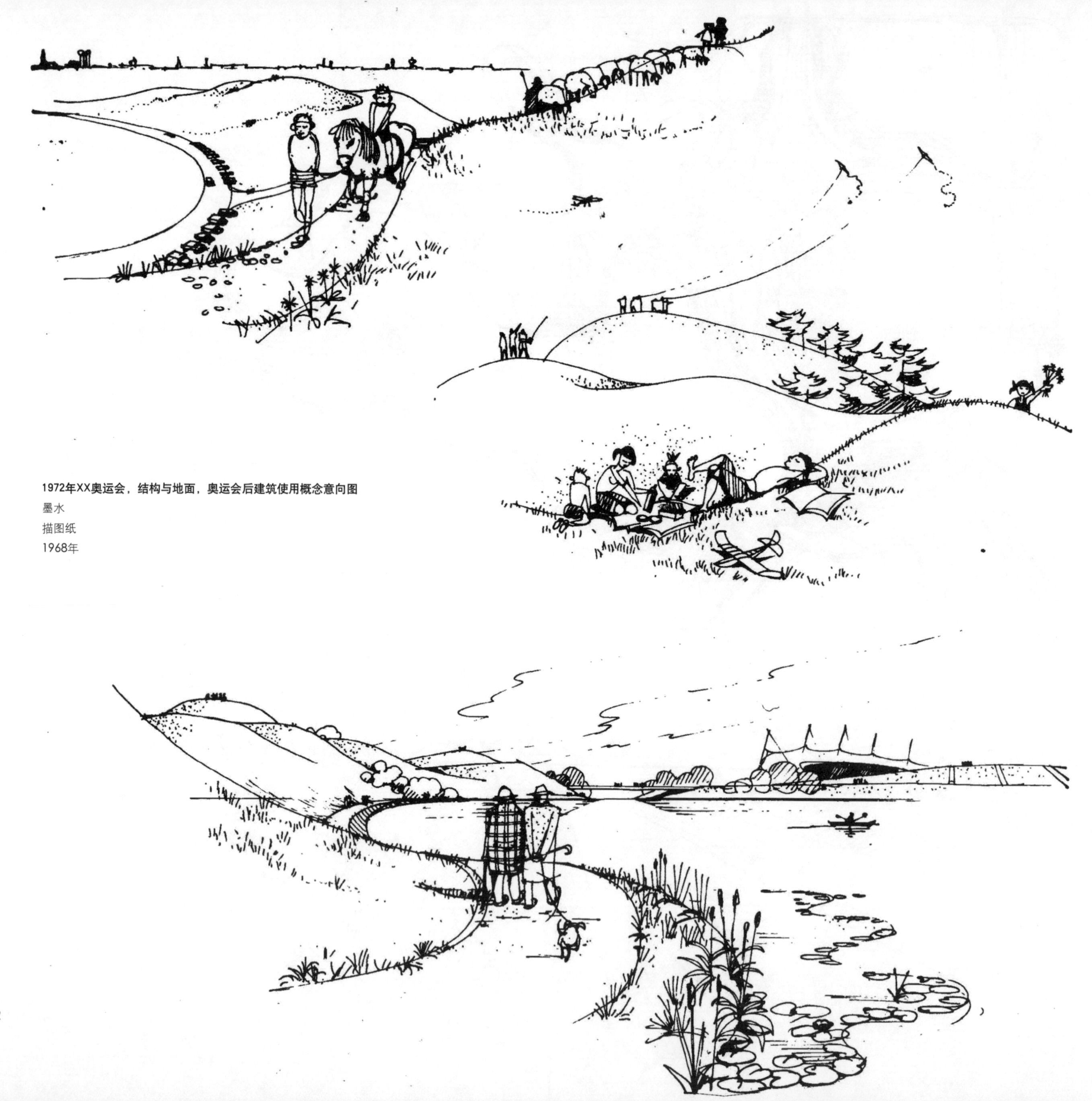

1972年XX奥运会，结构与地面，奥运会后建筑使用概念意向图

墨水

描图纸

1968年

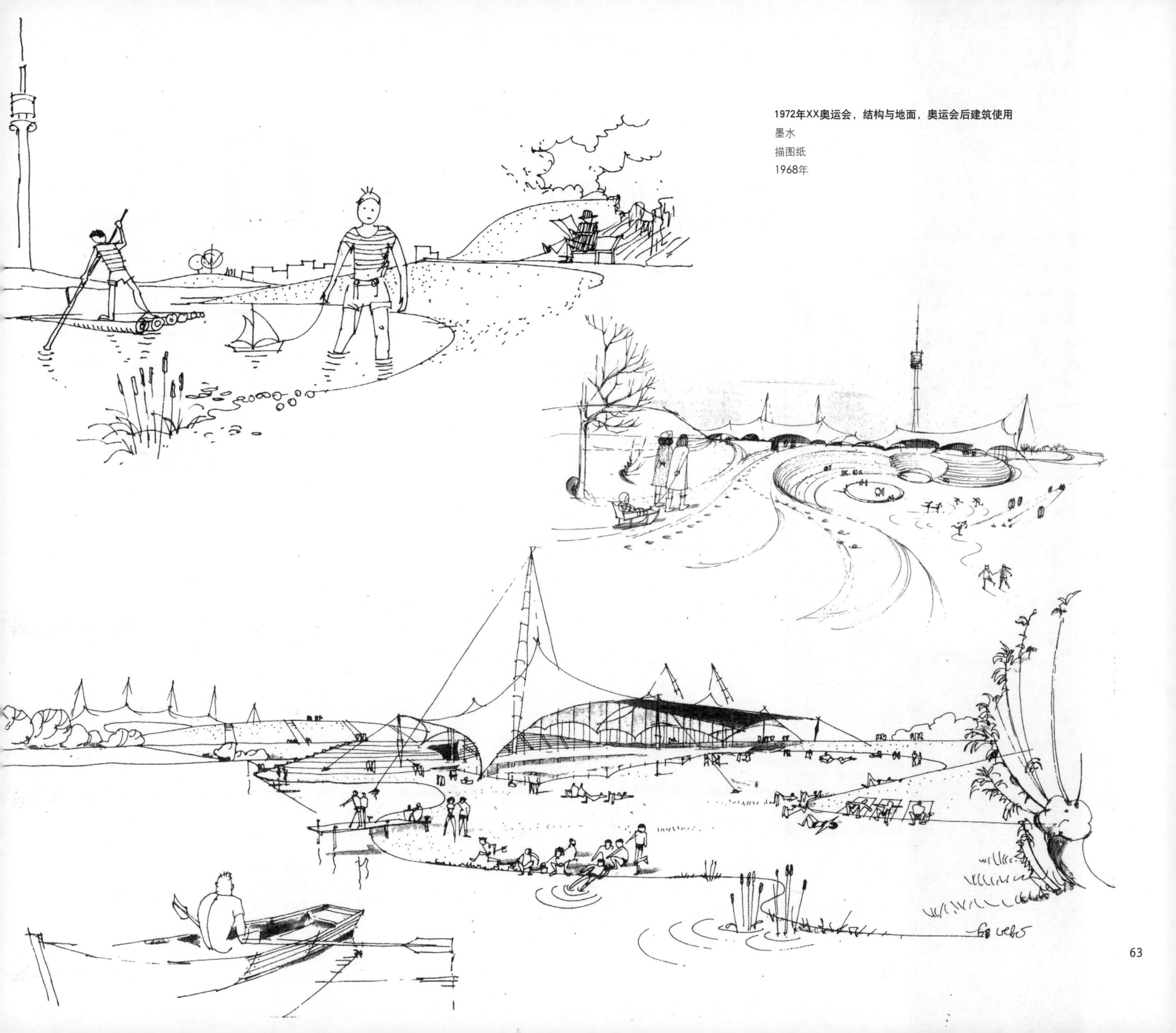

1972年XX奥运会，结构与地面，奥运会后建筑使用
墨水
描图纸
1968年

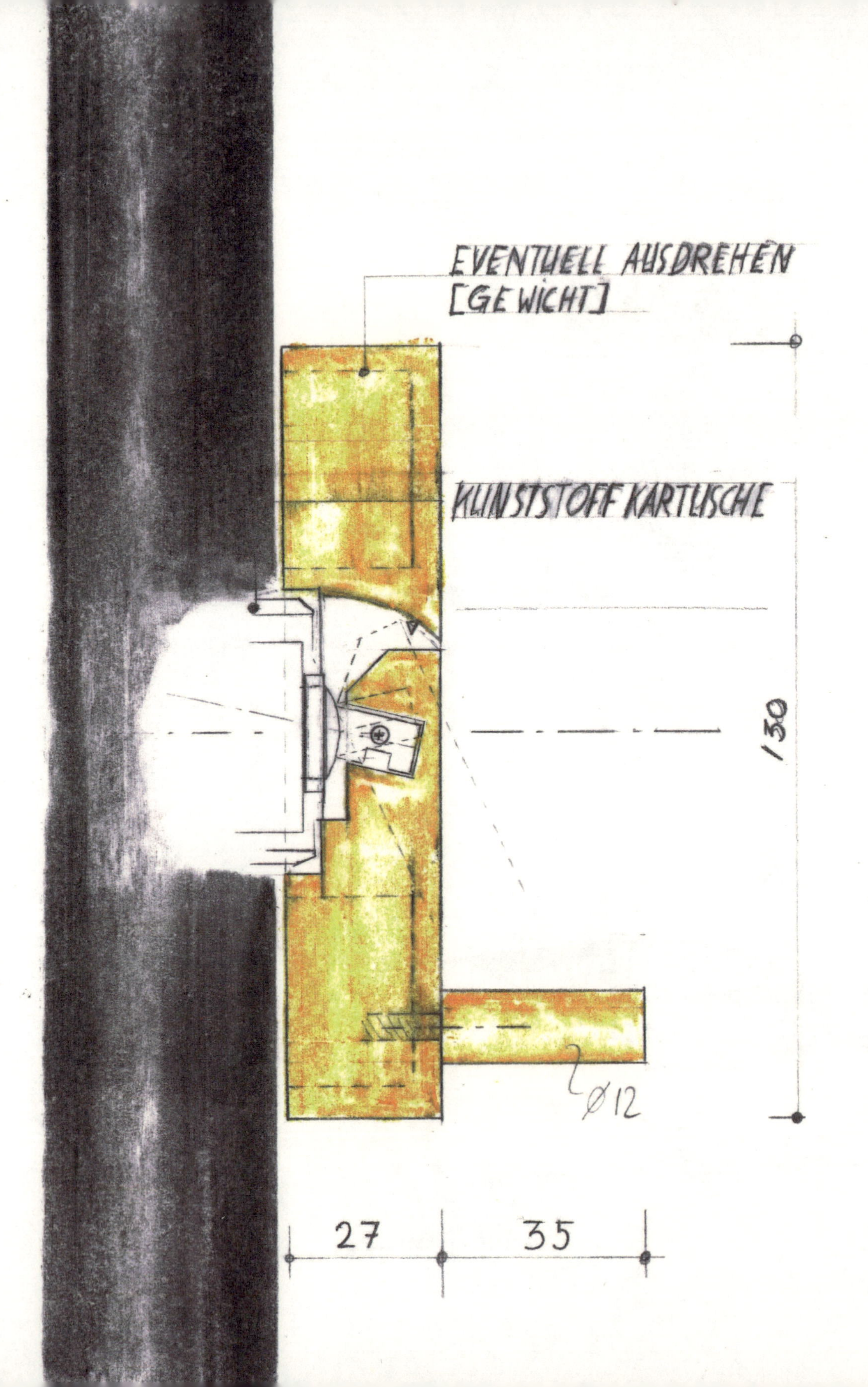

保罗·伯姆

保罗·伯姆（1959年生于科隆）2001年，接手科隆的伯姆建筑师事务所，在这之前，他是该公司的合伙人。他在维也纳与柏林（1990年毕业）学习建筑后，在不同的公司工作，包括理查德迈耶的纽约事务所。除了一些已完成的项目，他还成功地参与过几次竞赛。他的作品在许多展览和讲座中展出并出版。

单柄把手龙头
炭笔与粉笔
普通纸
40cm × 30cm
1998年

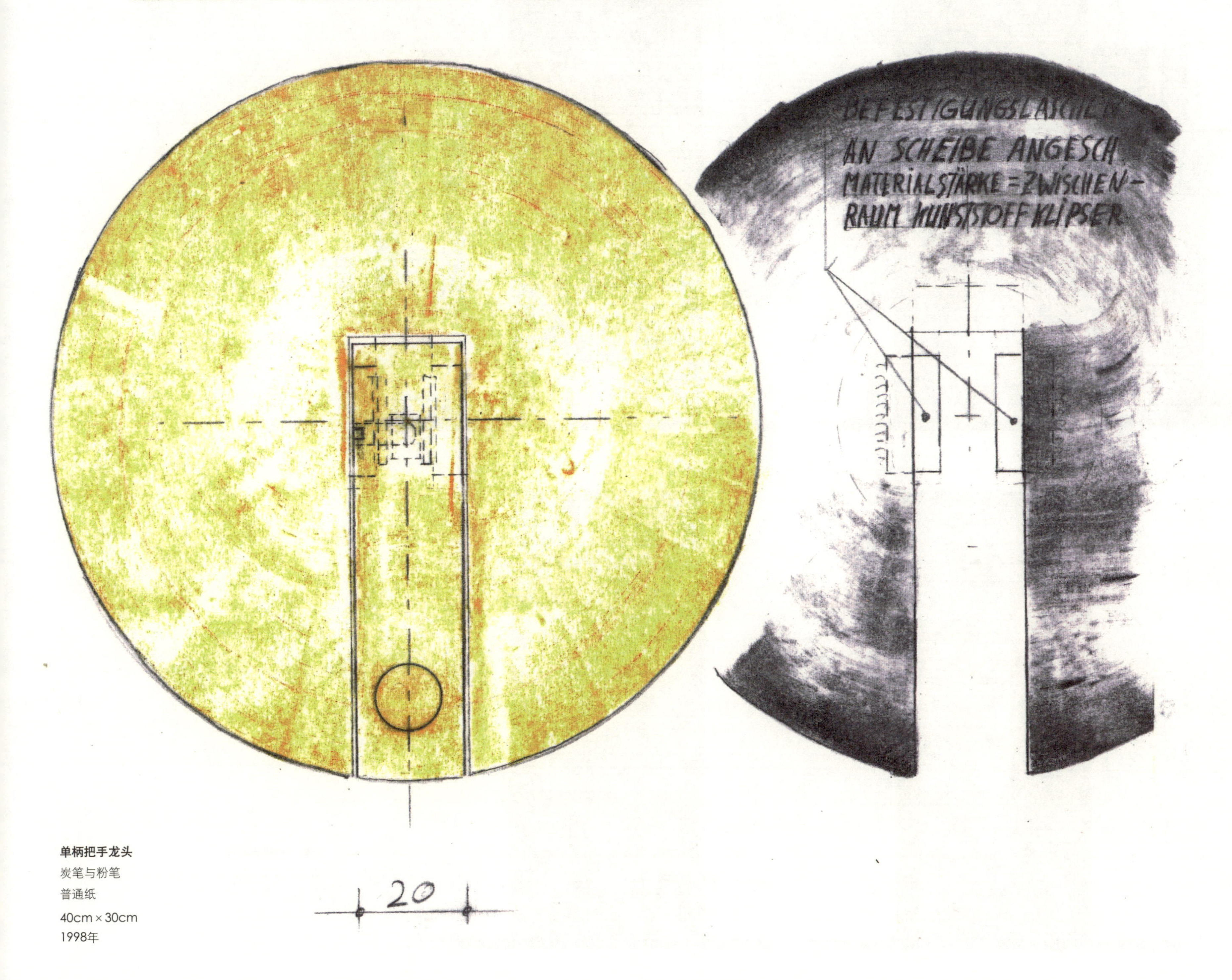

单柄把手龙头

炭笔与粉笔

普通纸

40cm × 30cm

1998年

哈雷，市场办公楼

炭笔与粉笔

普通纸

52cm × 110cm

1996年

哈雷，市场办公楼

炭笔与粉笔

普通纸

65cm × 75cm

1996年

PAB
INNENRAUMPERSPEKTIVE

科隆，塞韦林桥

炭笔与粉笔

CAD基础上

40cm × 55cm

2000年

Marienfried，朝圣教堂

炭笔与粉笔

普通纸

65cm × 90cm

2003年

埃菲尔，火山博物馆

炭笔与粉笔

普通纸

29cm × 42cm

2002年

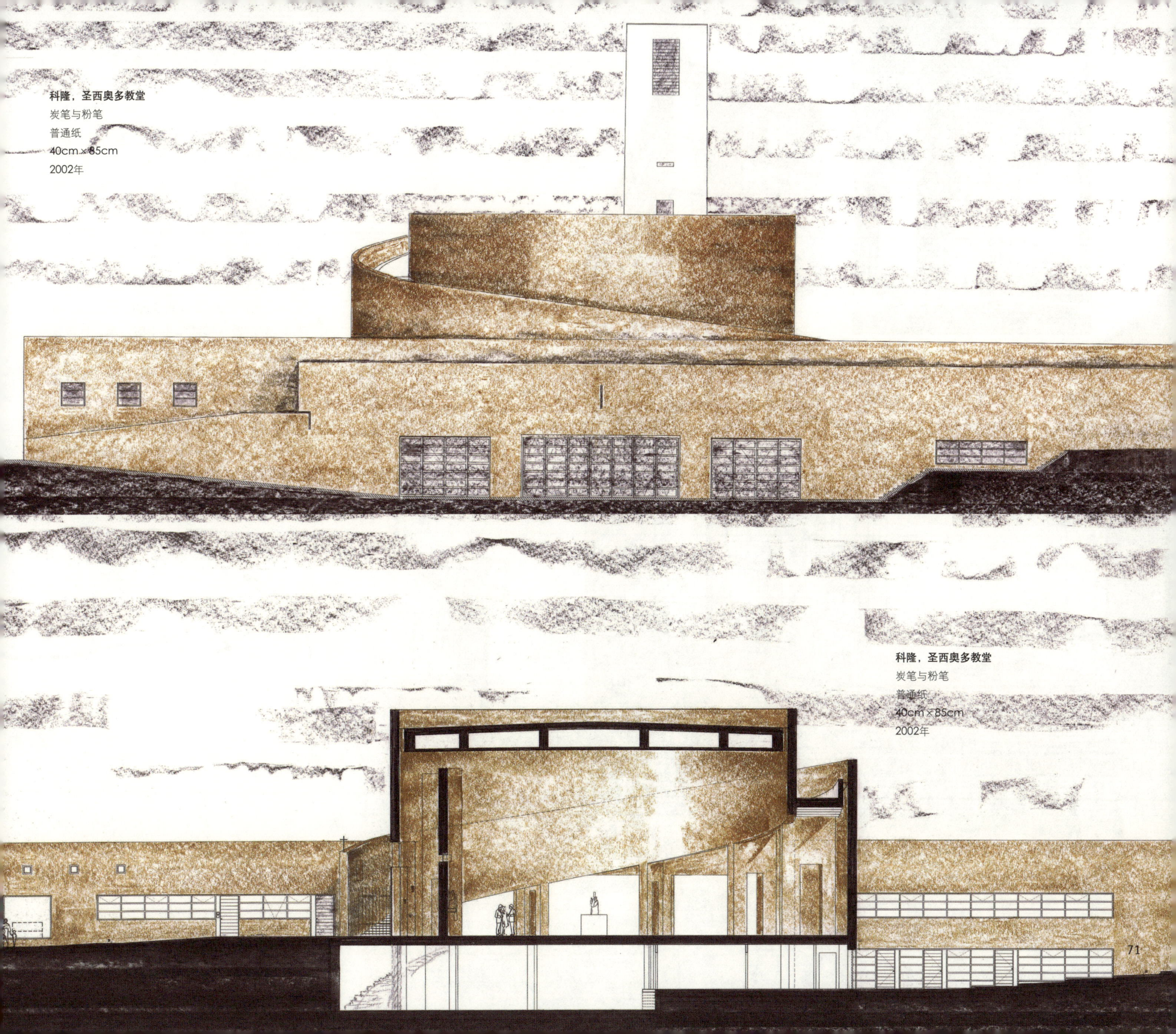

科隆，圣西奥多教堂

炭笔与粉笔

普通纸

40cm×85cm

2002年

科隆，圣西奥多教堂

炭笔与粉笔

普通纸

40cm×85cm

2002年

博尔斯+威尔逊

朱莉亚·博尔斯-威尔逊（1948年生于明斯特）在卡尔斯鲁厄工业大学学习建筑，毕业于伦敦AA建筑学院。1981年到1986年她在伦敦切尔西艺术学校担任讲师，1996年成为设计教授，2008年起担任明斯特建筑学院系主任。彼得 L.威尔逊（1950年生于墨尔本）曾就读于墨尔本大学与AA建筑学院，从事教学与担任教授。直到1996年为止，他一直是柏林魏森塞艺术学院的访问教授，现在在门德里西奥艺术建筑学院任教。1980年他们在伦敦创建了威尔逊合伙人事务所，1989年搬至明斯特并重名为BOLLES+WILSON。

Falkenried总平面，居住塔楼与办公室透视，最终概念

Falkenried总平面，居住塔楼与办公室透视，初步概念

纽约酒店，平台与亭子，示意草图

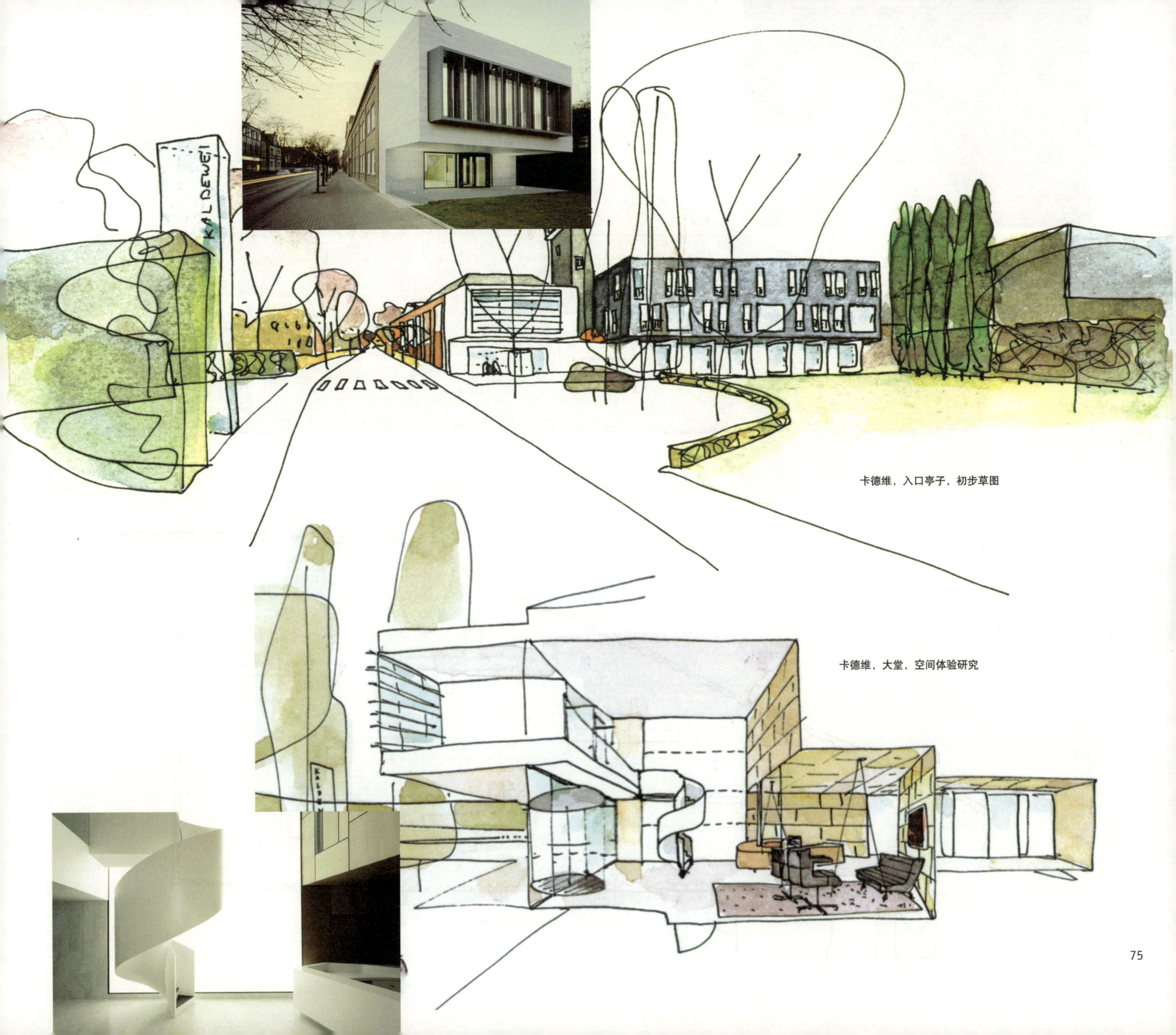

卡德维，入口亭子，初步草图

卡德维，大堂，空间体验研究

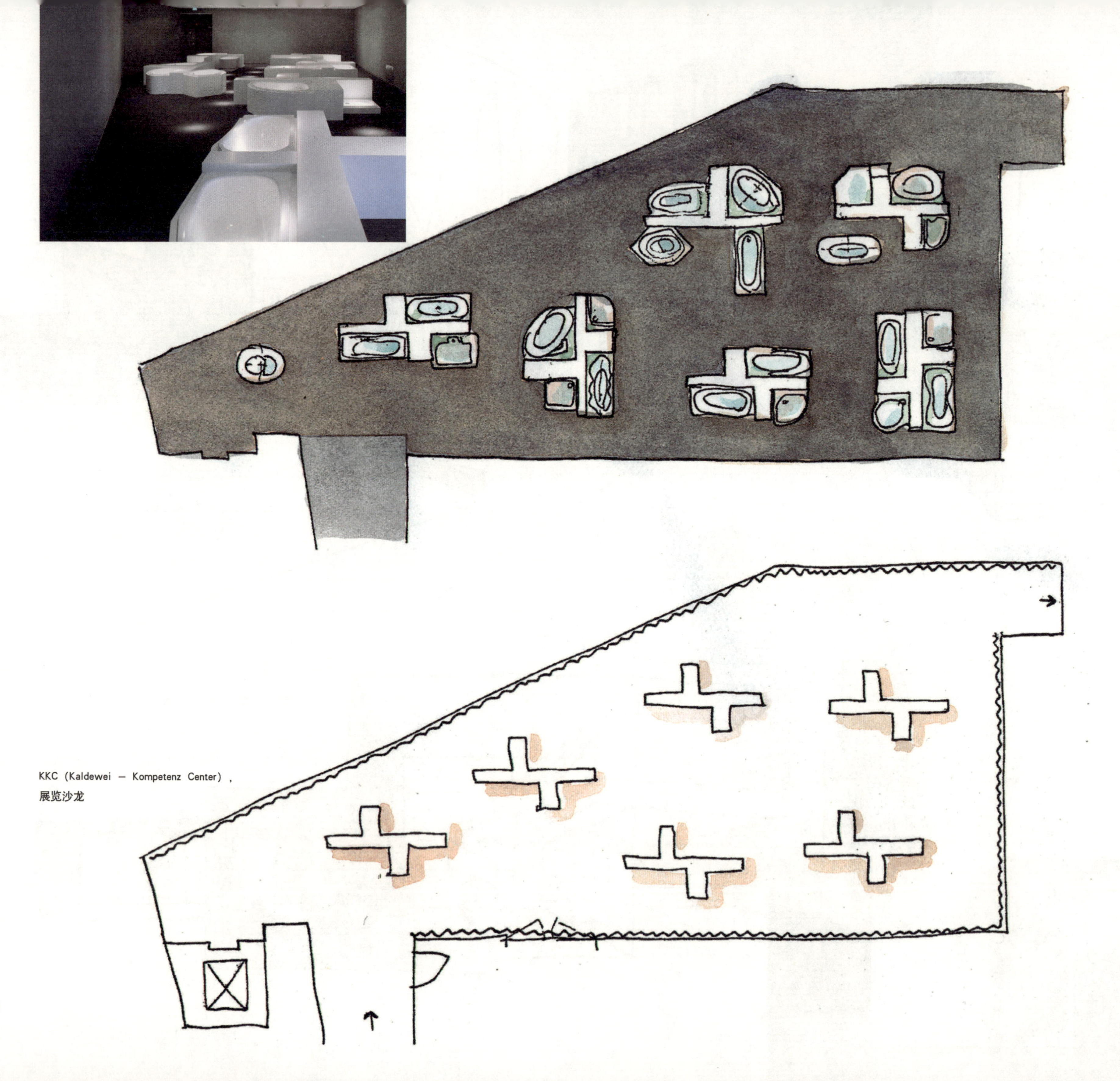

KKC（Kaldewei – Kompetenz Center），
展览沙龙

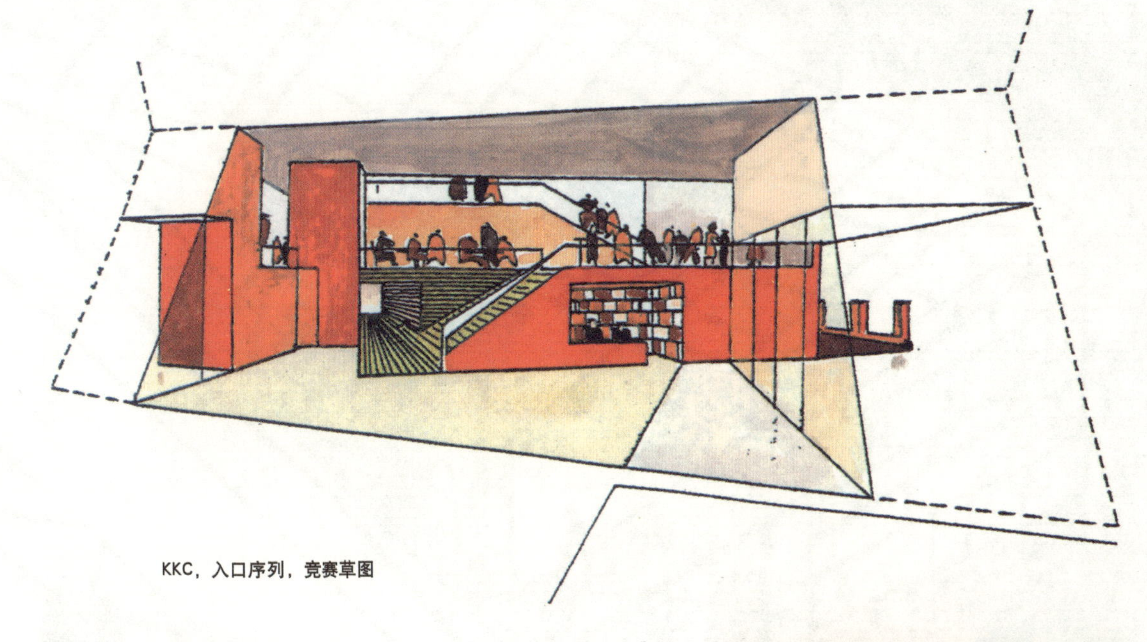

KKC，入口序列，竞赛草图

鹿特丹新卢克索剧院，开幕夜，入口氛围

S H O P
S H O P
S H O
S H O

海牙斯珀伊河市场，概念立面，示意草图

海牙斯珀伊河市场，“劳伦楼梯”，示意草图

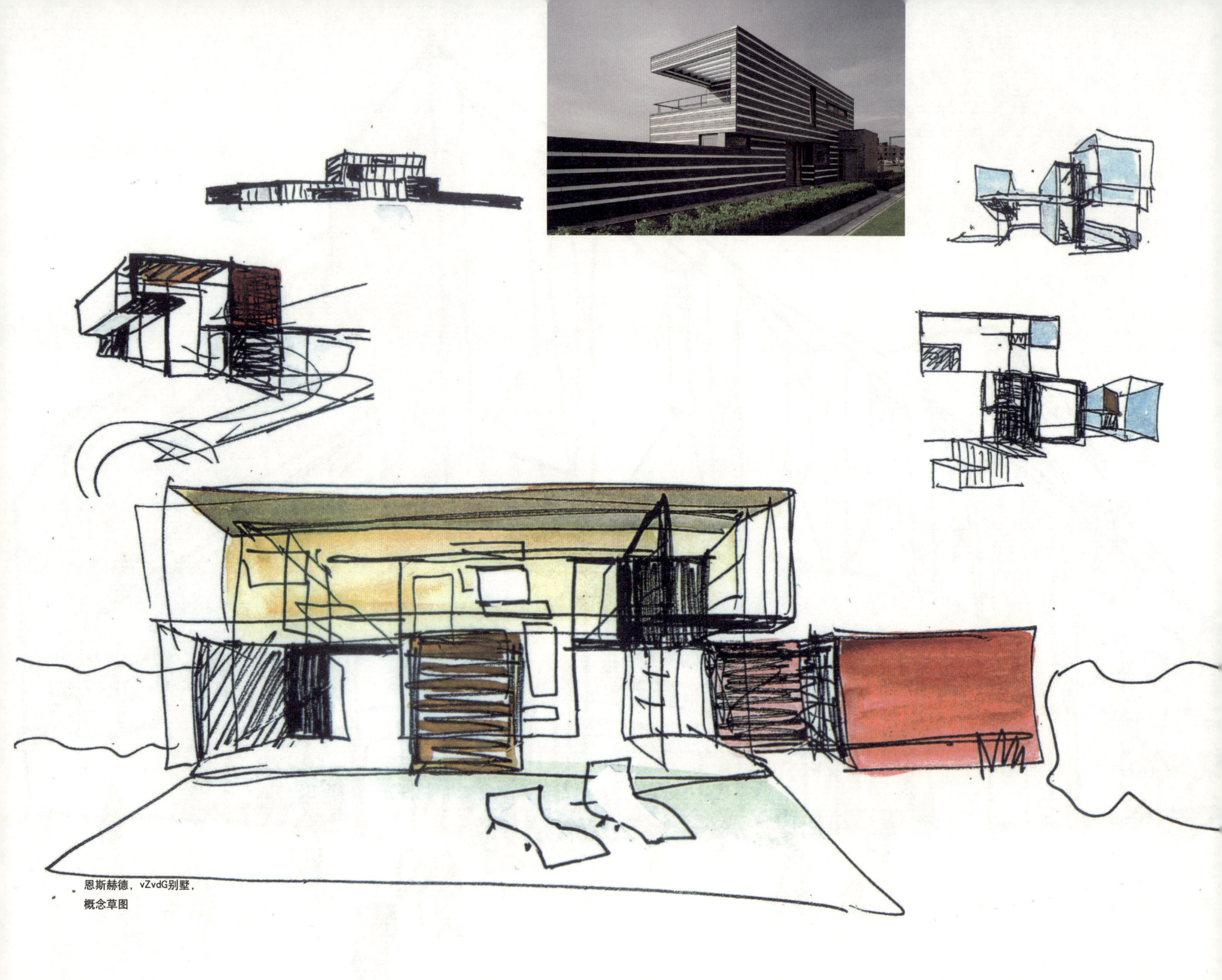

恩斯赫德，vZvdG别墅，
概念草图

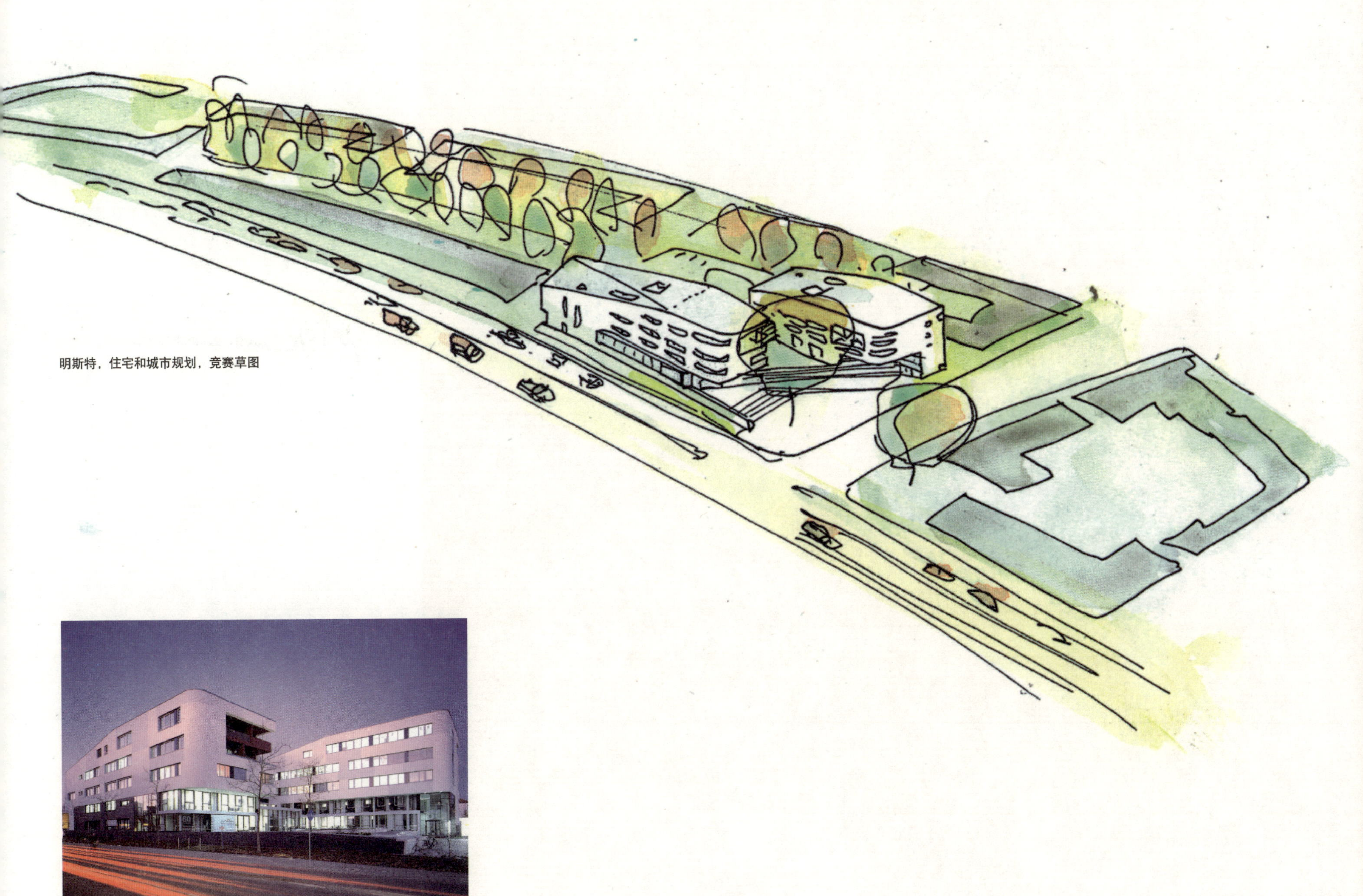

明斯特，住宅和城市规划，竞赛草图

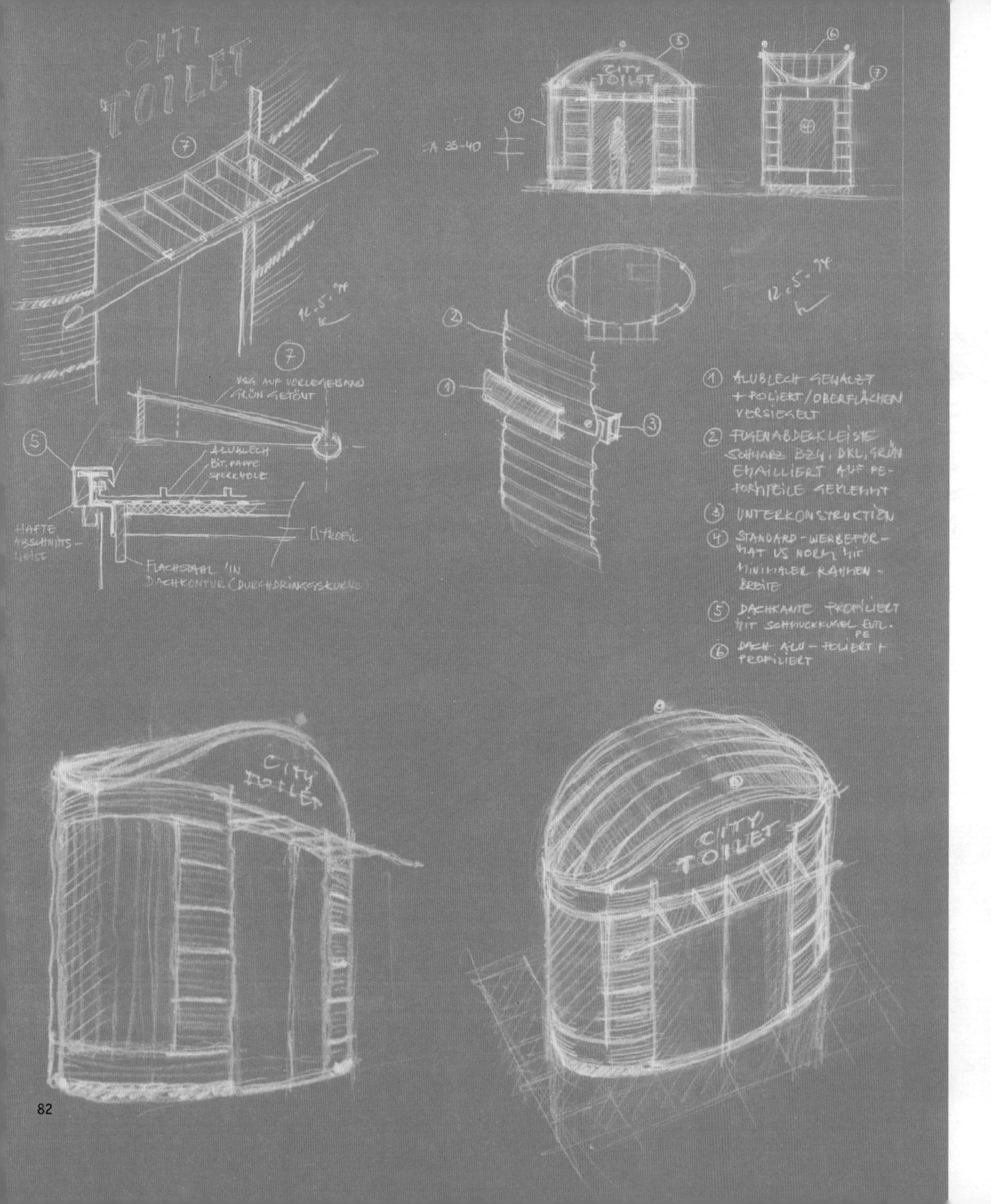

阿诺·博南尼

阿诺·博南尼（1946年生于荷兰贝尔科姆），1976年开始在柏林理工大学担任教授，负责建筑效果图和设计课程。仅仅6年前，他才获得了这所大学的建筑学学士学位。1975年他获得了该校的博士学位。1976年博南尼创立了他的第一所建筑师事务所。除了建筑设计，阿诺博南尼建筑师事务所的城市家具设计也闻名国内外。

公共卫生间，墙体公司

纸板铅笔画

21cm × 30cm

1994年

柏林，老年公寓

钢笔和彩笔

素描描图纸

26cm × 28cm

1997年竞赛作品

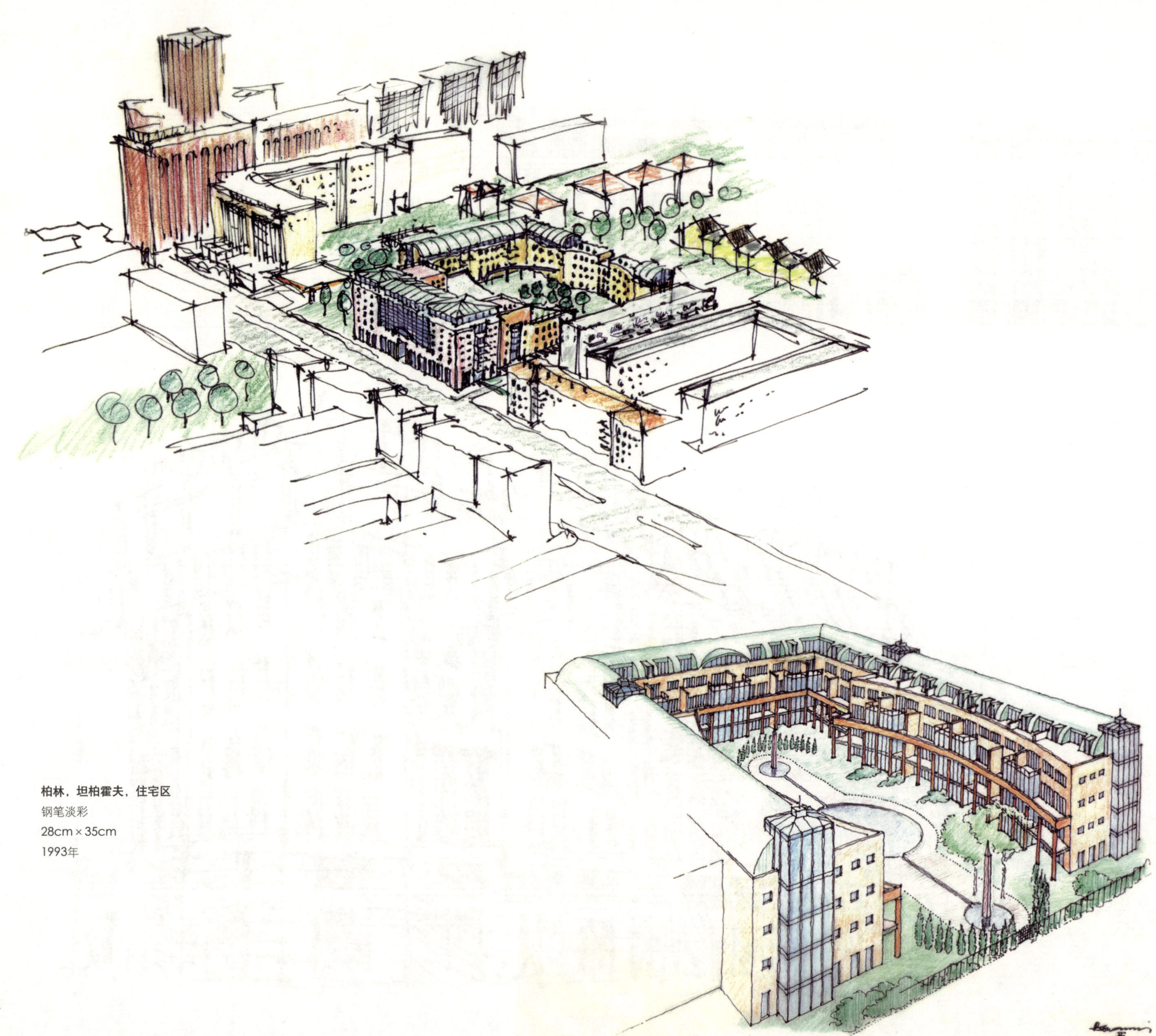

柏林，坦柏霍夫，住宅区

钢笔淡彩

28cm × 35cm

1993年

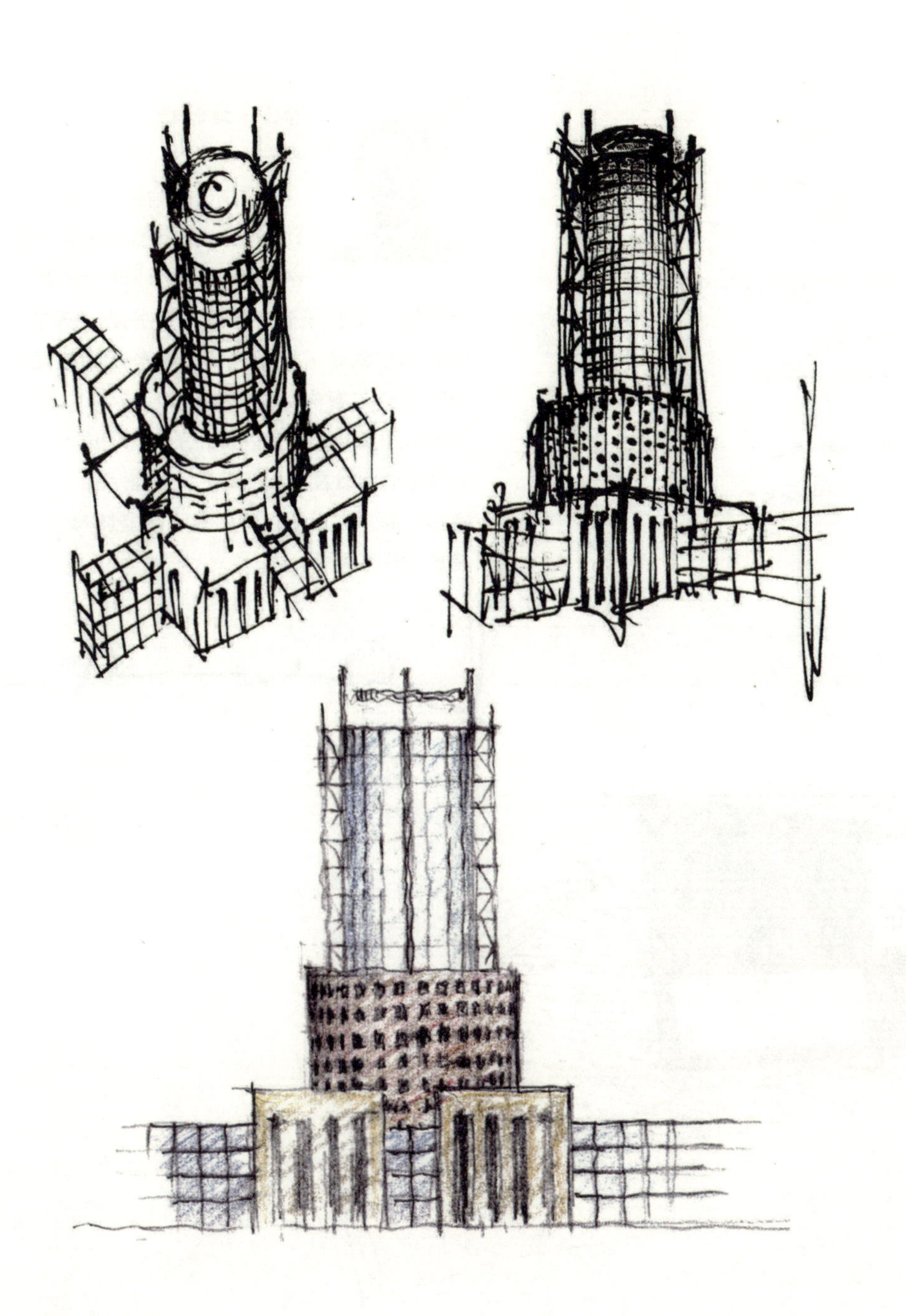

德累斯顿，大厦

钢笔淡彩

描图纸

19cm × 30cm

1991年

柏林，中心区，住宅和商业建筑

钢笔淡彩

描图纸

25cm × 35cm

2002年

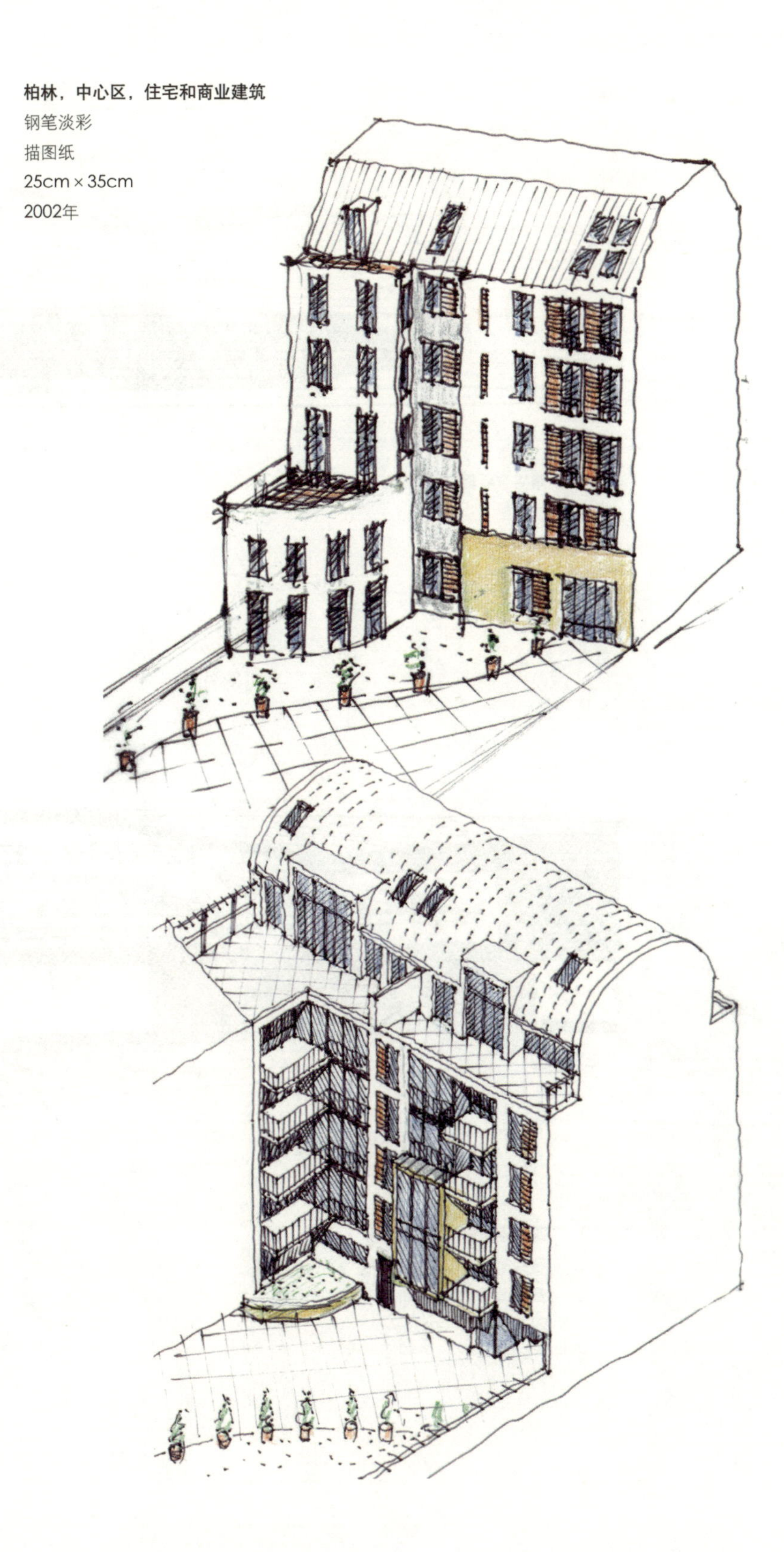

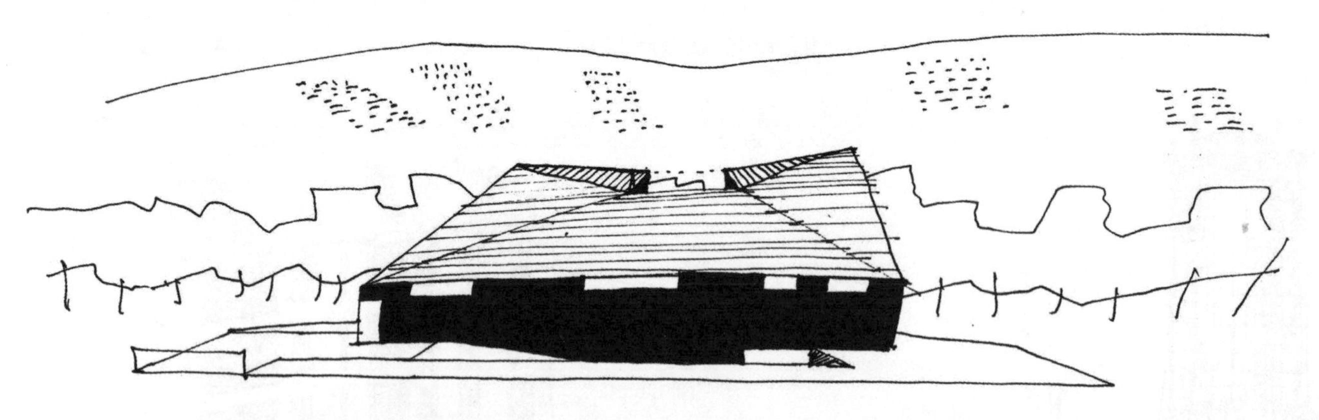

路德维希堡，U形住宅
毡尖笔
普通纸
21cm × 29.7cm
2001年

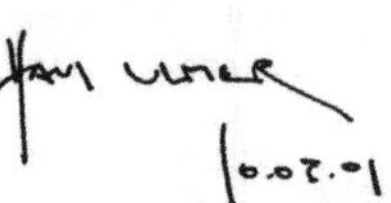

亨宁·埃哈特

亨宁·埃哈特（1966年生于德国斯图加特）1986年到1991年在斯图加特大学学习建筑，从1988年开始至1997年工作于若干建筑师事务所，例如纽约的伯纳德·屈米建筑师事务所和斯图加特的科尔霍夫建筑师事务所。1995年任教于斯图加特大学室内设计系，2006成为该大学的访问教授。1998年，他与圣乔治·波特加一起，在斯图加特创建了博提加+埃哈特建筑师事务所。

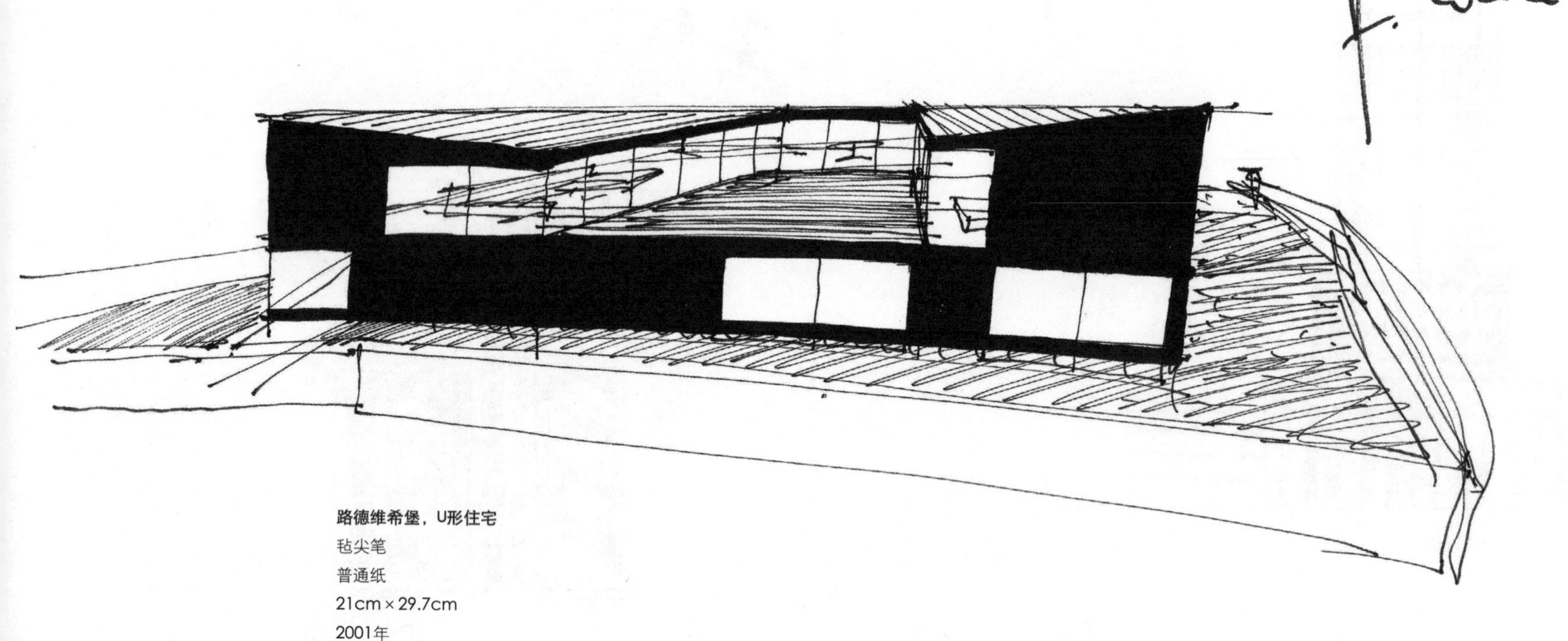

路德维希堡，U形住宅
毡尖笔
普通纸
21cm × 29.7cm
2001年

路德维希堡，U形住宅
毡尖笔
普通纸
21cm × 29.7cm
2001年

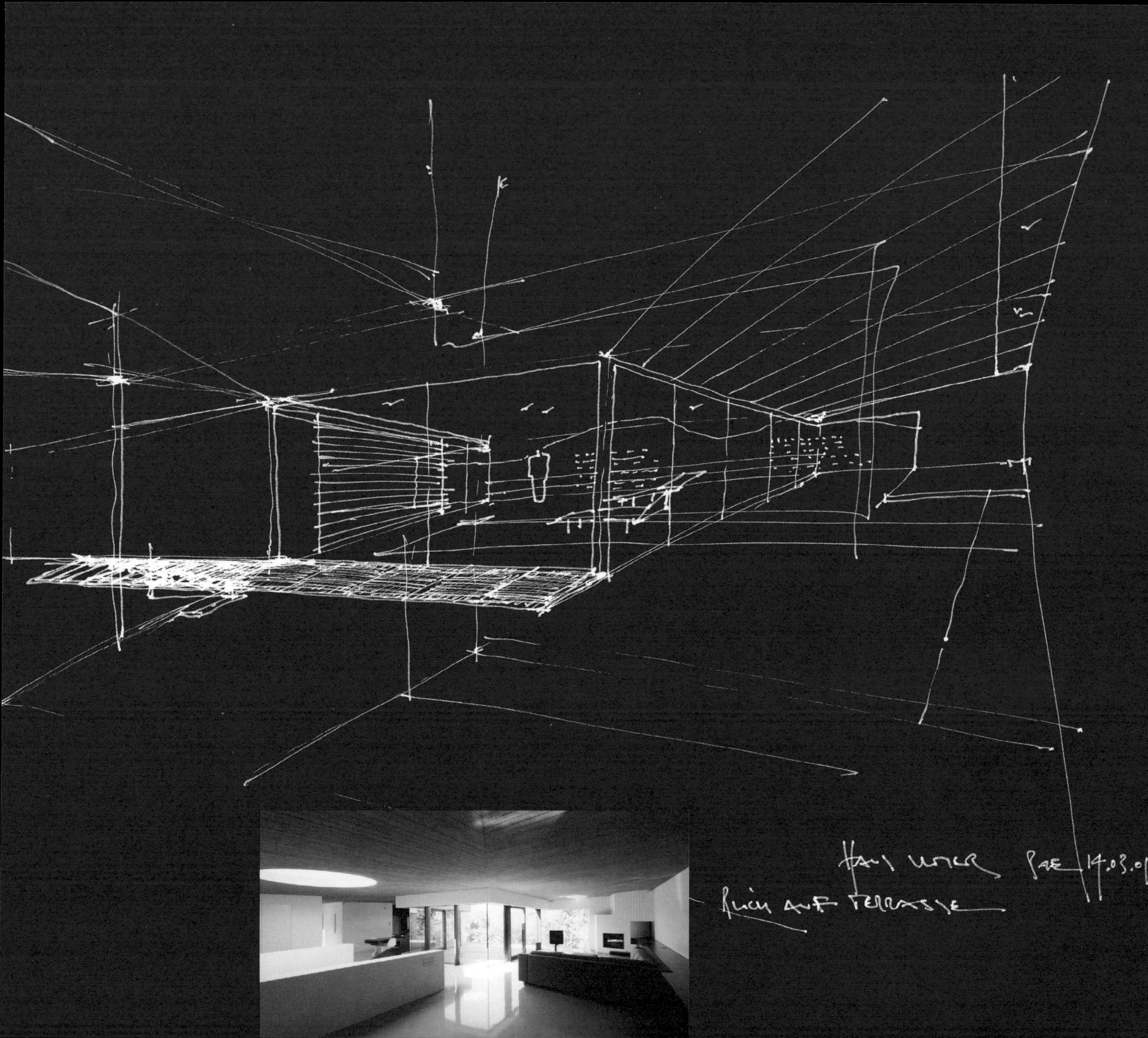
Blick auf Terrasse

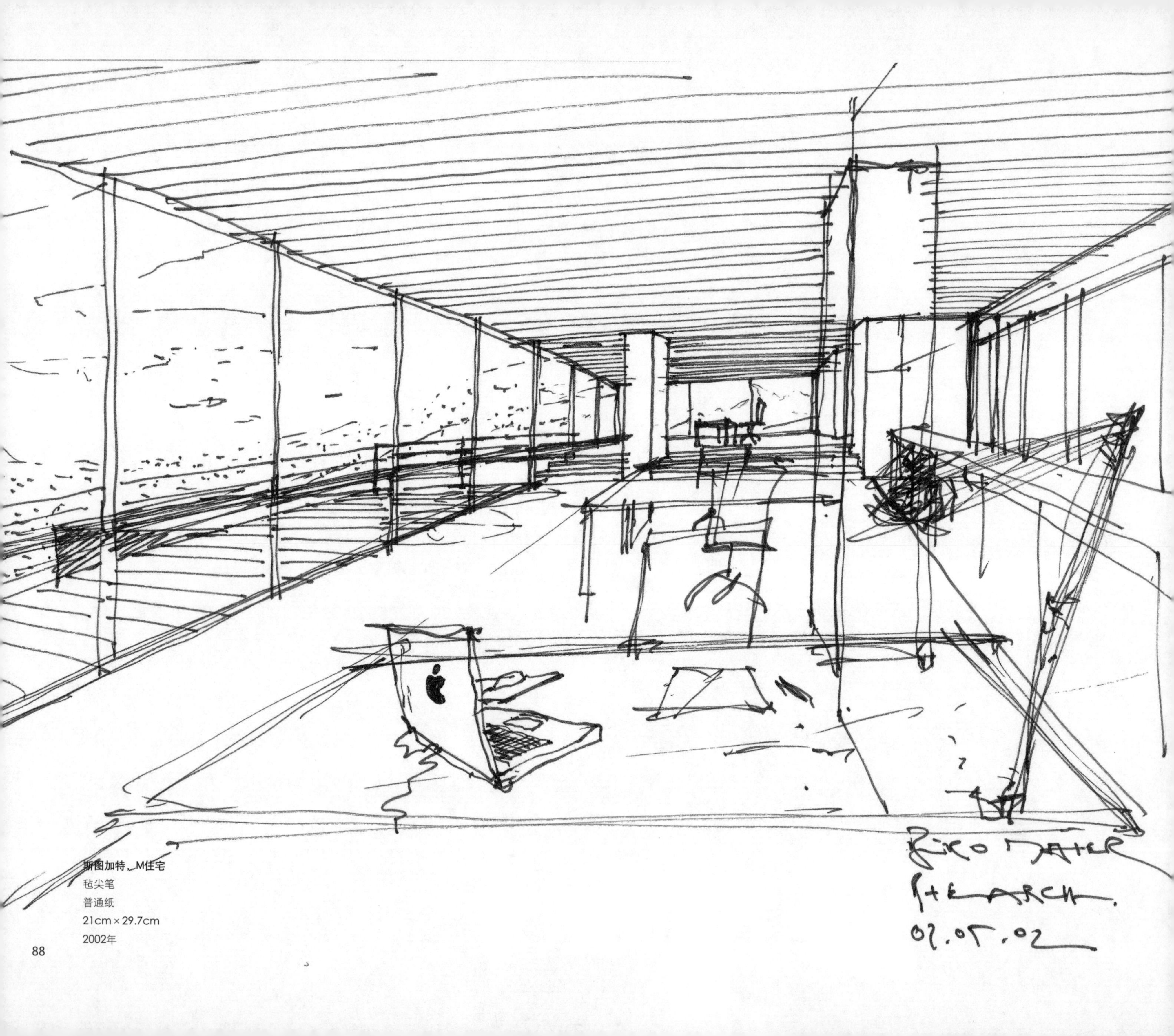

斯图加特，M住宅
毡尖笔
普通纸
21cm×29.7cm
2002年

斯图加特，M住宅
毡尖笔
普通纸
21cm×29.7cm
2001年

温弗里德·布伦内

温弗里德·布伦内（1942年生于德国福哥特兰地区的普劳恩）自1978年起，成为独立建筑师，专注于住宅开发、生态建筑、城市概念规划、专业咨询和建筑修复。他于1969年至1975年在乌珀塔尔和柏林学习建筑。之后在柏林AGP事务所工作，后在埃尔加·皮茨和温弗里德·布伦内建筑师事务所工作。1990年至1992年在柏林工学院任建筑学讲师。他还活跃于建筑遗产保护领域，是德国建筑遗产保护组织（DOCOMOMO Germany）和德国国家古迹遗址理事会（ICOMOS）的成员。

柏林，潘科，海因里希·伯尔房产

手工上色

计算机绘图

64cm × 90cm

1995年

柏林，鲁默尔斯堡湾，前水瓶厂

铅笔画

普通纸

120cm × 84cm

1994年

绘图：乌尔里希 · 汉特克

柏林，海勒斯多夫，施莱普酒店
毡尖笔
普通纸
30cm × 42cm
2001年
绘图：赖纳 · 贝格

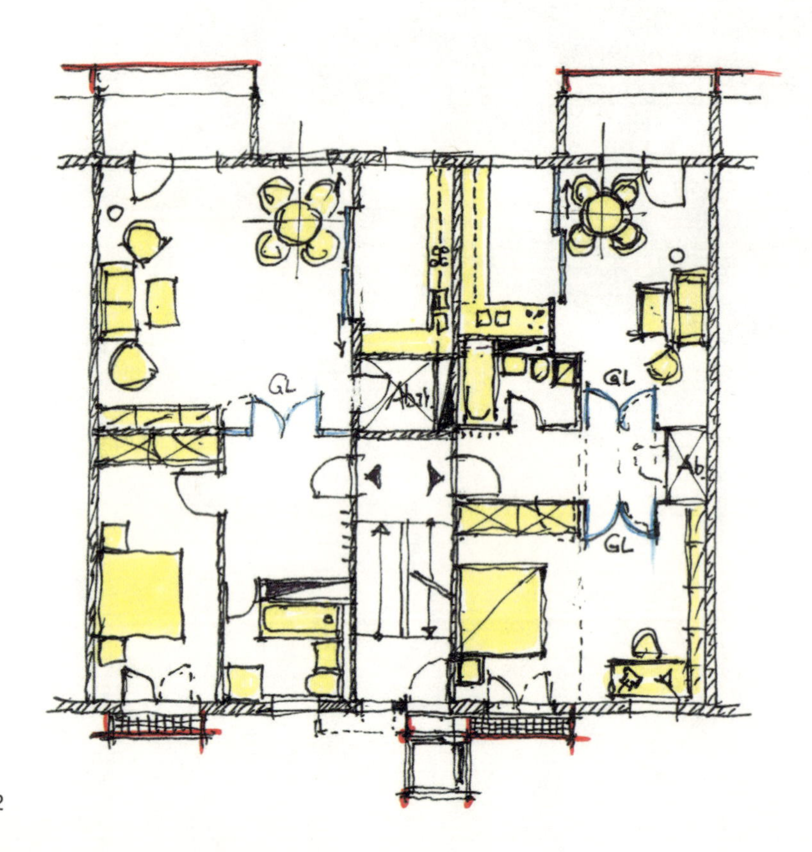

柏林，海勒斯多夫，施莱普酒店
毡尖笔
普通纸
21cm × 30cm
2001年
绘图：赖纳 · 贝格

柏林，潘科，海因里希·伯尔房产

手工上色

计算机绘图

64cm×90cm

1995年

绘图：戈登·里克特

柏林，德国历史博物馆，青铜大门研究

铅笔画

纸板

60cm×84cm

2001年

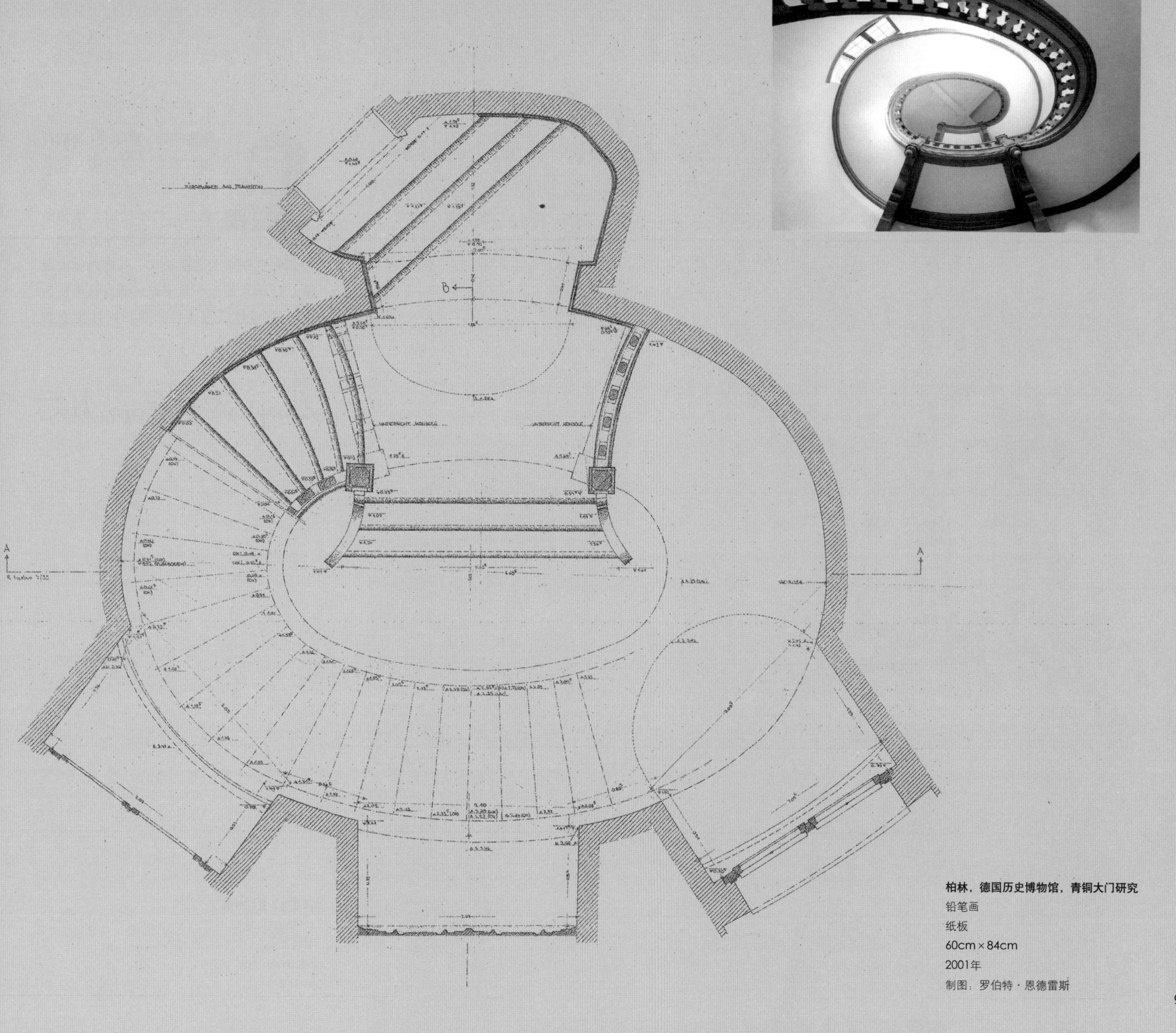

柏林，德国历史博物馆，青铜大门研究

铅笔画

纸板

60cm × 84cm

2001年

制图：罗伯特·恩德雷斯

奥古斯都·罗曼诺·普莱利

奥古斯都·罗曼诺·普莱利（1938年生于意大利乌迪内）的手绘图，是他的商标，具有独特的风格。普莱利工作和生活在柏林、乌迪内和威尼斯。1976年起他任教于威尼斯建筑学院，并于1986年成为该校的建筑设计全职教授。

波茨坦，圣灵教堂

铅笔和毡尖笔

纸板画

50cm × 70cm

1997年

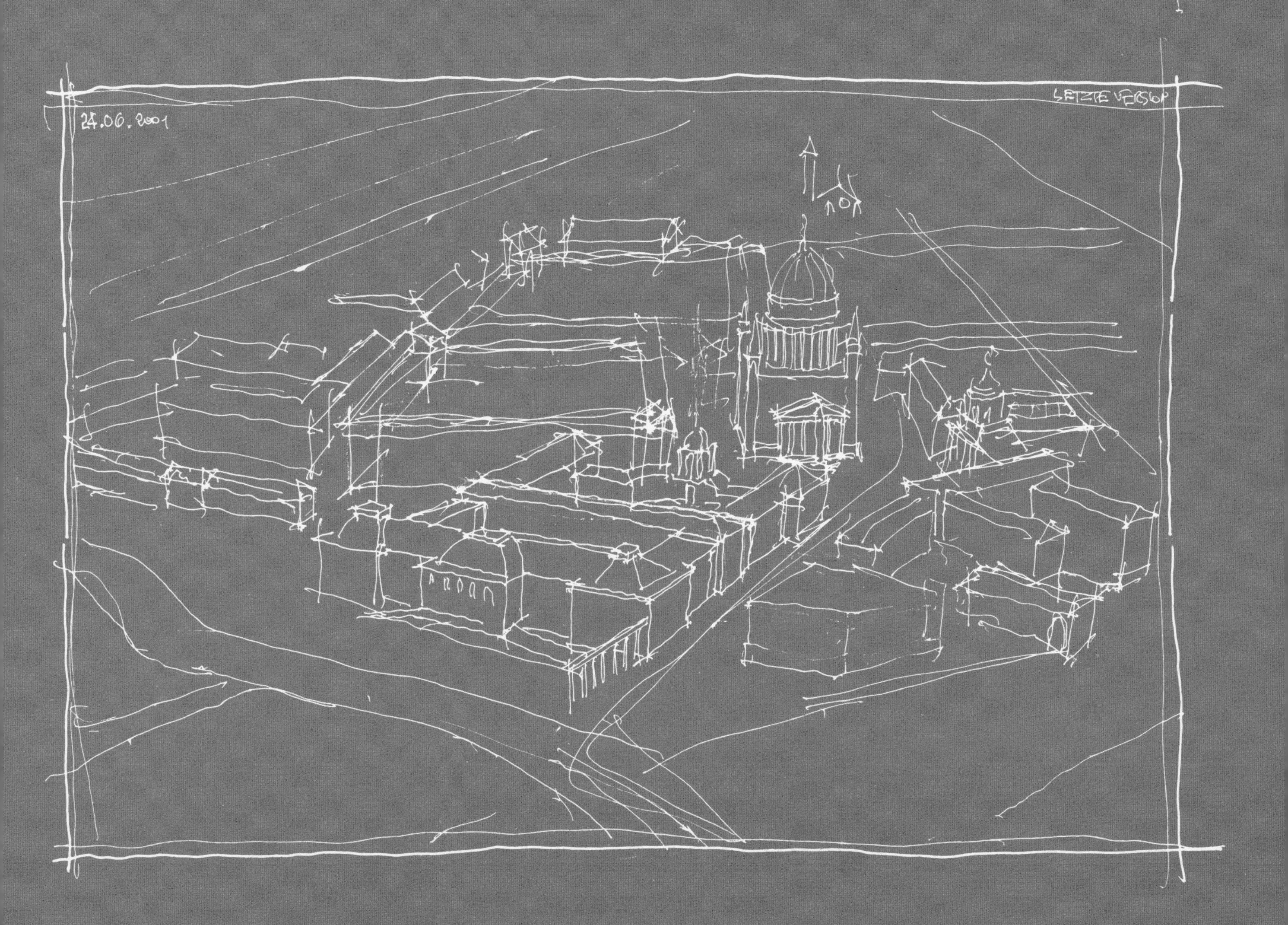

波茨坦宫重建

印度墨水画

素描纸

30cm × 21cm

2001年

海德尔堡宫

铅笔和毡尖笔

纸板画

100cm × 70cm

2003年

海德尔堡宫
铅笔和毡尖笔
纸板画
100cm × 70cm
2003年

波茨坦，基尔希施泰格费尔德，别墅

铅笔和毡尖笔

纸板

40cm × 60cm

1994年

卡塞尔，温特诺依城

铅笔和毡尖笔

纸板

40cm × 60cm

1994年

大卫·奇普菲尔德

大卫·奇普菲尔德（1953年出生于英国伦敦）曾就读于伦敦的金士顿学校和AA学院学习。毕业之后他曾与道格拉斯·斯蒂芬、理查·罗杰、诺曼·福斯特共事。1984年，大卫·奇普菲尔德成立了自己的事务所。现在，大卫·奇普菲尔德事务所在伦敦、柏林、米兰和上海的分公司约有180名雇员。这个事务所已经赢得了40多项国内外的设计竞赛，获得了很多国际奖项，诸如2007年RIBA斯特林奖、RFAC和AIA的设计效果奖等。

RE-ESTABLISHMENT OF FORM + FIGURE

柏林，柏林博物馆岛，新博物馆重建

毡尖笔

普通纸

18.7cm × 14.3cm

1999年

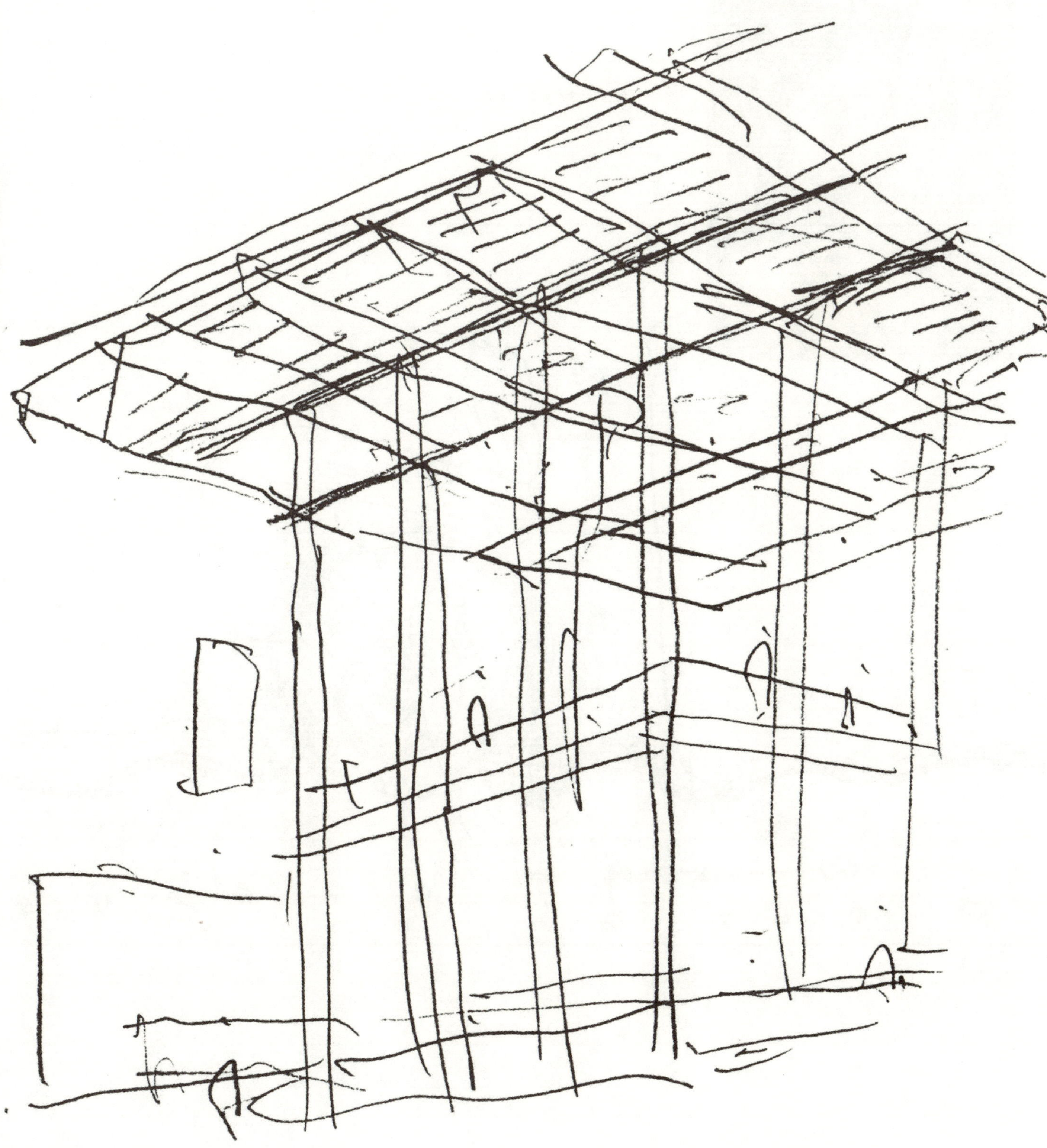

柏林，柏林博物馆岛，新博物馆埃及厅

毡尖笔

普通纸

16.3cm × 15.0cm

1999年

维兰产品大厅前部，天使

照片拼贴

2008年

雷吉娜·纳达门·英根霍芬

雷吉娜·纳达门·英根霍芬（1969年生于杜塞尔多夫）在亚琛工业大学取得本科学位后成为杜塞尔多夫艺术学院恩斯特·卡斯珀教授的得意门生。后在亚琛工业大学结构和工业构筑物系任副教授，并在此获得博士学位。2001年她在杜塞尔多夫的媒体港地区成立了自己的设计工作室，名叫“雷吉娜·纳达门·英根霍芬设计工作室”，专注于医疗卫生、诊所、健康、美容和时装设计。

R. Dahmen-Ingenhoven

带头巾的施华洛世奇，草图

毡尖笔

描图纸

15cm × 40cm

2006年

带头巾的施华洛世奇，草图
拼贴画
32cm × 47cm
2006年

德夫纳·沃特兰德建筑师事务所

1987年，还在慕尼黑技术大学学习建筑的多萝西娅·沃特兰德（1963年生于慕尼黑）就与康拉德·德夫纳（1961年生于达豪）在洛杉矶多个事务所实习，如科宁·艾曾伯格建筑师事务所。多萝西娅·沃特兰德后于慕尼黑的艺术学院学习雕塑。后双双为数个建筑师事务所工作，并担任了几所学校的教职工作。例如，多萝西娅·沃特兰德1999年起在伍兹伯格技术应用大学教授建筑结构和设计。1994年他们在达豪建立了自己的建筑师事务所。

D. Vollständer

K. Deffner

达豪，数字影像工作室，立面

钢笔和彩铅

素描纸

48cm × 28cm

2004年

绘图者：多萝西娅·沃特兰德

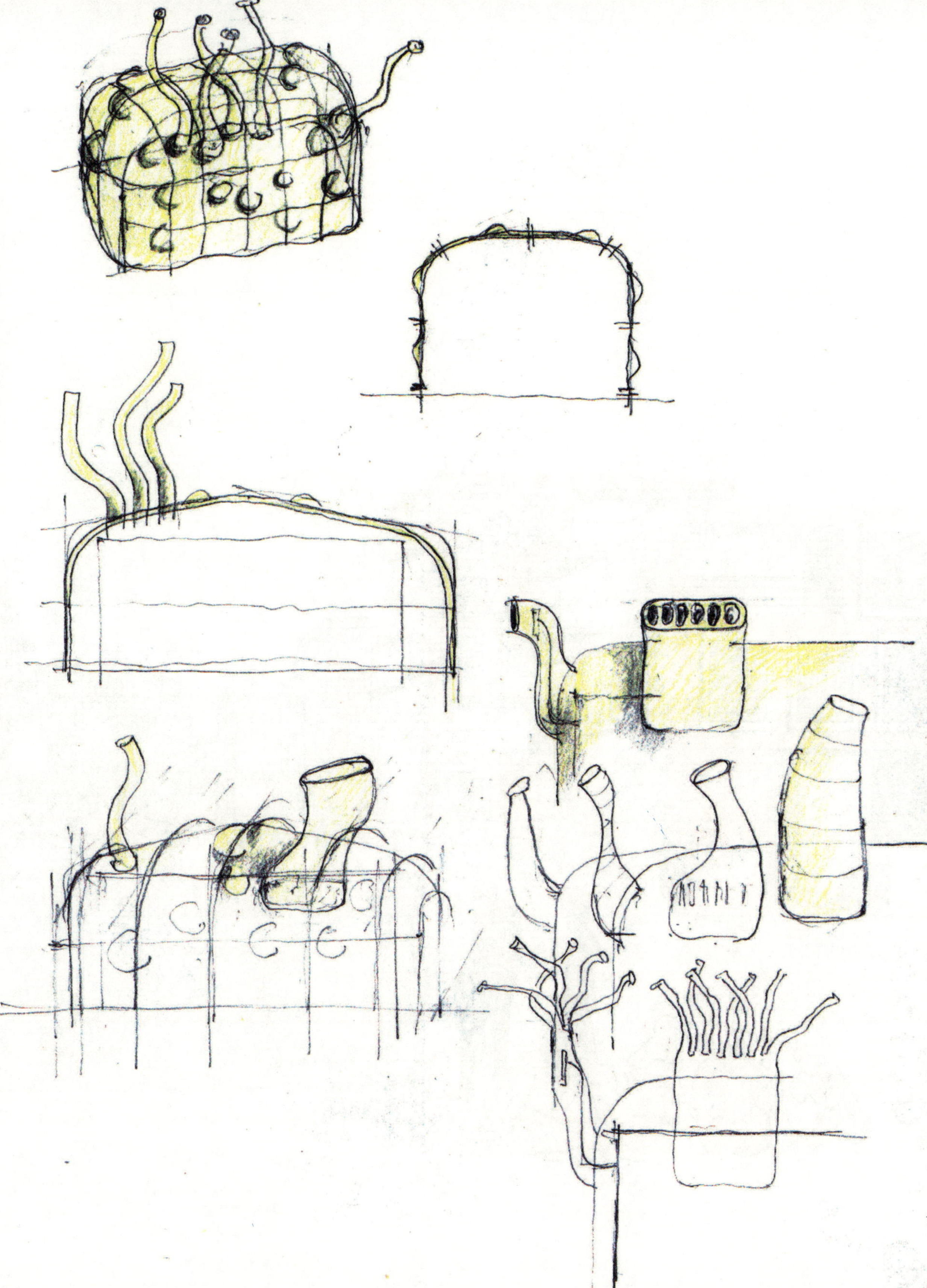

达豪，燃料中转站，正面

铅笔和彩铅

普通纸

30cm × 21cm

2003年

绘图者：多萝西娅·沃特兰德

达豪，中心区
铅笔
素描纸
数字处理
30cm×30cm
2007年竞赛作品
绘图者：康拉德·德夫纳

达豪，中心区
铅笔
素描纸
数字处理
20cm × 40cm
2007年竞赛作品
绘图者：康拉德·德夫纳

英戈尔施塔特，学院扩建
钢笔
素描纸
数字处理
30cm × 35cm
2009年竞赛作品
绘图者：康拉德·德夫纳

卡萨代坎普，城市公园，马德里城市景观
铅笔
普通纸
20cm × 28cm
2009年
绘图者：多萝西娅·沃特兰德

瑞士，列岛景观
铅笔水彩
普通纸
18cm × 25cm
1986年
绘图者：多萝西娅·沃特兰德

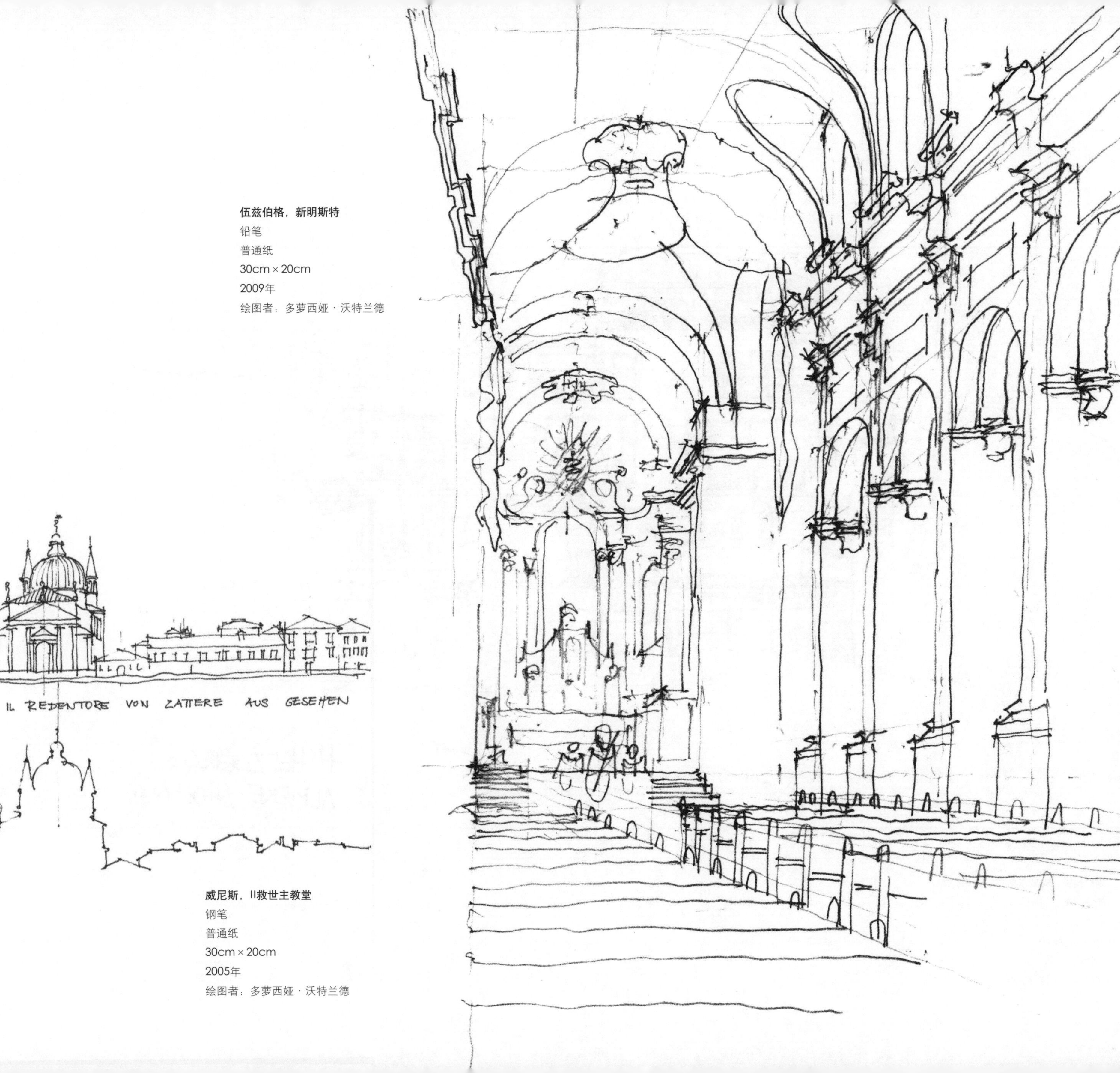

伍兹伯格，新明斯特

铅笔

普通纸

30cm × 20cm

2009年

绘图者：多萝西娅 · 沃特兰德

威尼斯，Il救世主教堂

钢笔

普通纸

30cm × 20cm

2005年

绘图者：多萝西娅 · 沃特兰德

阿尔梅勒，德欧沃鲁普，老年公寓

铅笔水彩

普通纸

15cm × 22cm

1986年

绘图者：康拉德·德夫纳

洛杉矶，理查德纽特拉，拉佛尔别墅
铅笔水彩
普通纸
22cm × 15cm
1987年
绘图者：康拉德 · 德夫纳

南蒂罗尔，布里奥尔旅馆
铅笔
普通纸
25cm × 15cm
1991年
绘图者：康拉德 · 德夫纳

英格·格鲁伯

英格·格鲁伯（1962年生于诺特海姆）从1995年开始在科隆背景的费希尔+费希尔事务所工作。在布朗施威格技术大学毕业后（1988年在迈恩哈德·冯·格康获得本科学位），他的水彩作品在各种展览中展出，如达姆施塔特。1992年，他开设了爱尔福特建筑论坛（Erfurt architecture debates）。

科隆，公司总部

毡尖笔

普通纸

16cm×27cm

1999年

中国，上海，贝尔AG的波利默技术中心

石墨笔，毡尖笔和彩铅

普通纸

40cm × 26cm

1999年

马吉特·穆勒

马吉特·穆勒（1970年生于林登堡）从2007年开始成为自由职业者，主要从事景观建筑设计。在此之前，她曾工作于西班牙特内里费的G.E.A规划公司（2002年），柏林的洛伊德尔工作室（2002～2004年）以及瑞士苏黎世的AG景观建筑公司（2004～2006年）。在接受过职业木匠的培训以后，她开始在纽廷根的弗里尔艺术学院学习美术，后来于1995年转去弗赖辛的威亨斯蒂芬技术学院。2001年，她获得了景观建筑学学位。

马克特雷德维茨园艺展，2006

铅笔

普通纸

数字处理

30cm×21cm

2002年竞赛二等奖作品

马克特雷德维茨园艺展，2006

铅笔

普通纸

数字处理

30cm×21cm

2002年竞赛二等奖作品

莱讷费尔德，城中湖
钢笔
普通纸
数字处理
85cm × 42cm
2003年竞赛一等奖作品

莱讷费尔德，绿色轴线
钢笔
普通纸
数字处理
85cm × 42cm
2003年竞赛一等奖作品

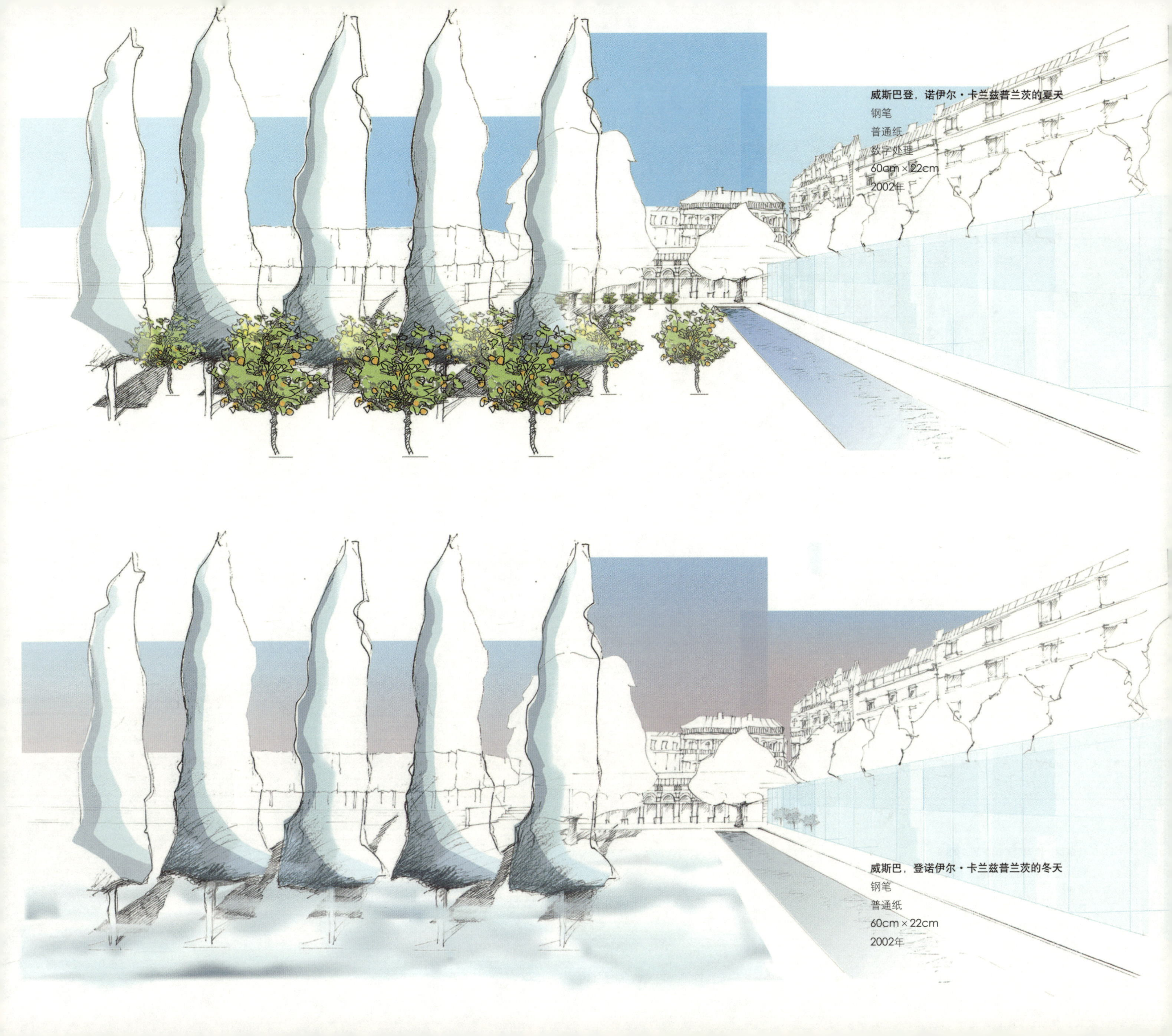

威斯巴登，诺伊尔·卡兰兹普兰茨的夏天
钢笔
普通纸
数字处理
60cm × 22cm
2002年

威斯巴，登诺伊尔·卡兰兹普兰茨的冬天
钢笔
普通纸
60cm × 22cm
2002年

什未林，德国联邦园艺展，2009

钢笔

普通纸

数字处理

40cm × 28cm

2003年竞赛一等奖作品

什未林，德国联邦园艺展，2009

钢笔

普通纸

数字处理

40cm × 28cm

2003年竞赛一等奖作品

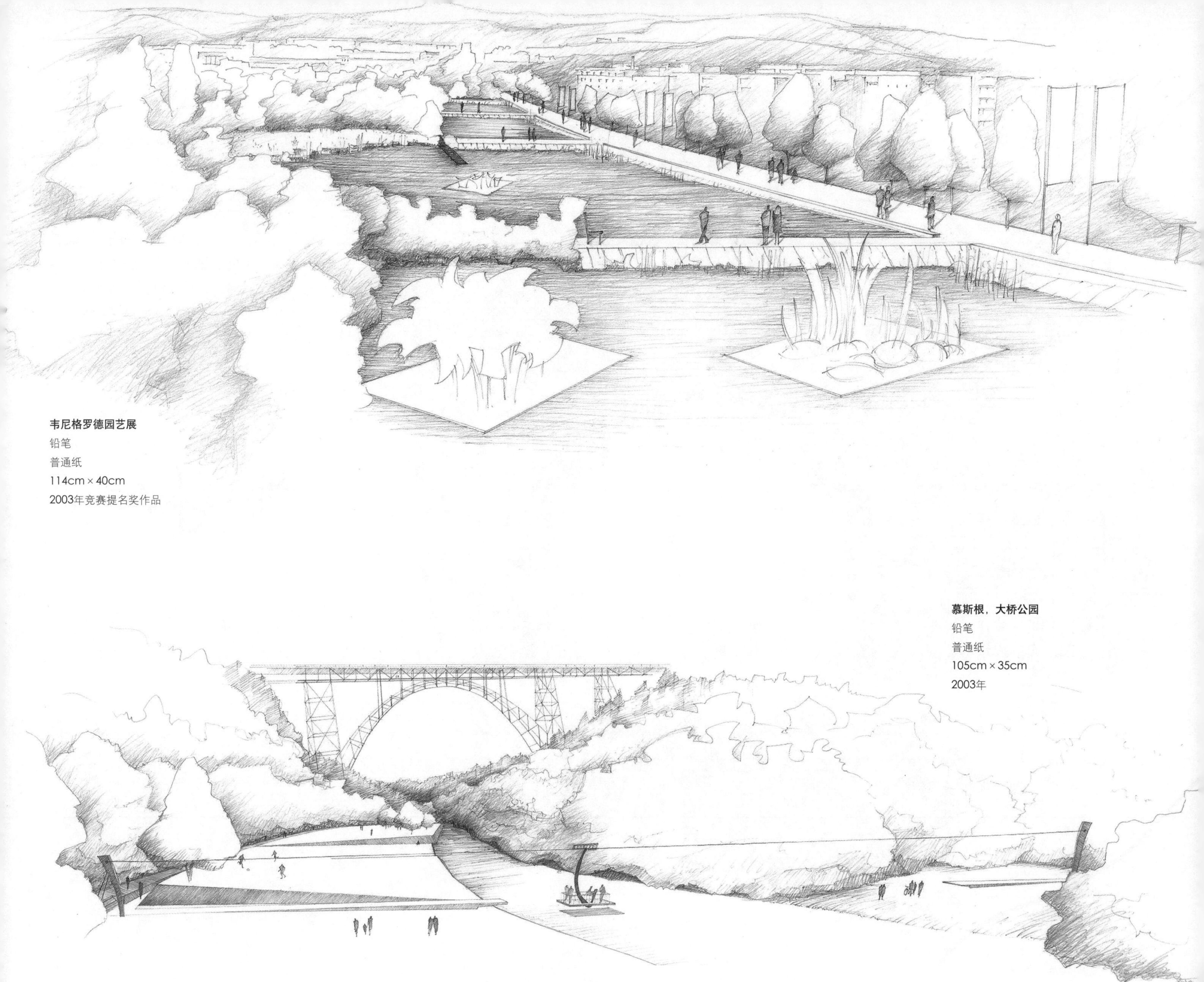

韦尼格罗德园艺展
铅笔
普通纸
114cm × 40cm
2003年竞赛提名奖作品

慕斯根，大桥公园
铅笔
普通纸
105cm × 35cm
2003年

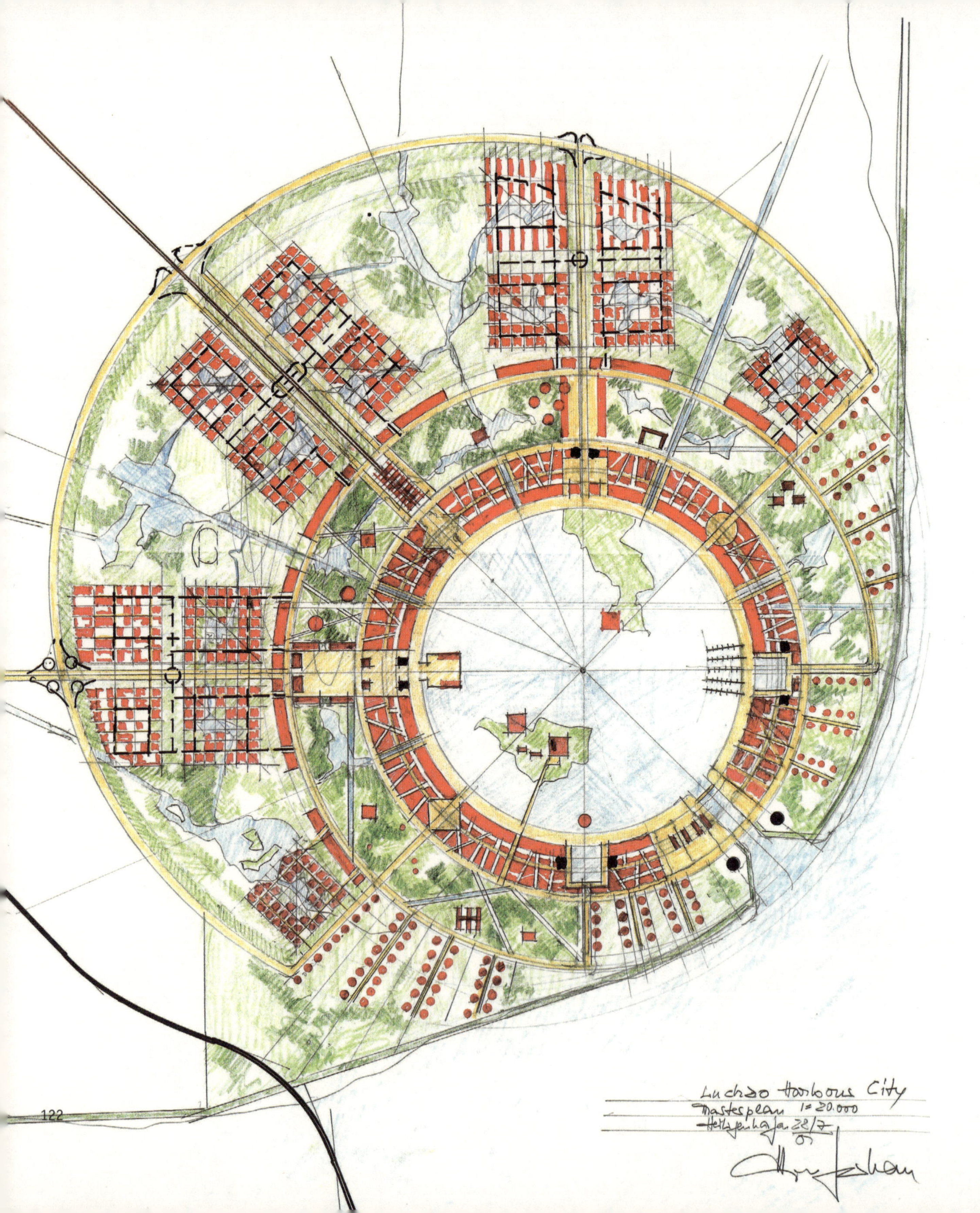

迈恩哈德·冯·格康

迈恩哈德·冯·格康（1935年生于里加／拉脱维亚）1964年在德国不伦瑞克大学获得学士学位。1965年起开始成为独立建筑师，与福尔克文·马格尔合作。1974年成为德国不伦瑞克大学的教授。他也是多所大学的客座教授，如日本和南非的几所大学。他获得了很多国际的建筑设计奖项。2007年，冯·格康创办了GMP基金，支持建筑专业培训。

临港新城

铅笔与彩铅

素描纸

42.0cm × 29.7cm

2001年竞赛作品

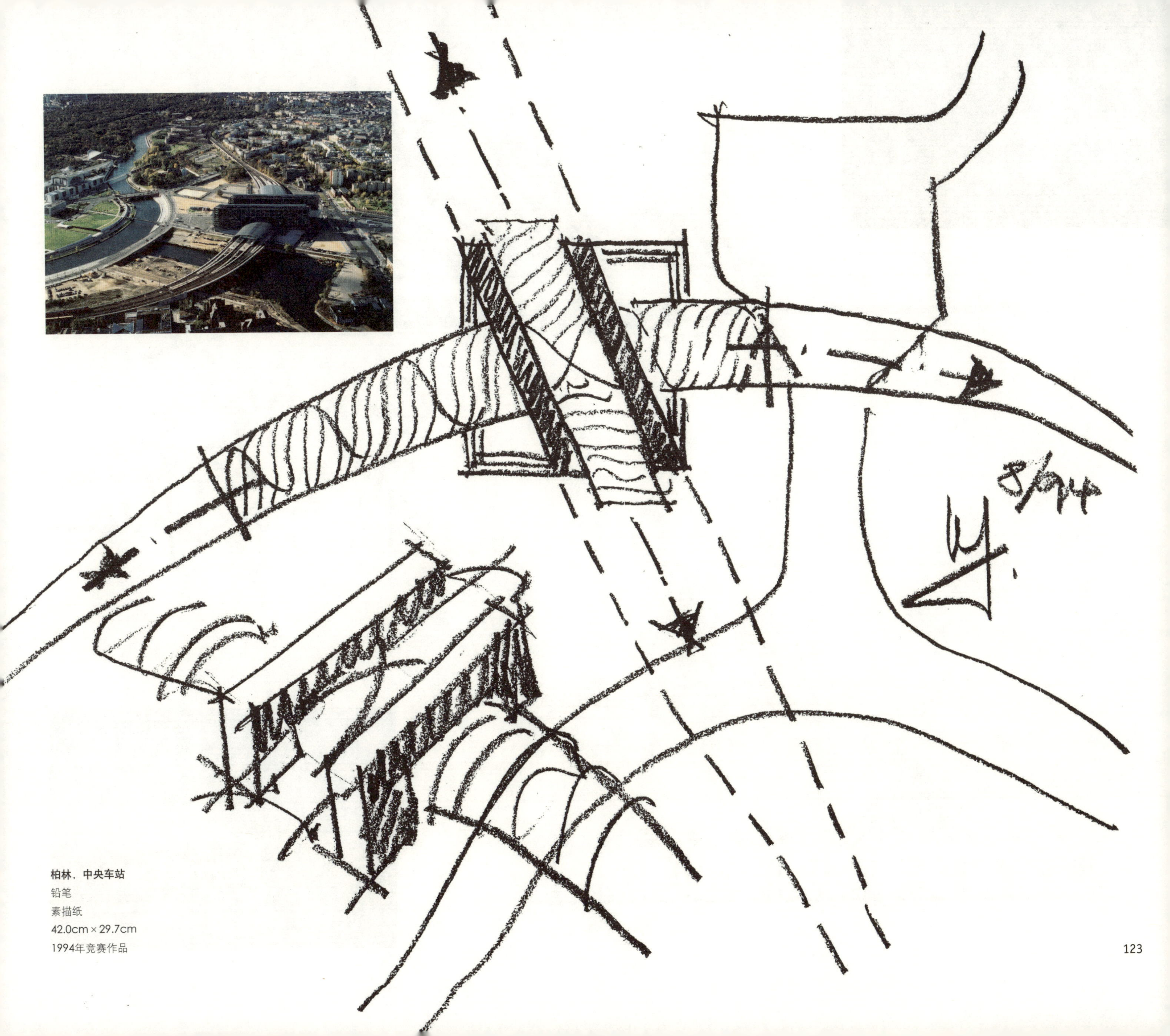

柏林，中央车站
铅笔
素描纸
42.0cm × 29.7cm
1994年竞赛作品

重庆，歌剧院

毡尖笔

素描纸

21cm × 29.7cm

2003年竞赛作品

河内，国家会议中心

毡尖笔

素描纸

29.7cm × 42.0cm

2003年

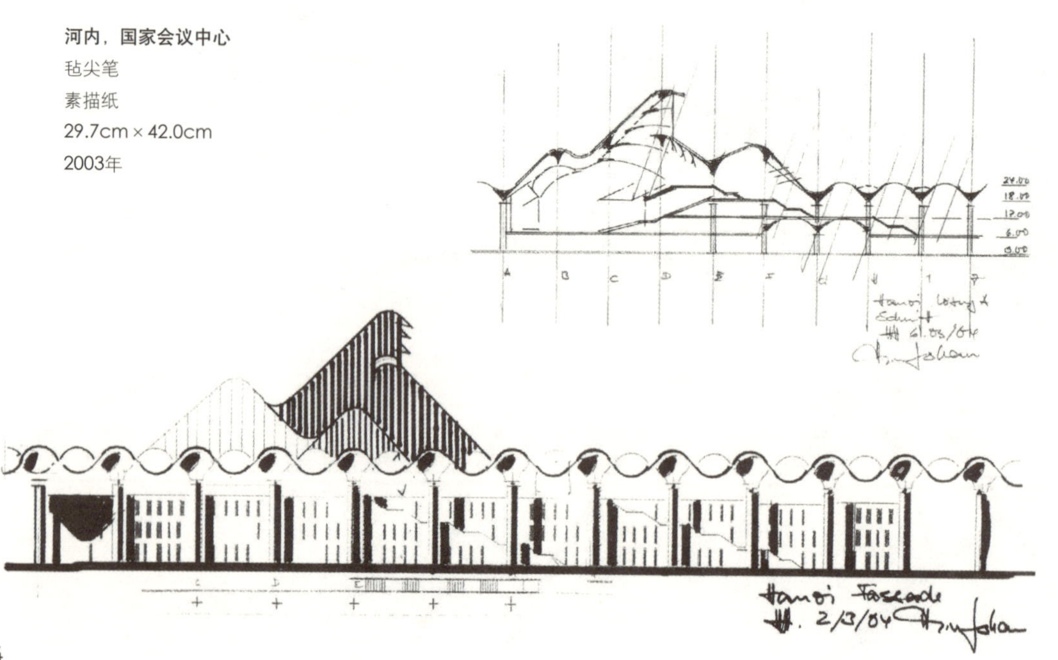

吕贝克，音乐与会议中心

铅笔

素描纸

42.0cm × 29.7cm

1990年竞赛作品

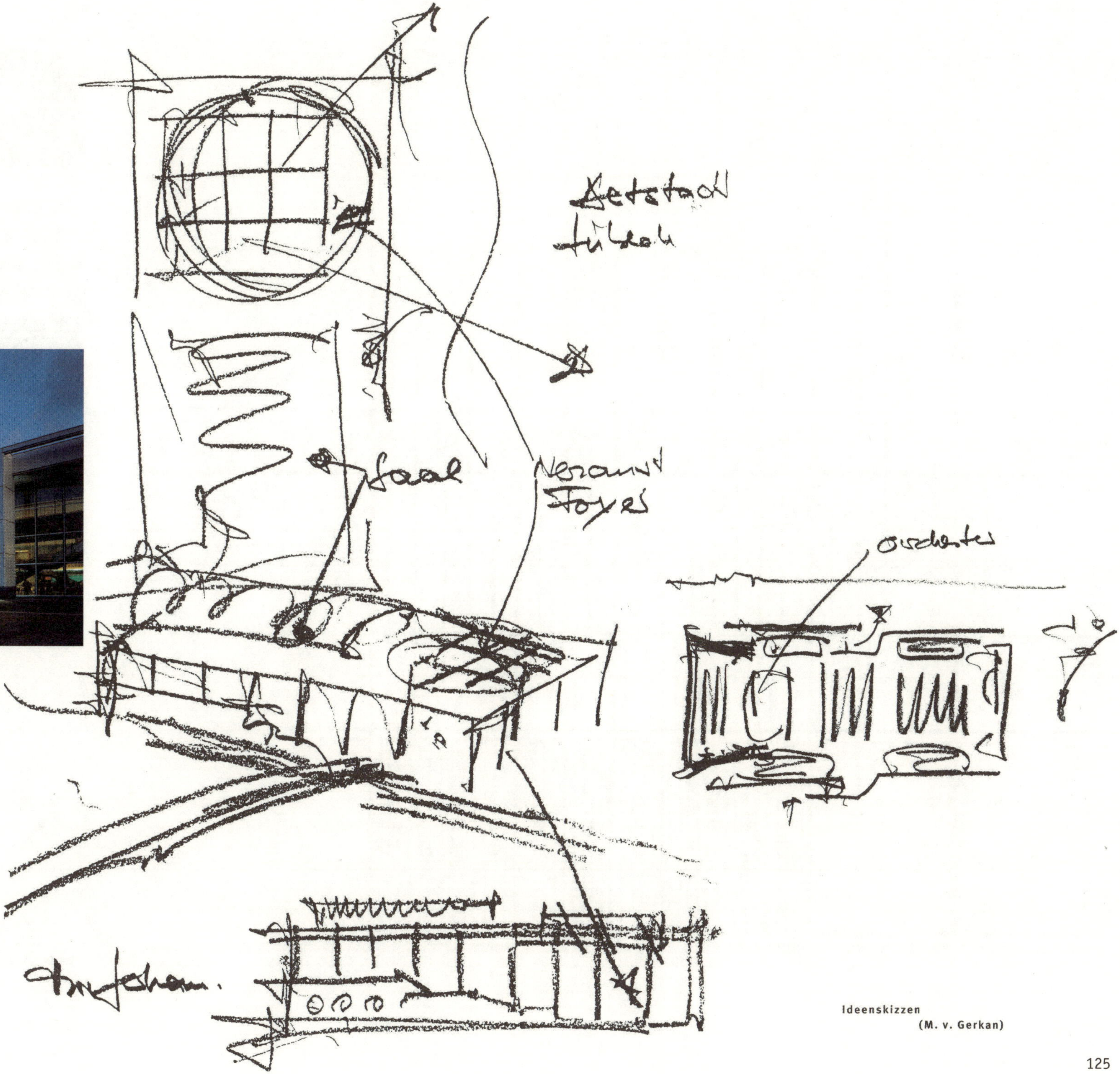

Ideenskizzen
(M. v. Gerkan)

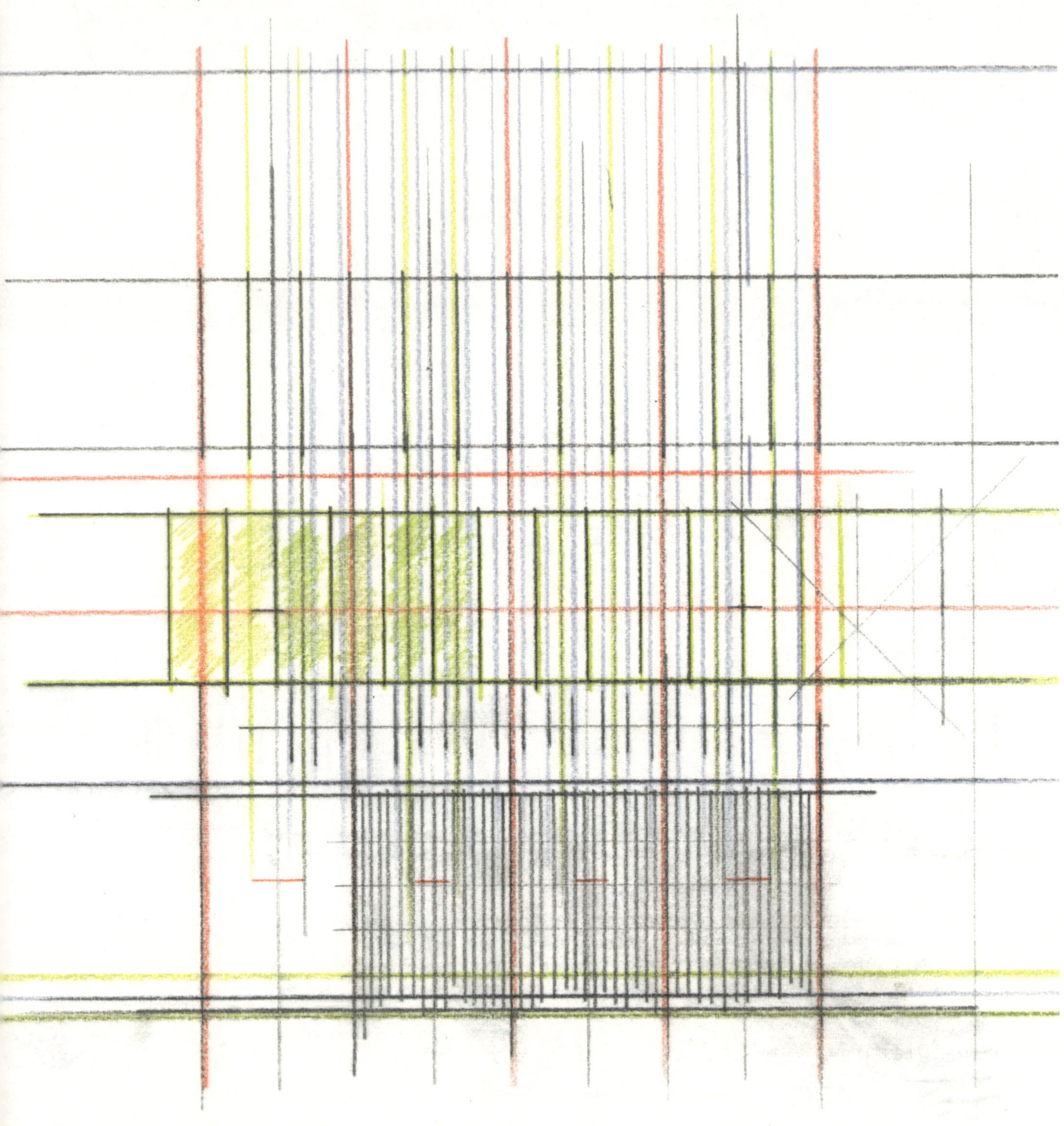

伯恩哈德·戈斯勒

1987年，伯恩哈德·戈斯勒（1953年生于汉堡）和丹尼尔·戈斯勒一起创办了戈斯勒建筑师事务所（今为戈斯勒·金斯·凯恩鲍姆建筑师事务所）。1974年至1980年在不伦瑞克工业大学和苏黎世联邦技术研究所学习建筑。之后在不伦瑞克工业大学做了一年助教。他是鲁道夫–洛德斯基金会的管理员，同时任汉堡建筑师协会的董事。2000年至2004年任汉堡地区BDA组织主席。

什未林，州立中央银行，外观研究

彩铅

素描纸

20cm×20cm

2002年竞赛作品

汉堡，中央车站
铅笔
素描纸
15cm × 25cm
2001年竞赛作品

汉堡，警察局
铅笔
素描纸
2002年

德布雷阿岛，旅行素描
铅笔
普通纸
12cm × 20cm
2002年

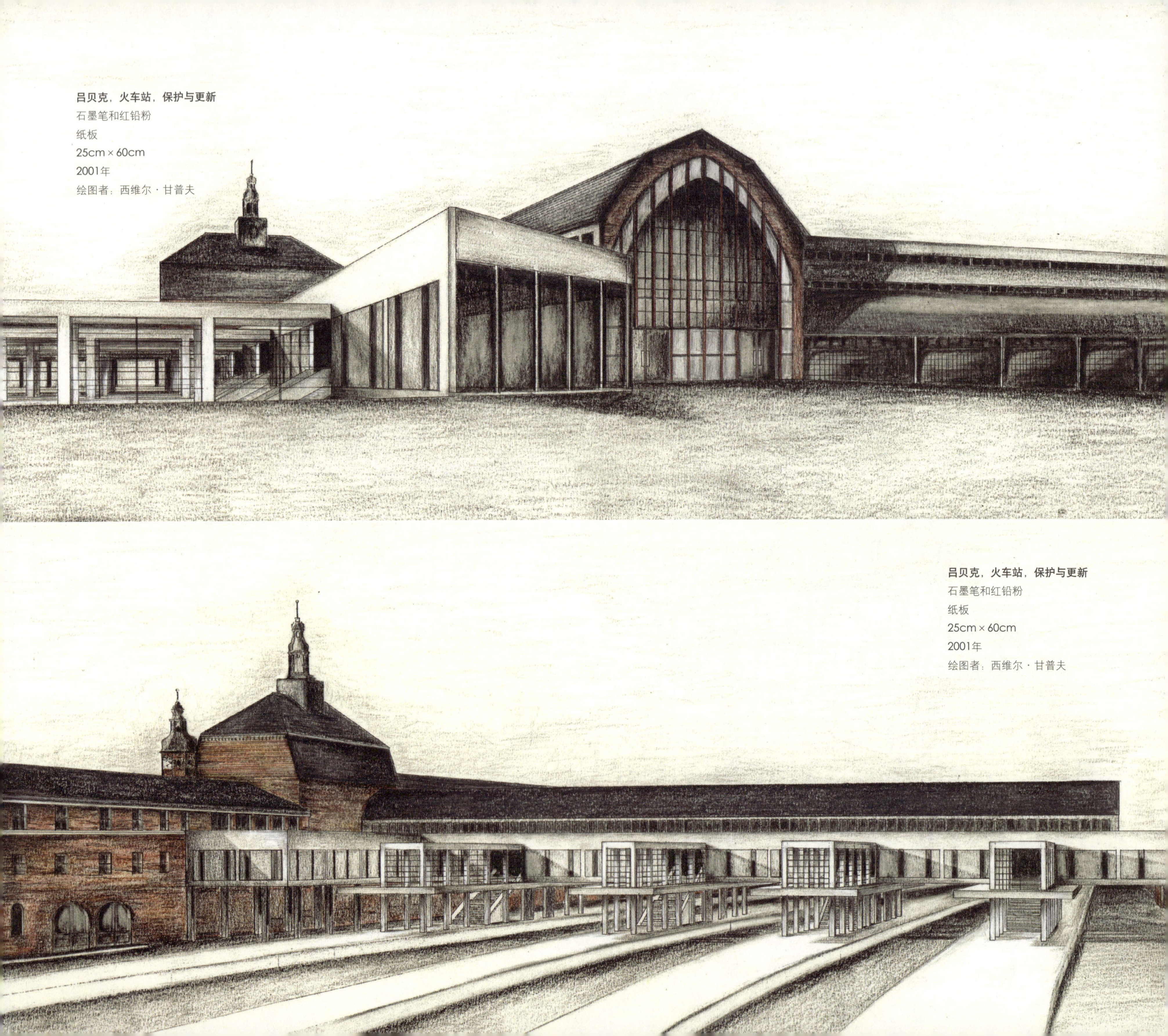

吕贝克，火车站，保护与更新
石墨笔和红铅粉
纸板
25cm × 60cm
2001年
绘图者：西维尔·甘普夫

吕贝克，火车站，保护与更新
石墨笔和红铅粉
纸板
25cm × 60cm
2001年
绘图者：西维尔·甘普夫

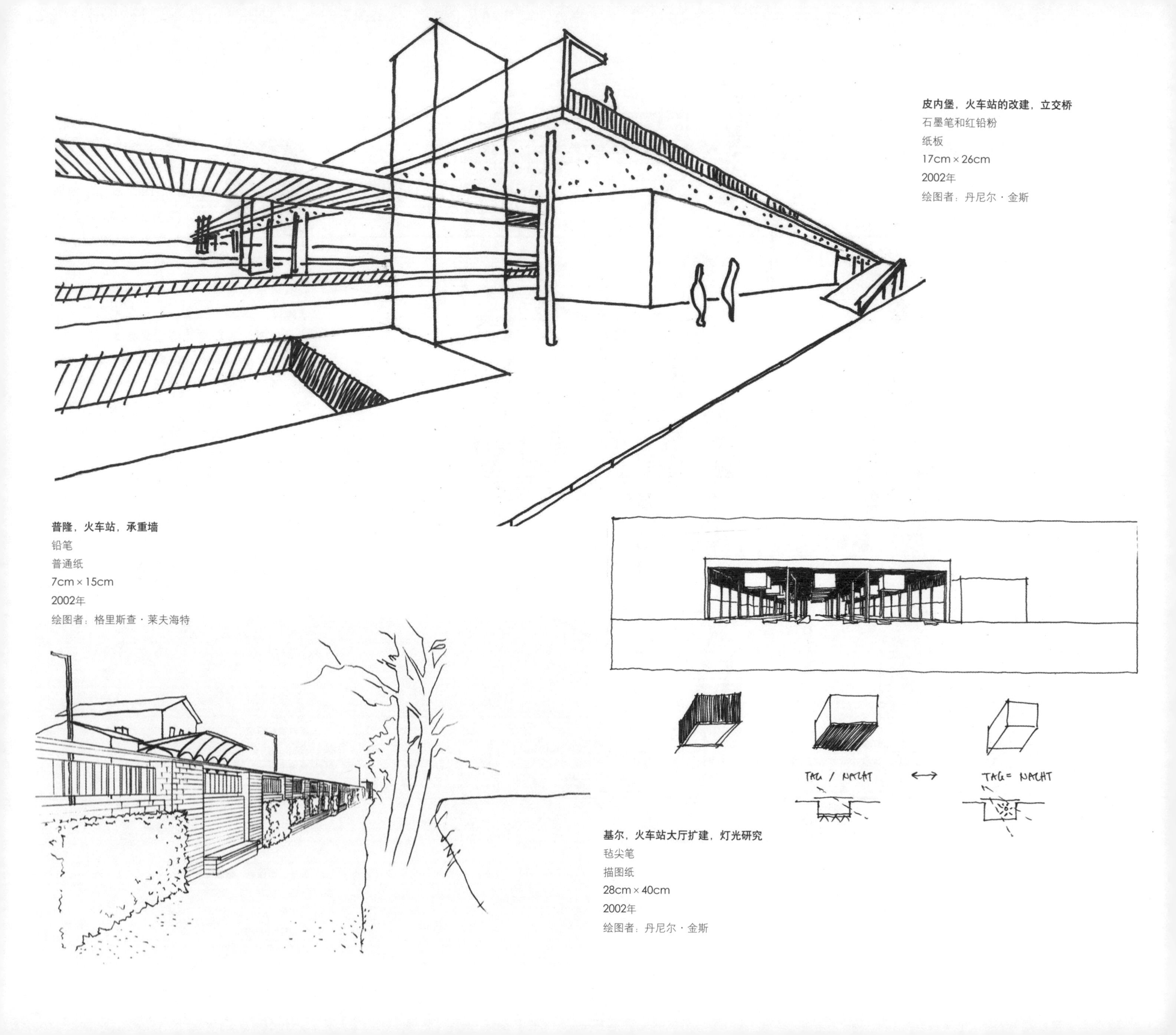

皮内堡，火车站的改建，立交桥
石墨笔和红铅粉
纸板
17cm × 26cm
2002年
绘图者：丹尼尔 · 金斯

普隆，火车站，承重墙
铅笔
普通纸
7cm × 15cm
2002年
绘图者：格里斯查 · 莱夫海特

基尔，火车站大厅扩建，灯光研究
毡尖笔
描图纸
28cm × 40cm
2002年
绘图者：丹尼尔 · 金斯

马丁·凯恩鲍姆

自1998年开始，马丁·凯恩鲍姆（1964年生于明斯特）成为戈斯勒事务所（今为戈斯勒·金斯·凯恩鲍姆建筑师事务所）的合伙人之一，负责城市规划项目。1993年之前他在多特蒙德大学、汉堡不伦瑞克造型艺术高等学院学习建筑，并获得美国堪萨斯大学的奖学金。1993年，获得了鲁道夫–洛德斯基金会的一等奖。2000年，他成为公司负责人之一。2002年至2007年，凯恩鲍姆是汉堡建筑师协会城市发展工作组的成员。2003年起成为汉堡建筑师协会董事。

室内装修研究
彩铅
普通纸
13cm × 13cm
1997年

汉堡，圣保利，警察局扩建
彩铅，铅笔
手抄纸
52cm × 52cm
2002年竞赛作品

POLIZEI
TO GO
TO GO

柱头研究

铅笔

手抄纸

59cm × 84cm

1990年

吕贝克，火车站，保护与更新
毡尖笔
素描纸
15cm × 20cm
2001年

多特蒙德，市民中心
墨水笔和彩铅
普通纸
10cm × 25cm
1993年

沃尔弗拉姆·歌德

1998年，沃尔弗拉姆·歌德（1965年生于科堡）成为美国建筑透视协会的一员，在亚特兰大举办的“建筑透视主义13”展览中获得了杰出作品奖。在不伦瑞克工业大学学习建筑的过程中，他参与了很多设计和艺术课程，如雕塑和裸体绘画、水彩和图形印刷。他还在不伦瑞克造型艺术高等学院学习平板印刷术。毕业后，沃尔弗拉姆·歌德在汉堡做WES的自由撰稿人，直到1996年他创建了自己的建筑和景观图像公司。

博洛尼亚大学
铅笔
普通纸
数字处理
2001年竞赛作品
建筑师：冯·科冈，马格联合设计，汉堡

不莱梅美国国家中心
水彩
水彩画板
2001年
建筑师：罗森加特联合设计，不莱梅

ARCHITEKTUR

柏林，特雷普托，纳尔瓦，灯具厂庭院改造

彩铅

黄色素描纸

1997年

建筑师：古斯塔夫·兰格，汉堡；施韦格尔联合设计，汉堡

吕贝克普利沃，小艇码头
彩铅
黄色素描纸
2002年竞赛作品
建筑师：nps tchoban voss，汉堡

柏林，普拉托大厦
墨水
普通纸
数字处理
84cm×39cm
2001年
建筑师：沃尔弗拉姆波普，柏林

汉堡，港口新城，城市规划竞赛

铅笔

普通纸

数字处理

1999年竞赛作品

建筑师：ASTOC联合事务所，科隆；基斯·克里斯蒂安

建筑师事务所，荷兰鹿特丹

柏林，旅馆，酒吧
铅笔
描图纸
数字处理
2003年
建筑师：克莱修斯和克莱修斯，柏林

柏林，旅馆，大堂
铅笔
拷贝纸
数字处理
2003年
建筑师：克莱修斯和克莱修斯，柏林

中国，杭州，城市发展研究

水彩

水彩纸

2002年

建筑师：伯恩哈德·温克建筑师事务所，汉堡

汉堡，Bebelallee，连排住宅

数位板绘图

3000 × 7000 像素

2005年

建筑师：DePiciotto建筑师事务所

汉堡，Bebelallee，连排住宅

数位板绘图

3000 × 4000 像素

2005年

建筑师：DePiciotto建筑师事务所

房间幻想曲
铅笔与毡尖笔
绘图板
42cm × 60cm
2008年

城市幻想曲 1
铅笔与毡尖笔
绘图板
60cm × 84cm
2004年

勃兰登堡，银行的修复与更新，剖透视图
铅笔与彩铅
纸板
40cm × 60cm
建筑师：SWW 建筑师事务所 BDA 1995~1996年建成

城市幻想曲2
铅笔与毡尖笔
绘图板
42cm × 60cm
2008年

赫拉夫特

拉尔斯·克吕克贝格（1967年生于汉诺威），沃尔弗莱姆·普兹（1968年生于基尔），托马斯·威利梅特（1968年生于不伦瑞克），他们都在不伦瑞克技术大学取得建筑学学士学位。1998年，他们在洛杉矶创建了赫拉夫特建筑师事务所。后来M.亚丽杭德拉·利洛（1972年生于美国洛杉矶）和雷格·霍海塞尔（1967年生于汉堡）（也持有建筑学学士学位）成为这个事务所的合伙人。成立10年之久的赫拉夫特建筑师事务所在世界范围内获奖无数、并取得了相当的国际声誉，拥有广泛的追随者。现在全球拥有超过100名建筑师雇员。

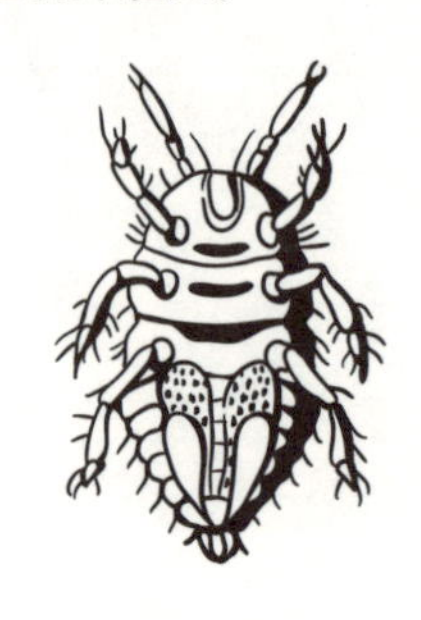

柏林，Q!酒店，酒吧的候选方案
毡头笔
普通纸
14.5cm × 22cm
2003年

柏林，Q!酒店，地板、墙面和顶棚
毡尖笔
普通纸
16cm × 24cm
2003年

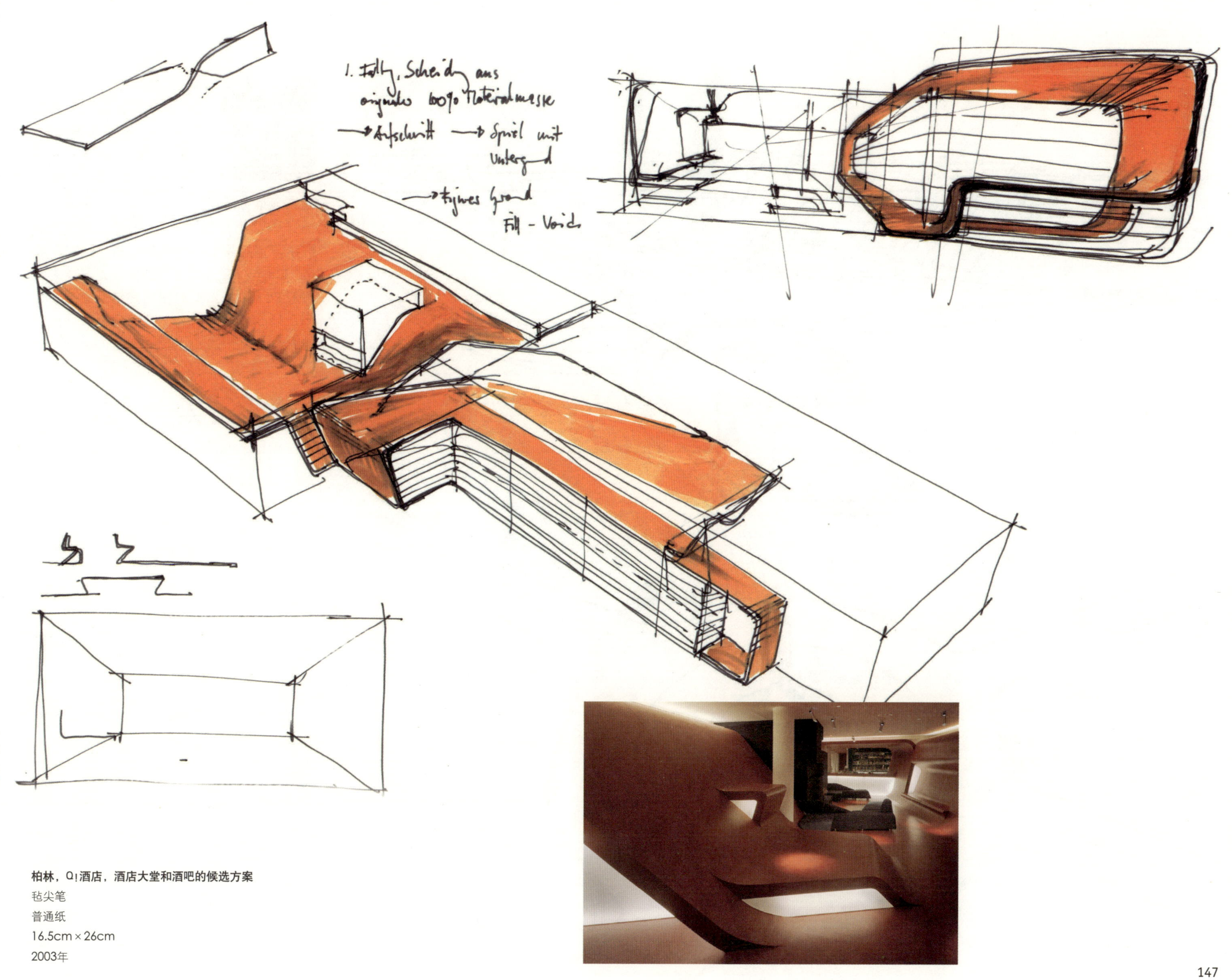

柏林，Q!酒店，酒店大堂和酒吧的候选方案

毡尖笔

普通纸

16.5cm × 26cm

2003年

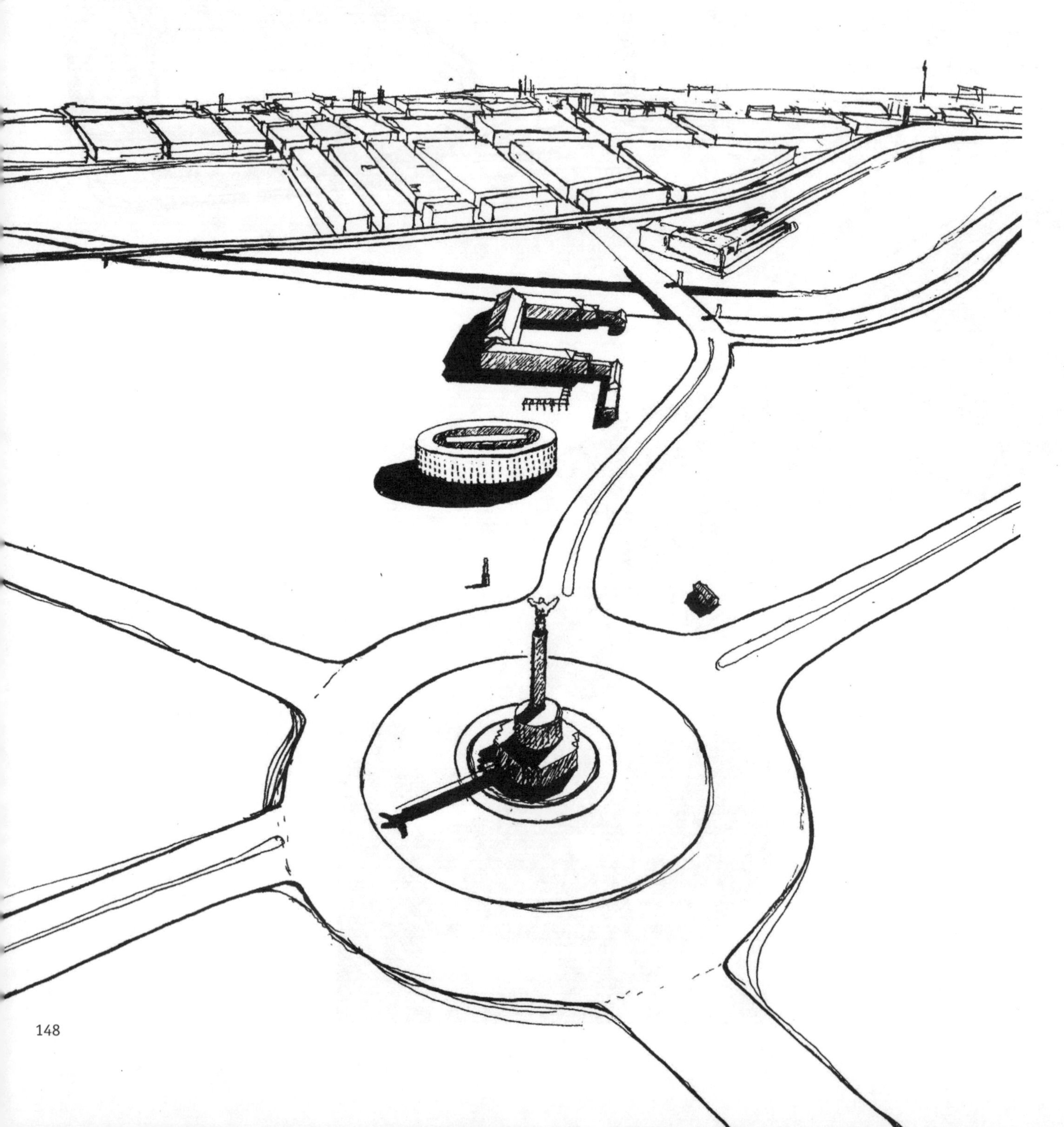

马丁·格鲁伯

马丁·格鲁伯（1963年生于魏登）与赫尔穆特·克莱娜-克拉嫩堡，在法兰克福创建了一所联合建筑师事务所(1995年)，并在柏林设立分部（1995年到1999年）。马丁·格鲁伯从维尔茨堡应用科学大学毕业后，于1991年至1994年，在法兰克福的奥斯瓦尔德·马蒂亚斯·翁格尔斯教授的建筑师事务所工作。1999年至2000年，在汉堡美术学院任客座教授。

柏林，联邦德国总统办公室扩建，总平面

钢笔

素描纸

40cm × 39cm

1994年

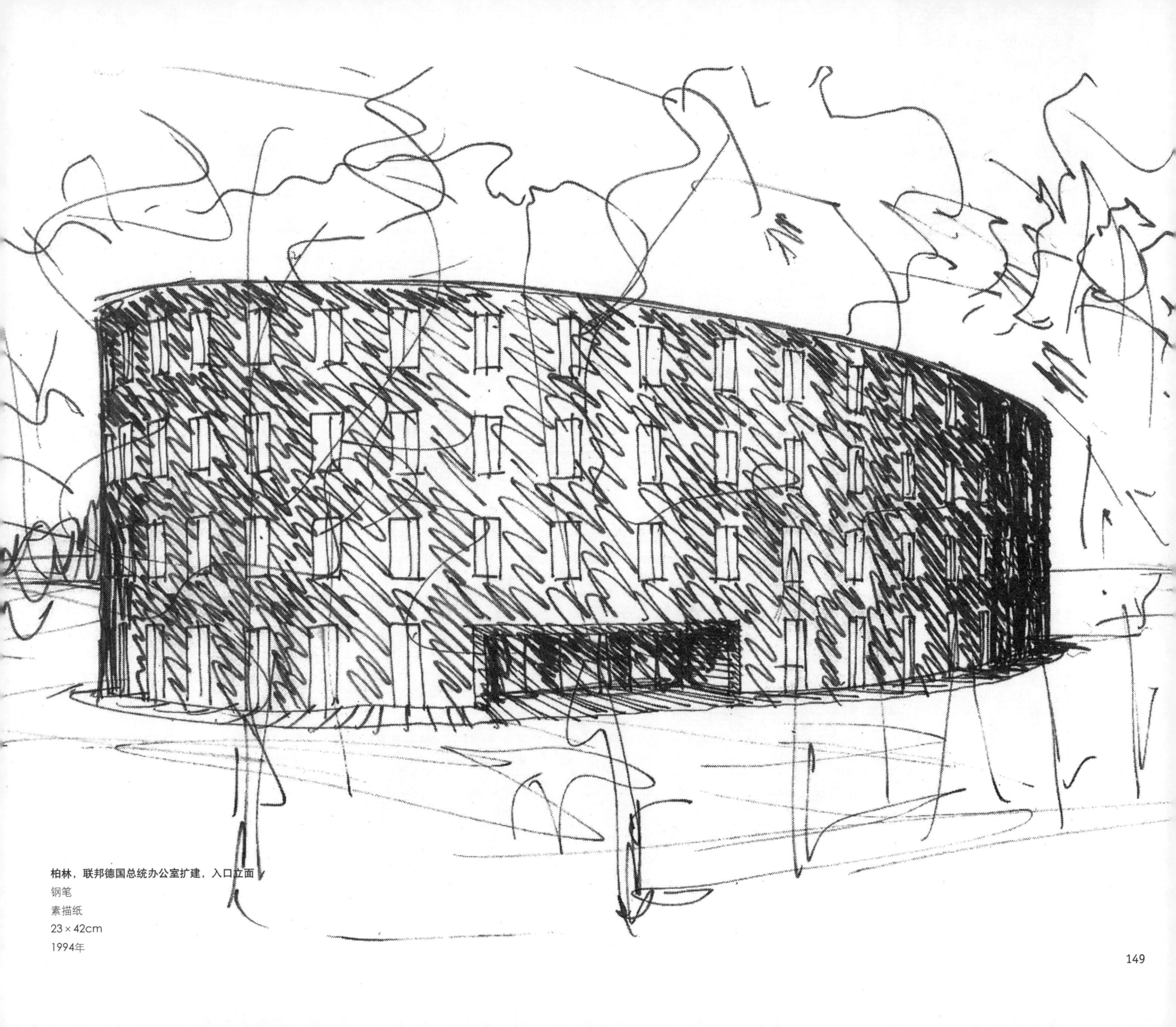

柏林，联邦德国总统办公室扩建，入口立面
钢笔
素描纸
23×42cm
1994年

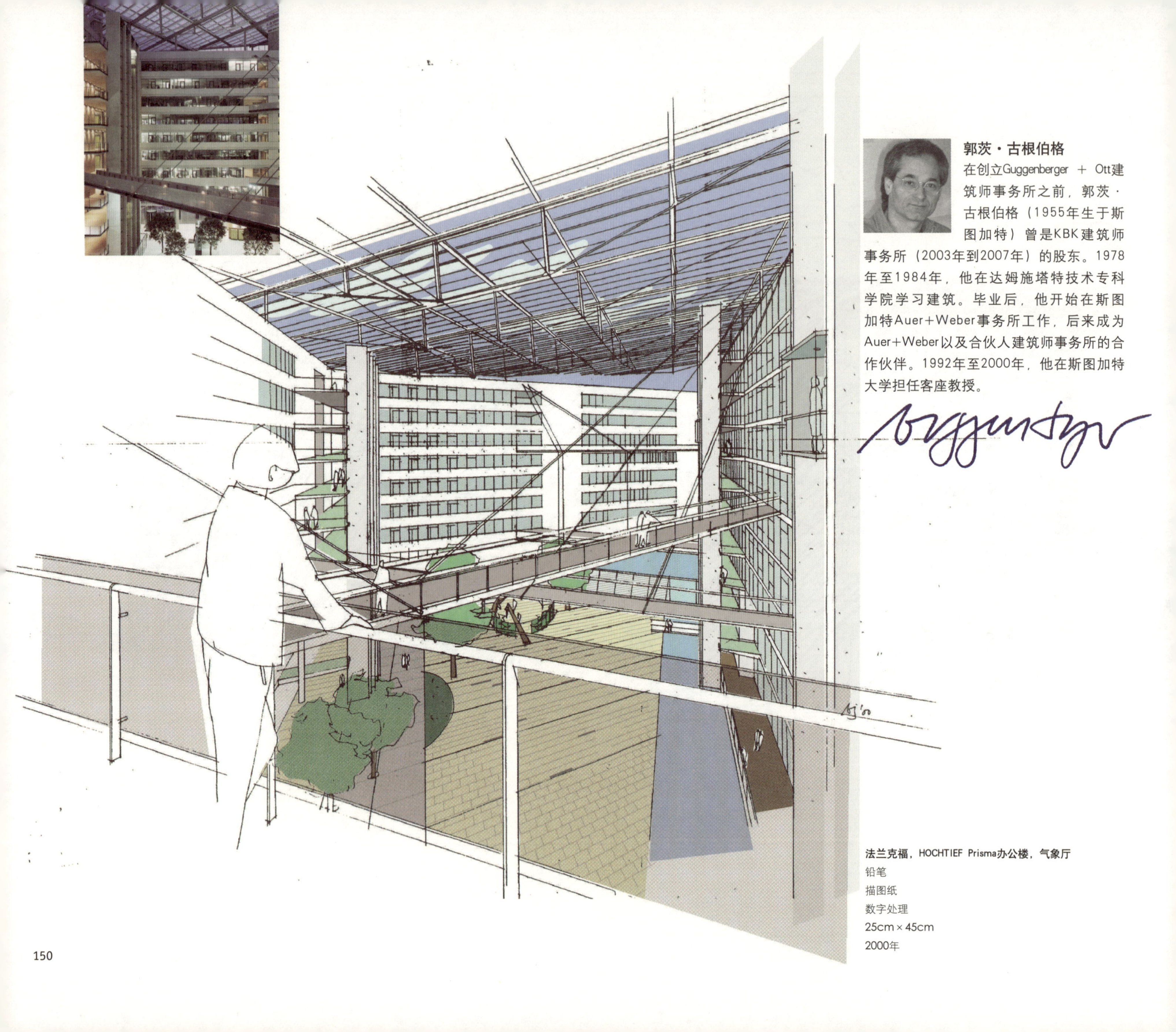

郭茨·古根伯格

在创立Guggenberger + Ott建筑师事务所之前，郭茨·古根伯格（1955年生于斯图加特）曾是KBK建筑师事务所（2003年到2007年）的股东。1978年至1984年，他在达姆施塔特技术专科学院学习建筑。毕业后，他开始在斯图加特Auer+Weber事务所工作，后来成为Auer+Weber以及合伙人建筑师事务所的合作伙伴。1992年至2000年，他在斯图加特大学担任客座教授。

法兰克福，HOCHTIEF Prisma办公楼，气象厅

铅笔

描图纸

数字处理

25cm × 45cm

2000年

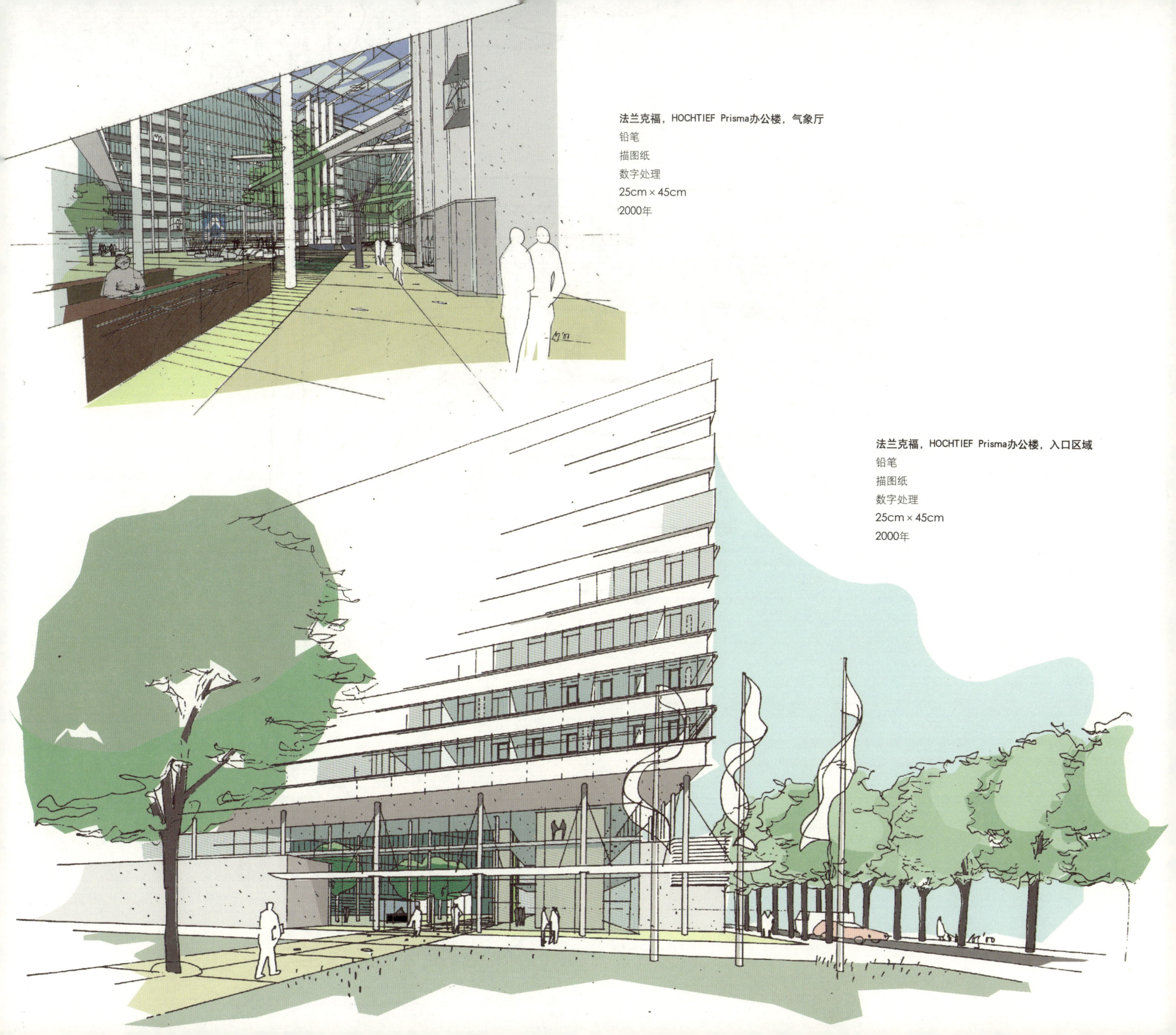

法兰克福，HOCHTIEF Prisma办公楼，气象厅

铅笔

描图纸

数字处理

25cm × 45cm

2000年

法兰克福，HOCHTIEF Prisma办公楼，入口区域

铅笔

描图纸

数字处理

25cm × 45cm

2000年

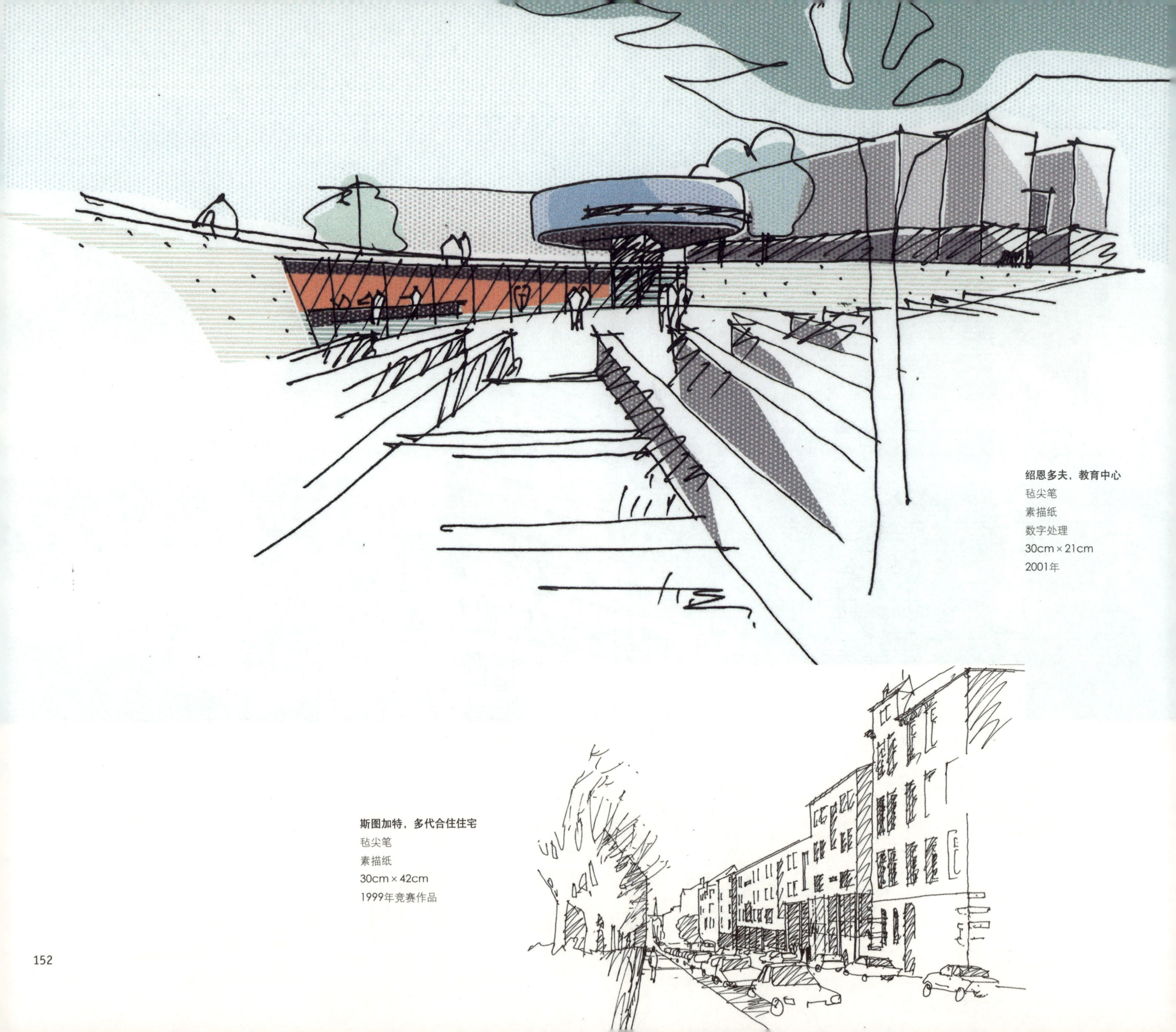

绍恩多夫，教育中心
毡尖笔
素描纸
数字处理
30cm × 21cm
2001年

斯图加特，多代合住住宅
毡尖笔
素描纸
30cm × 42cm
1999年竞赛作品

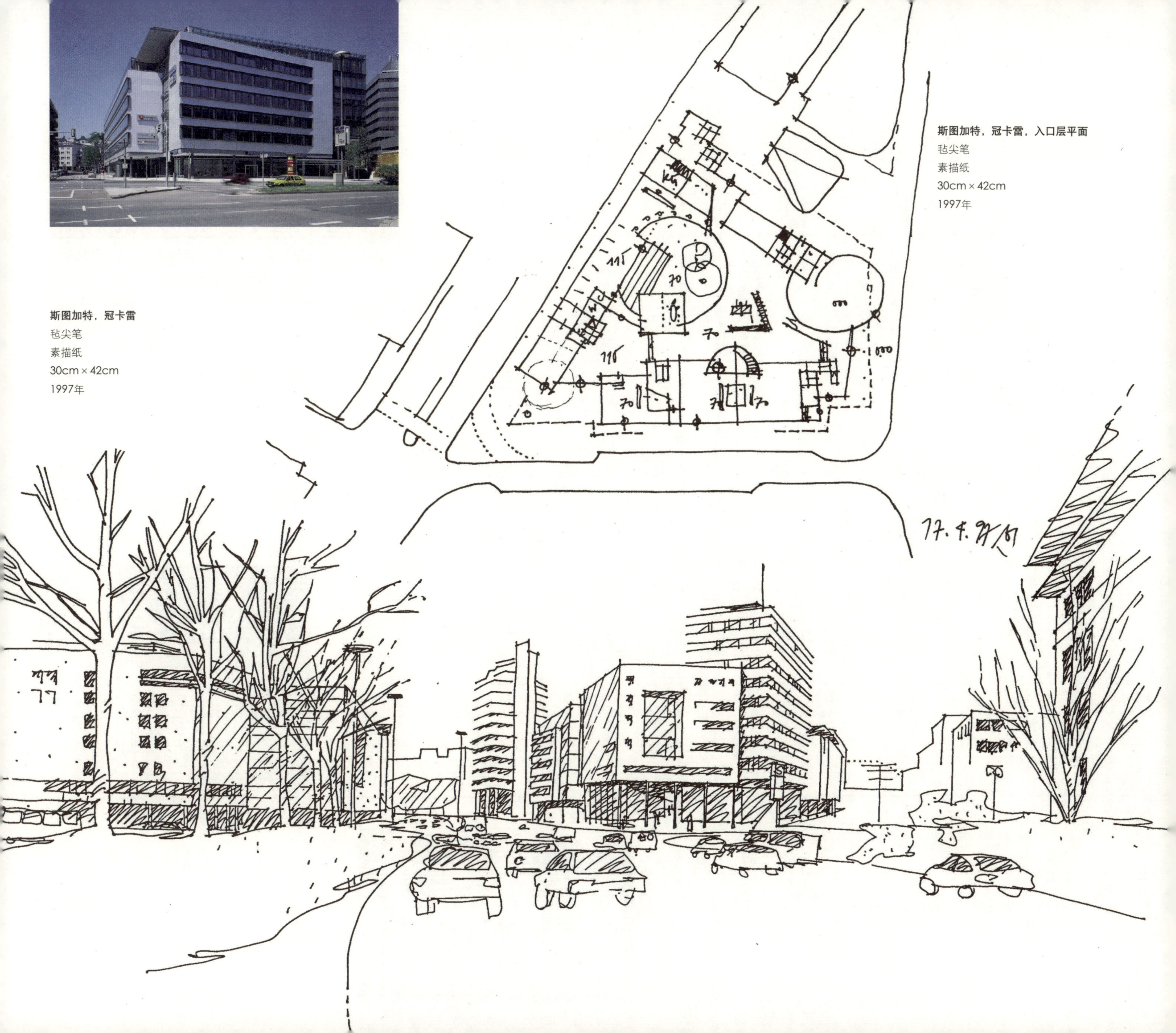

斯图加特，冠卡雷，入口层平面

毡尖笔

素描纸

30cm × 42cm

1997年

斯图加特，冠卡雷

毡尖笔

素描纸

30cm × 42cm

1997年

克里斯托夫·萨特勒

1974年，克里斯托夫·萨特勒（1938年生于慕尼黑）与亨氏·希尔默一起建立了希尔默和萨特勒建筑公司，在1997年更名为希尔默+萨特勒+阿尔布雷希建筑师事务所。结束了在罗马的德国学校学习之后，萨特勒进入慕尼黑的工业学院学习建筑。他在芝加哥的IIT攻读研究生，师从迈伦·史密斯和路德维希·希尔博斯埃默尔（理学硕士，1965年）。克里斯托夫·萨特勒还是个学生时，就已经在芝加哥为密斯·凡·德罗工作了。

丽思卡尔顿酒店及公寓塔楼

铅笔

描图纸

54cm×91cm

2000年

柏林，Tiergartendreieck，两个住宅建筑

毡尖笔和彩铅

普通纸

32cm×26cm

1997年

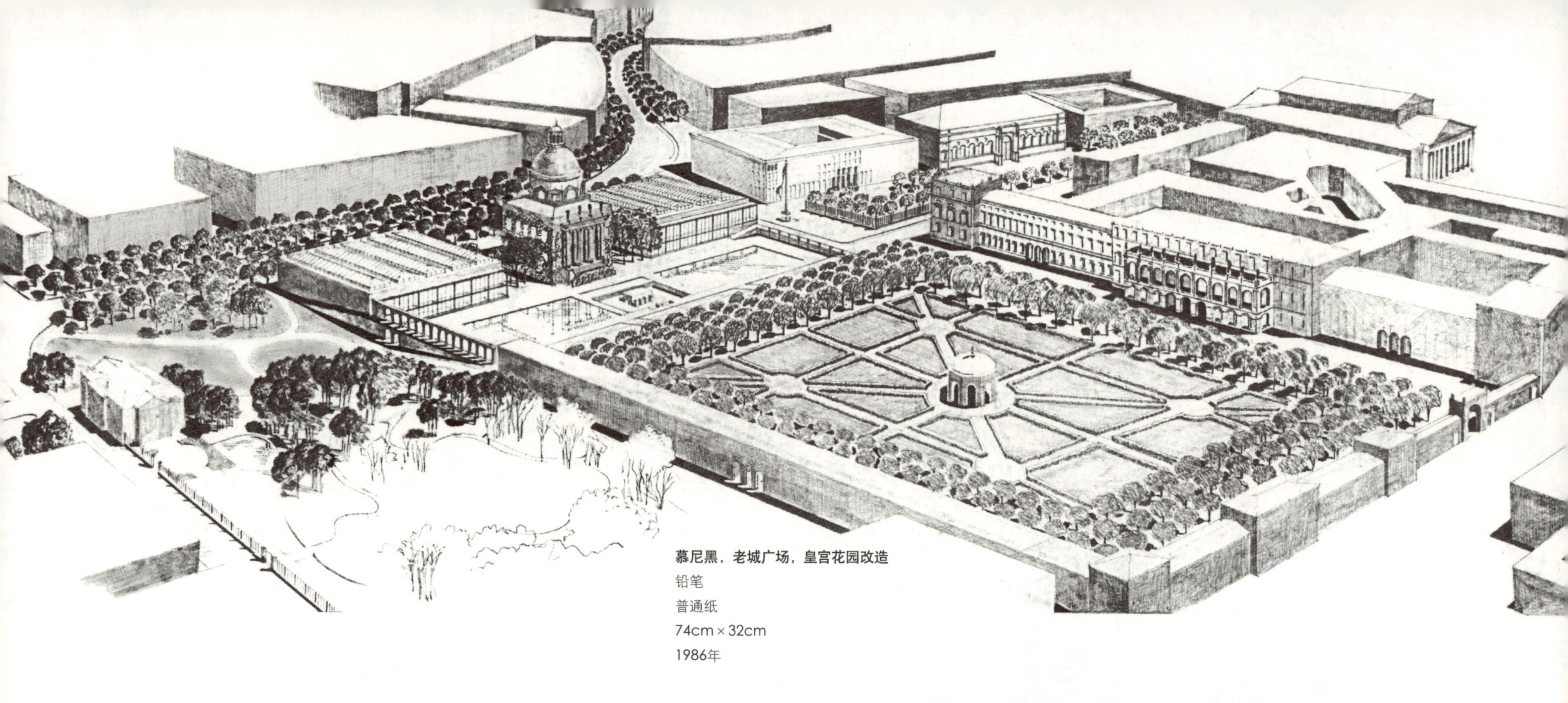

慕尼黑，老城广场，皇宫花园改造
铅笔
普通纸
74cm × 32cm
1986年

慕尼黑，绘画陈列馆更新
水彩
普通纸
86cm × 46cm
1991年竞赛作品

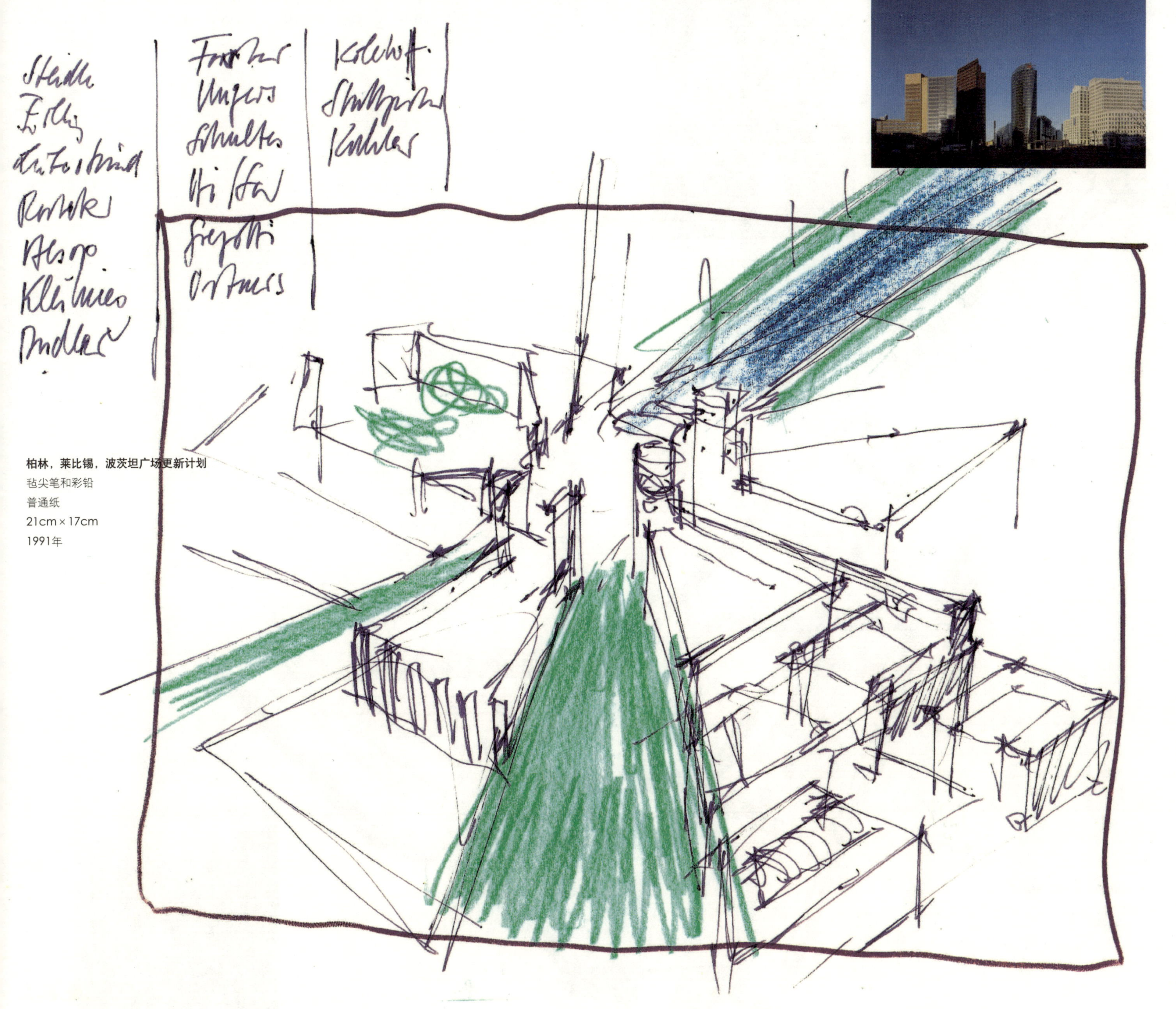

柏林，莱比锡，波茨坦广场更新计划

毡尖笔和彩铅

普通纸

21cm × 17cm

1991年

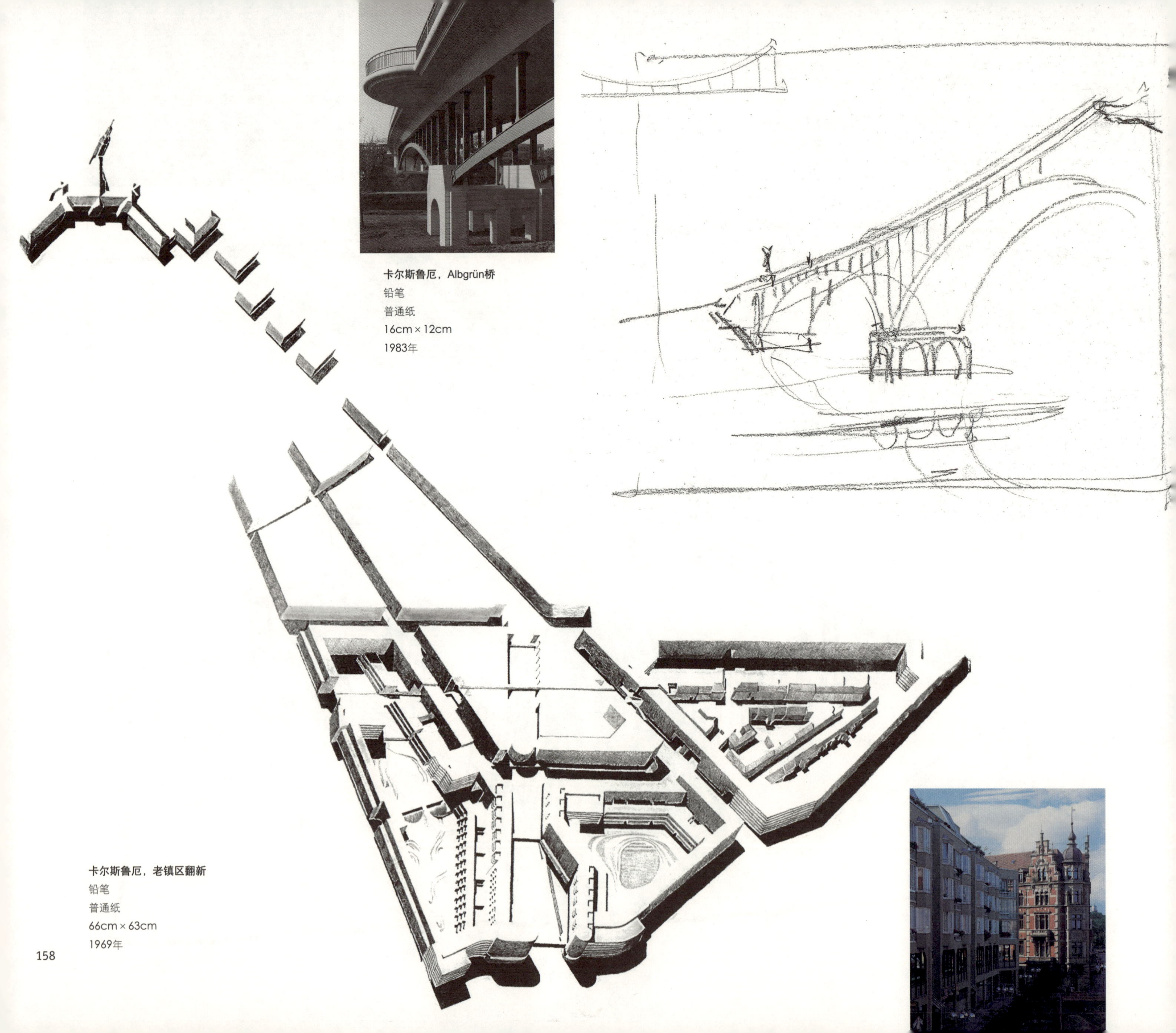

卡尔斯鲁厄，Albgrün桥

铅笔

普通纸

16cm × 12cm

1983年

卡尔斯鲁厄，老镇区翻新

铅笔

普通纸

66cm × 63cm

1969年

柏林，波茨坦广场，区域火车站

墨水和毡尖笔

相片拼贴

47cm×36cm

1993年

法兰克福，别墅
毡尖笔
普通纸
42cm × 30cm
2000年

亚历山大·拉多斯科

亚历山大·拉多斯科（1966年生于哈萨克斯坦的卡拉干达）和贝恩德·霍林在1997年建立了霍林+拉多斯科建筑师事务所的联合办事处。在此之前，他是达姆施塔特的一名自由职业者，在乌尔里希格拉贝建筑公司工作。1983年至1988年，拉多斯科在圣彼得堡美术学院学习建筑。

威斯巴登，别墅，浴室部分
毡尖笔
普通纸
30cm × 21cm
2002年

德国汉莎公司，设计进程，头等舱休息室，餐饮区
毡尖笔
普通纸
30cm×21cm
2003年

IDENTO 生产和办公大厦，马克勒德外观

水彩

普通纸

42cm×21cm

1998年

柏林，克罗依茨贝格，维多利亚广场，旧啤酒厂地下室改造
水彩
普通纸
30cm×21cm
2001年

克里斯托夫·英根霍芬

克里斯托夫·英根霍芬（1960年生于杜塞尔多夫）在1985年建立了英根霍芬建筑工程公司（今英根霍芬建筑师事务所）。1979年到1984年，他在亚琛和杜塞尔多夫艺术学院的汉斯·霍莱茵教授的指导下学习建筑。

慕尼黑，摩天楼小区
毡尖笔
素描纸
21cm × 30cm
2004年

斯图加特，火车总站
毡尖笔
素描纸
21cm×30cm
1997年竞赛第一名作品

德国埃森，RWE AG，主行政大楼
毡尖笔
素描纸
21cm×30cm
1991年竞赛第一名作品

德国埃森，RWE AG，主行政大楼
毡尖笔
素描纸
21cm×30cm
1991年竞赛第一名作品

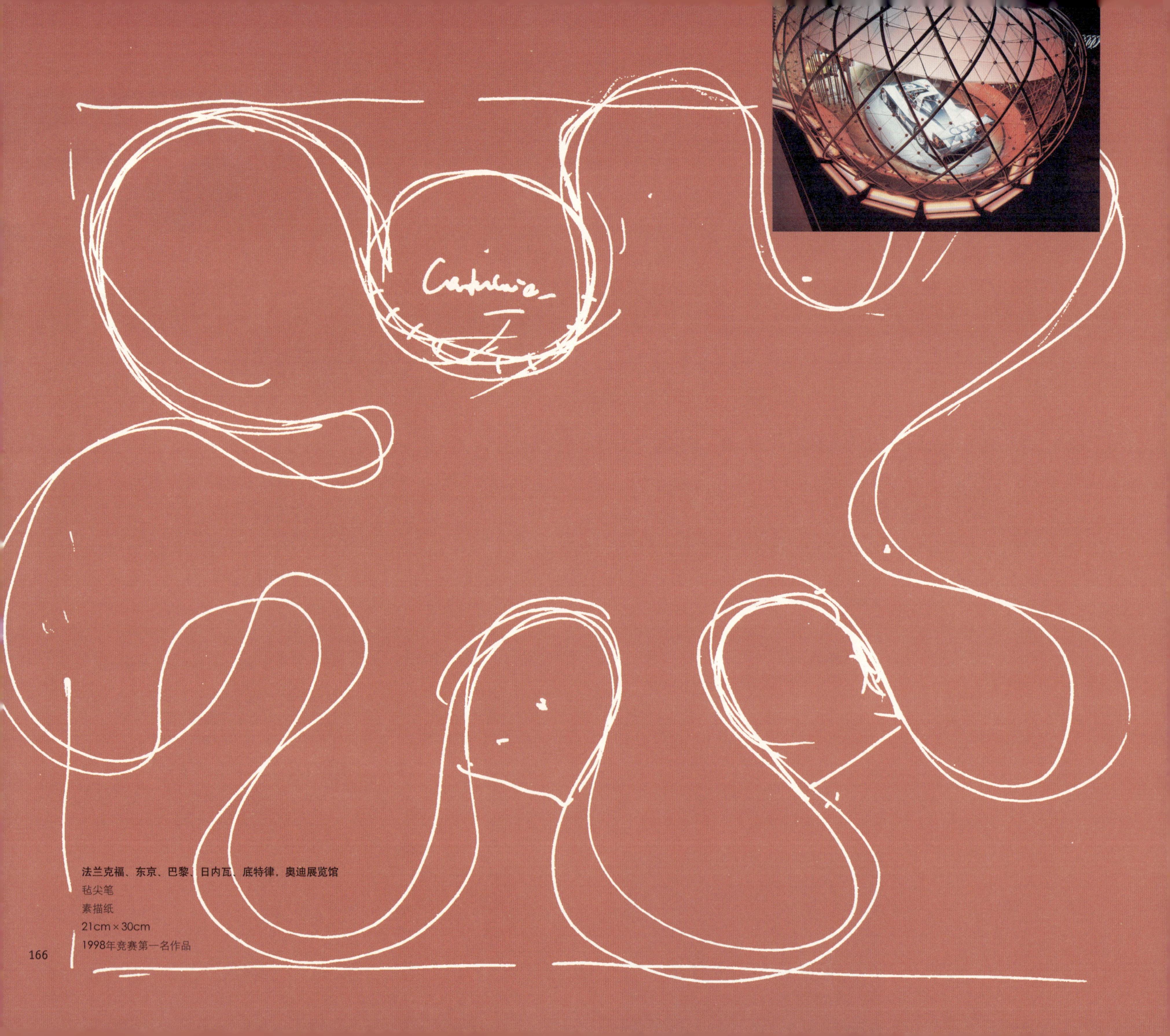

法兰克福、东京、巴黎、日内瓦、底特律，奥迪展览馆
毡尖笔
素描纸
21cm×30cm
1998年竞赛第一名作品

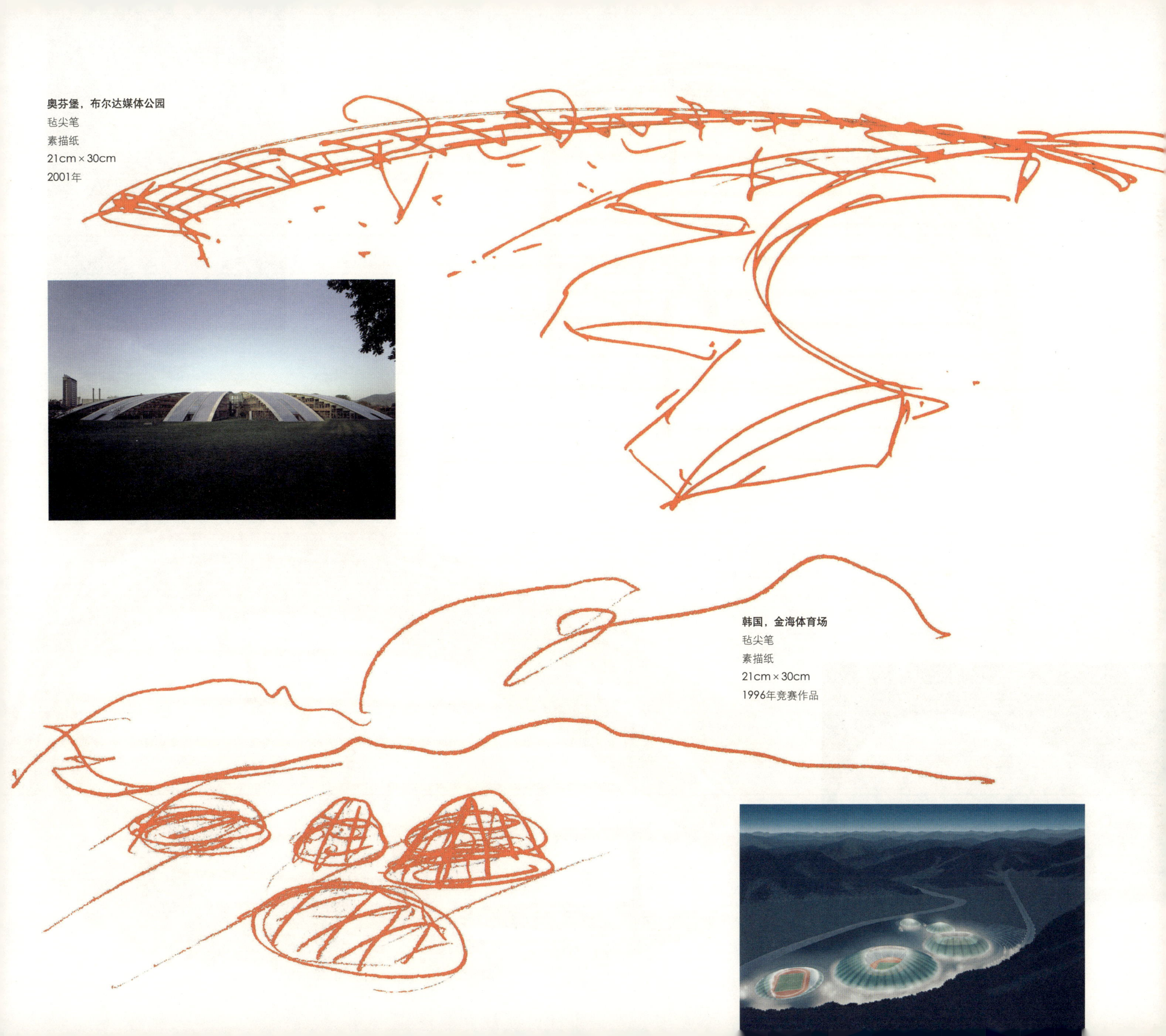

奥芬堡，布尔达媒体公园
毡尖笔
素描纸
21cm × 30cm
2001年

韩国，金海体育场
毡尖笔
素描纸
21cm × 30cm
1996年竞赛作品

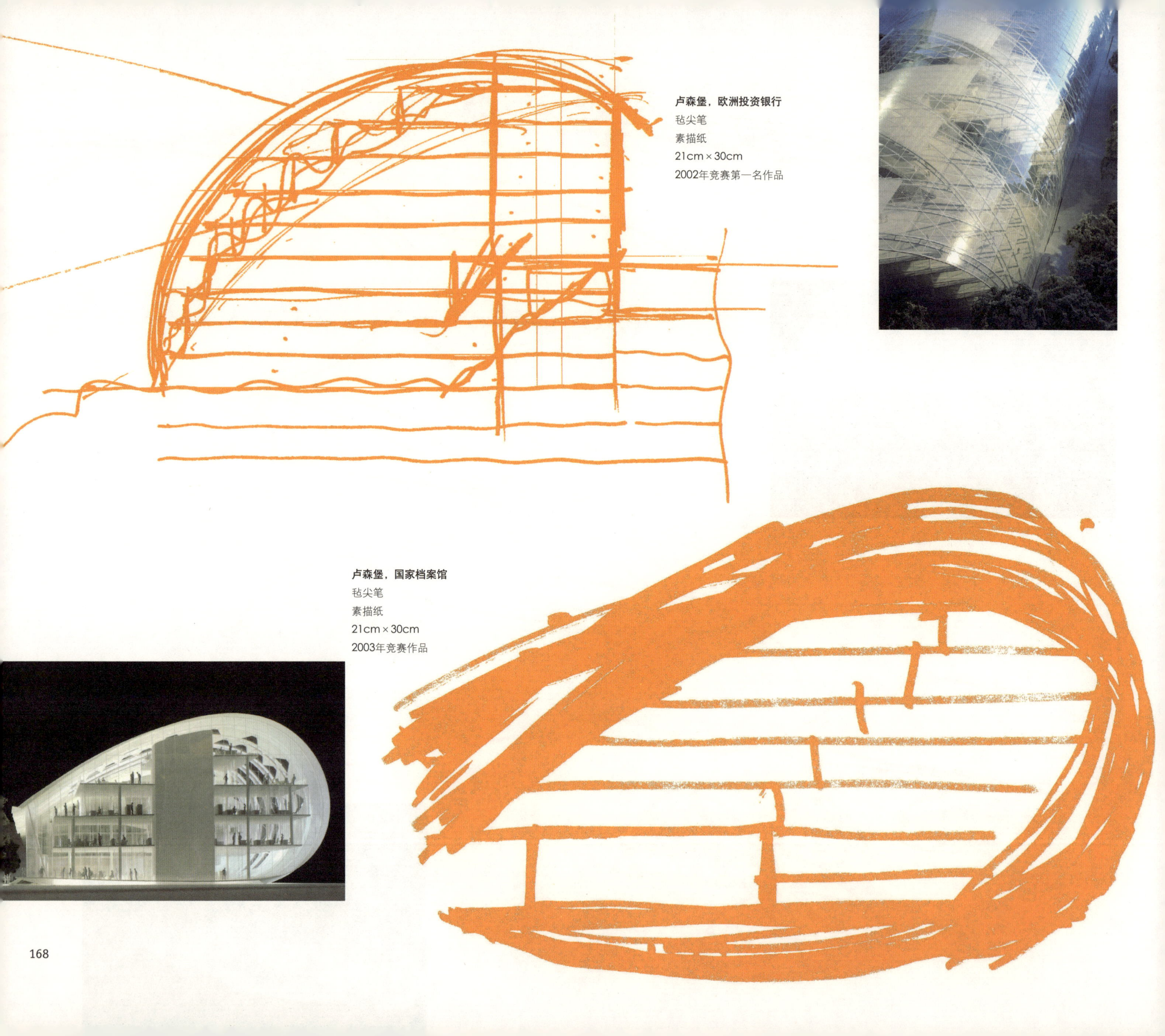

卢森堡，欧洲投资银行

毡尖笔

素描纸

21cm × 30cm

2002年竞赛第一名作品

卢森堡，国家档案馆

毡尖笔

素描纸

21cm × 30cm

2003年竞赛作品

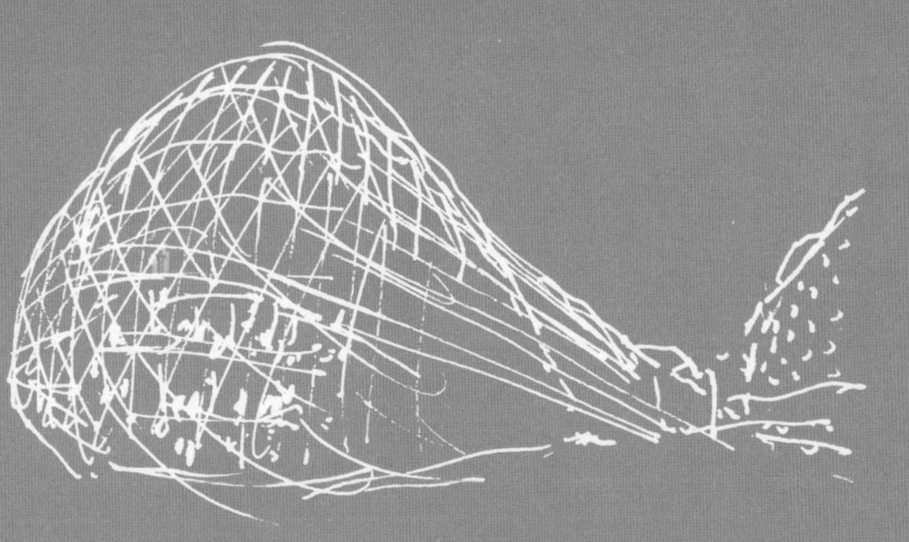

柏林，弗里德里希大街，商业大厦
毡头笔
素描纸
21cm×30cm
2001年

兰萨罗特，Las Maretas，博物馆
毡尖笔
素描纸
21cm×30cm
1999年竞赛作品

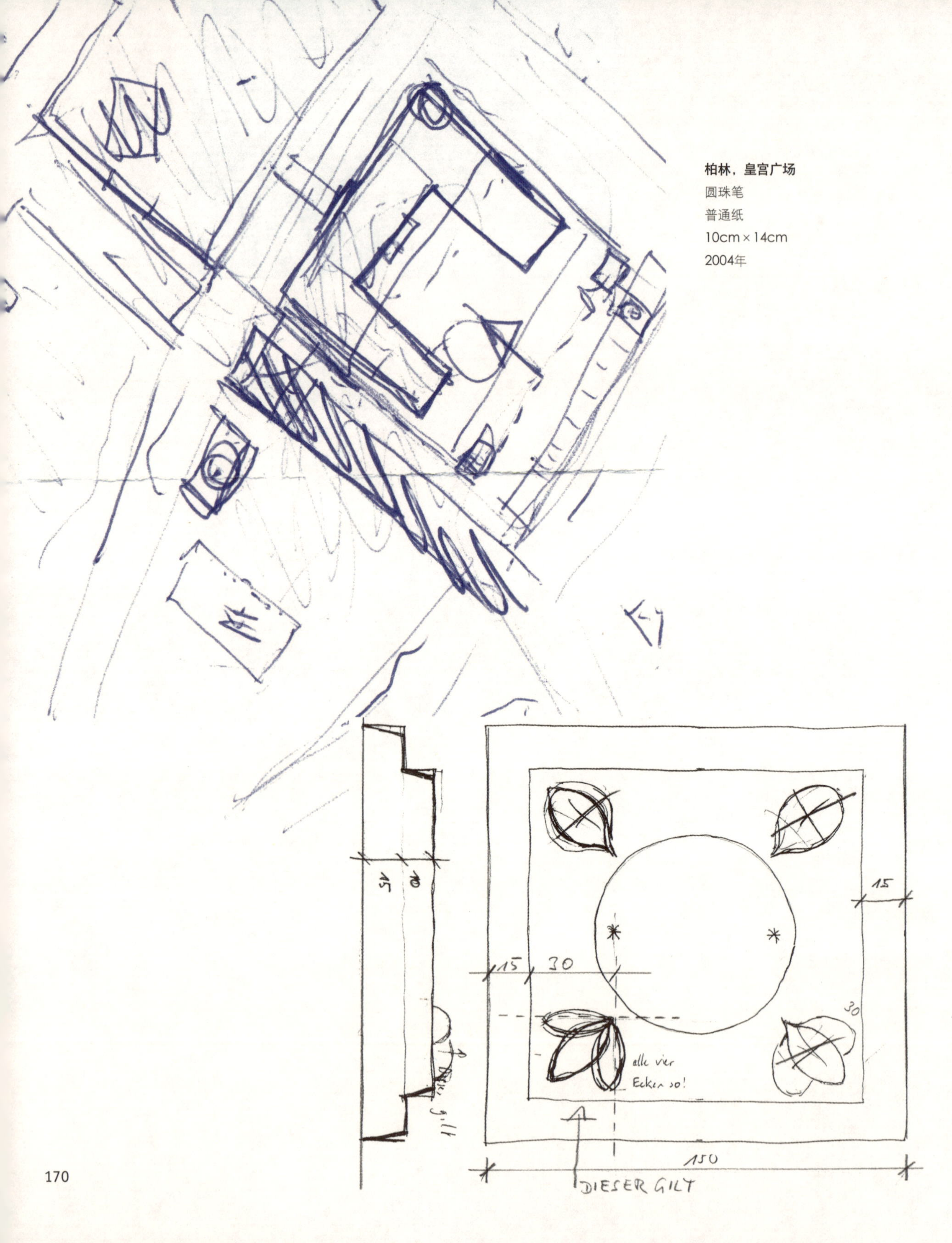

柏林，皇宫广场
圆珠笔
普通纸
10cm × 14cm
2004年

保罗·卡尔费特

保罗·卡尔费特（1956年生于柏林）和佩特拉·卡尔费特（1960年生于凯泽斯劳滕）自1987年以来负责Kahlfeldt建筑师事务所。而且，1988年至1992年保罗·卡尔费特在柏林管理约瑟夫·保罗·克莱许斯事务所。在进行了焊工和木匠的职业培训之后，他在柏林工业大学学习建筑。1999年，他成为凯泽斯劳滕工业大学设计、施工和建筑技术专业的教授。他是德意志制造联盟和柏林国际建筑学院的管理人员之一。

柏林，摄影博物馆，赫尔穆特·牛顿基金会
铅笔
描图纸
30cm × 21cm
2003年

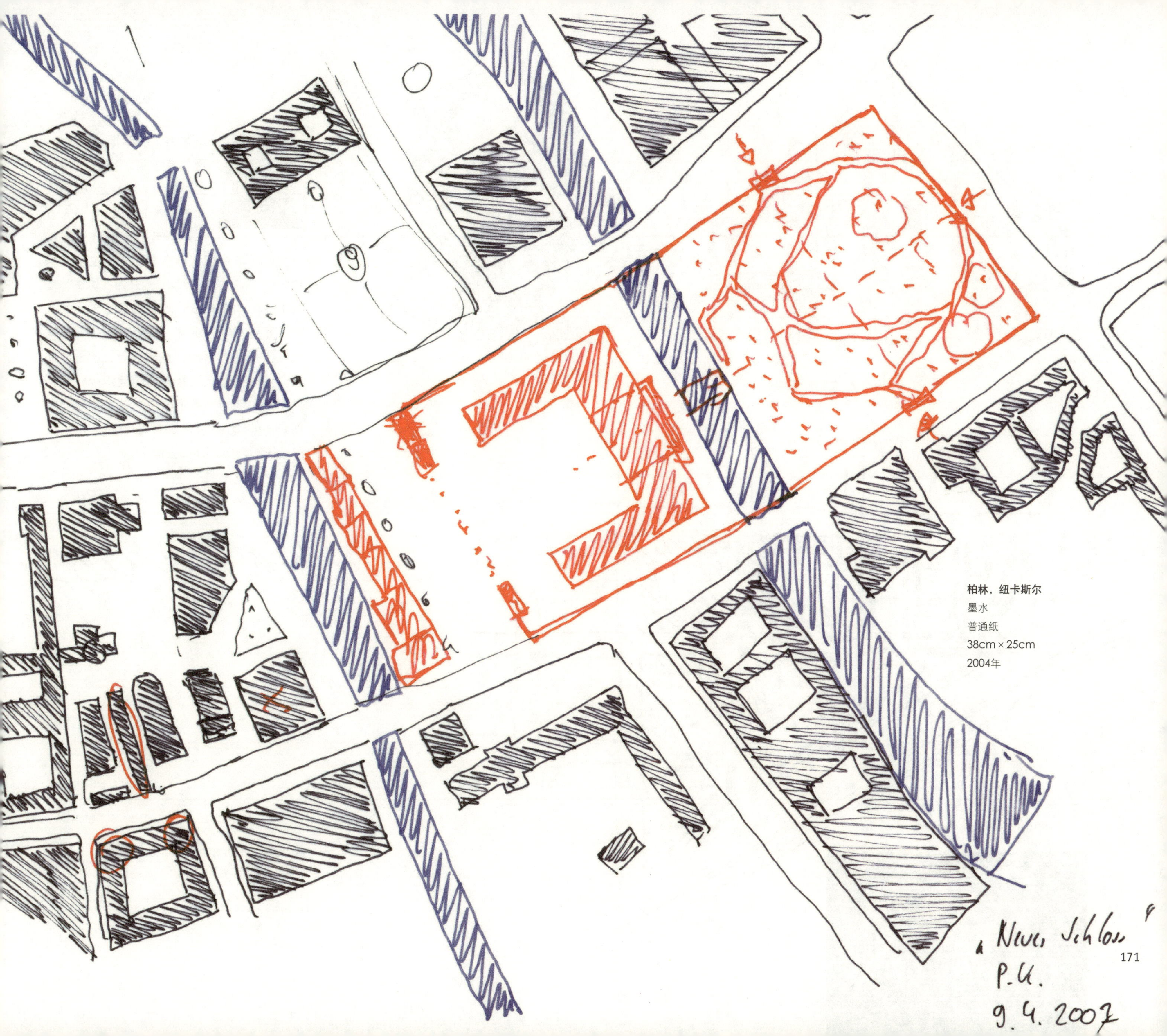

柏林，纽卡斯尔

墨水

普通纸

38cm × 25cm

2004年

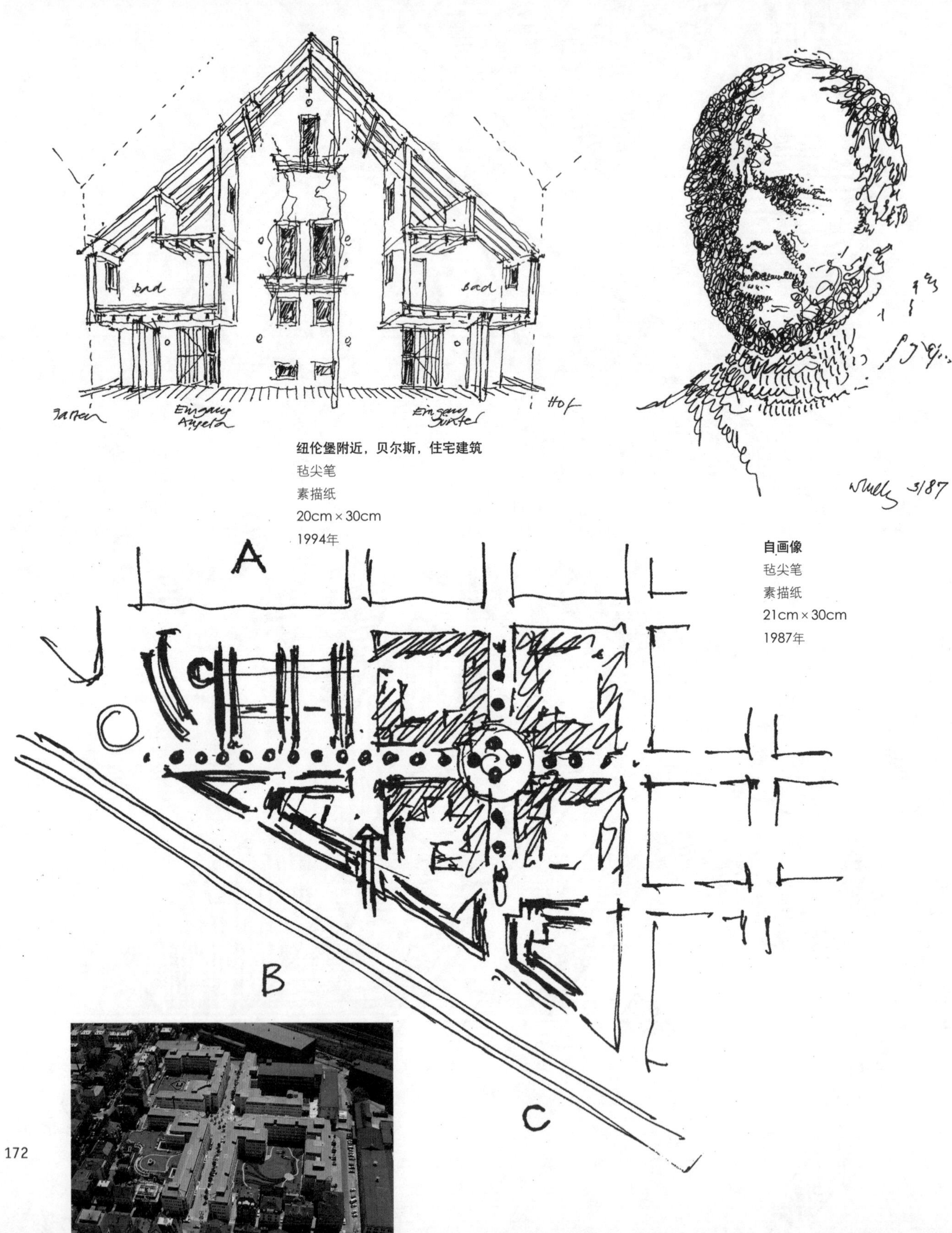

纽伦堡附近，贝尔斯，住宅建筑
毡尖笔
素描纸
20cm×30cm
1994年

自画像
毡尖笔
素描纸
21cm×30cm
1987年

沃尔特·贝尔斯

沃尔特·贝尔斯（1927年生于斯图加特）是KBK建筑师事务所的执行合伙人直到2008年。他曾在斯图加特大学学习建筑，毕业后不久建立了卡梅勒+贝尔斯公司。1972年他开始在达姆施塔特工业大学担任设计和建筑施工专业的教授，直到1992年退休。此外，他是“建筑师”（Der Architekt）编辑委员会的资深成员。同时，他还活跃在德国建筑师联盟。贝尔斯和他的同事们获得了很多奖项，包括1974年的德国建筑师奖。沃尔特·贝尔斯于2009年3月6日去世。

斯图加特的巴特坎施，塔特，德国联邦邮政管理中心，位置草图
毡尖笔
素描纸
21cm×30cm
1984年竞赛作品

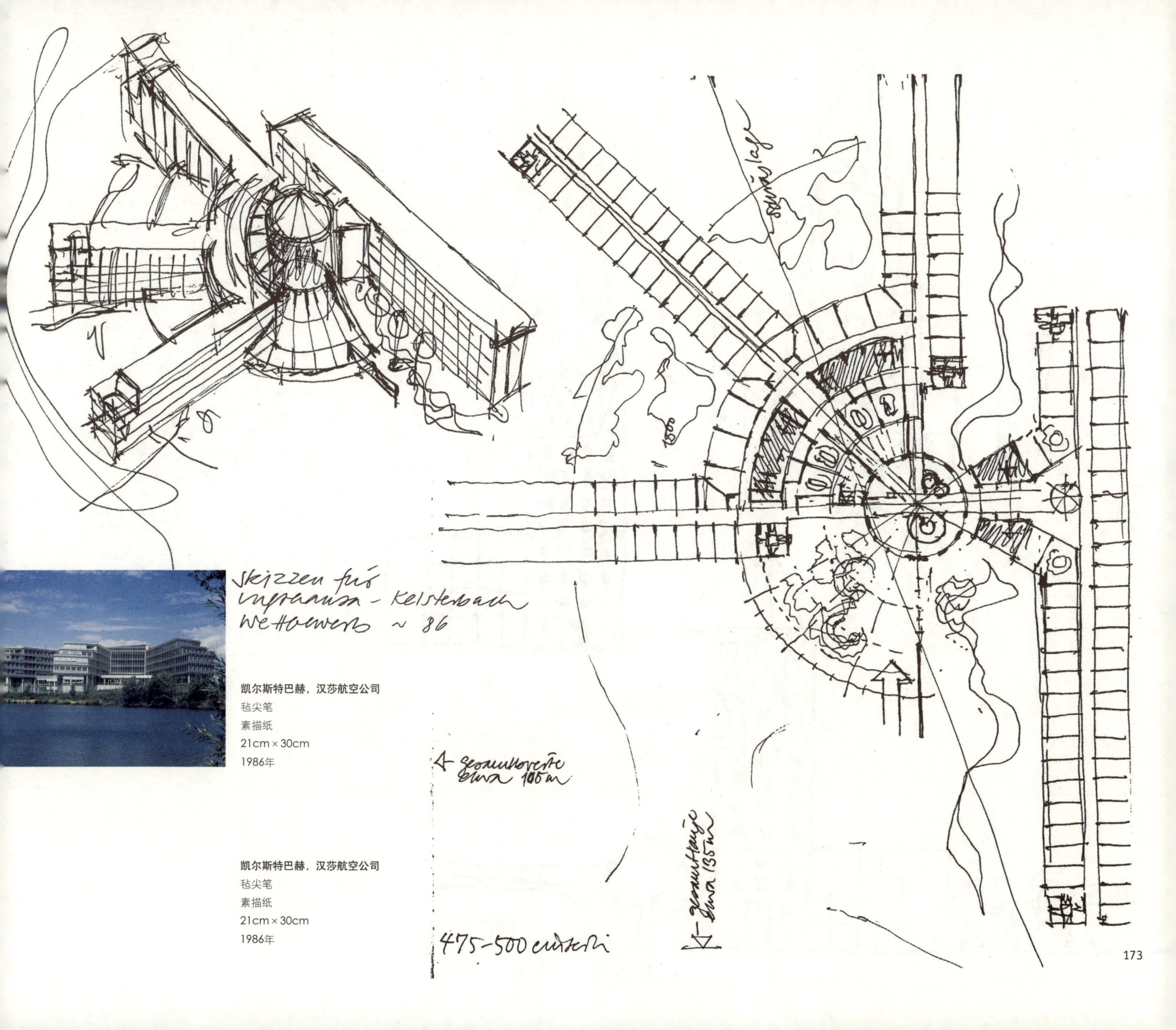

凯尔斯特巴赫，汉莎航空公司
毡尖笔
素描纸
21cm × 30cm
1986年

凯尔斯特巴赫，汉莎航空公司
毡尖笔
素描纸
21cm × 30cm
1986年

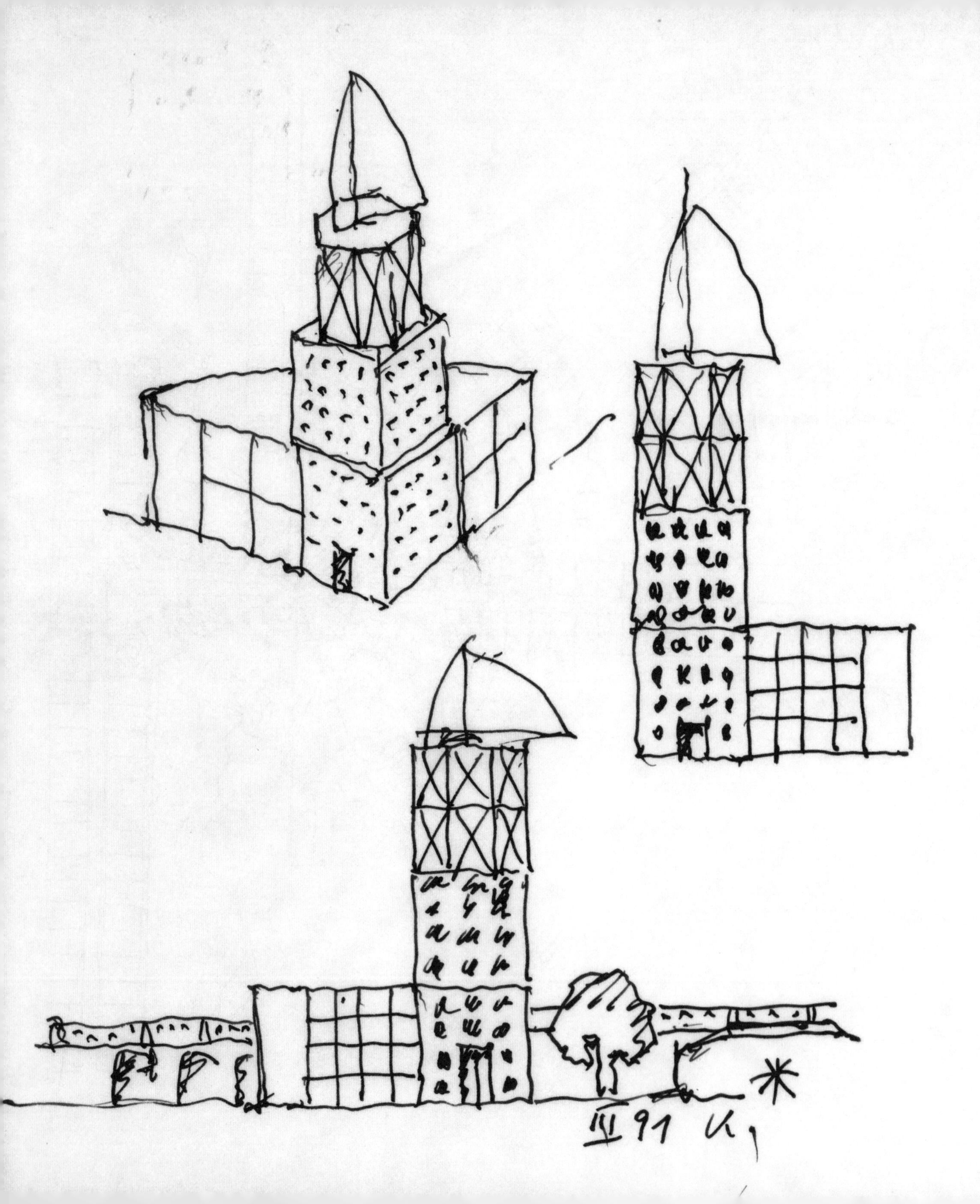

约瑟夫·保罗·克莱许斯

约瑟夫·保罗·克莱许斯在斯图加特的应用技术学校和柏林工业大学学习建筑，并且获得了巴黎Ecole国立高等美术学院的奖学金。从1960年至1967年，约瑟夫·保罗·克莱许斯在彼得·珀尔齐希公司工作。至1962年，他已经在柏林建立了自己的第一个公司（至1967年连同H. 摩登施特）。他获得了无数奖项，并作为教授在国内外大学进行教学，包括美国纽黑文的耶鲁大学和杜塞尔多夫的Kunstakademie。1996年，约瑟夫·保罗·克莱许斯与他的伙伴扬·克莱许斯和罗伯特·亨塞尔一起负责管理柏林迪尔门·罗鲁普公司。约瑟夫·保罗·克莱许斯（1933年生于赖讷）2004年8月于柏林去世。

柏林，Kantdreieck，办公商业建筑

铅笔

描图纸

23cm×30cm

1989年竞赛第一名作品

柏林，Kantdreieck，办公商业建筑

墨水

纸板

24cm×16cm

1989年竞赛第一名作品

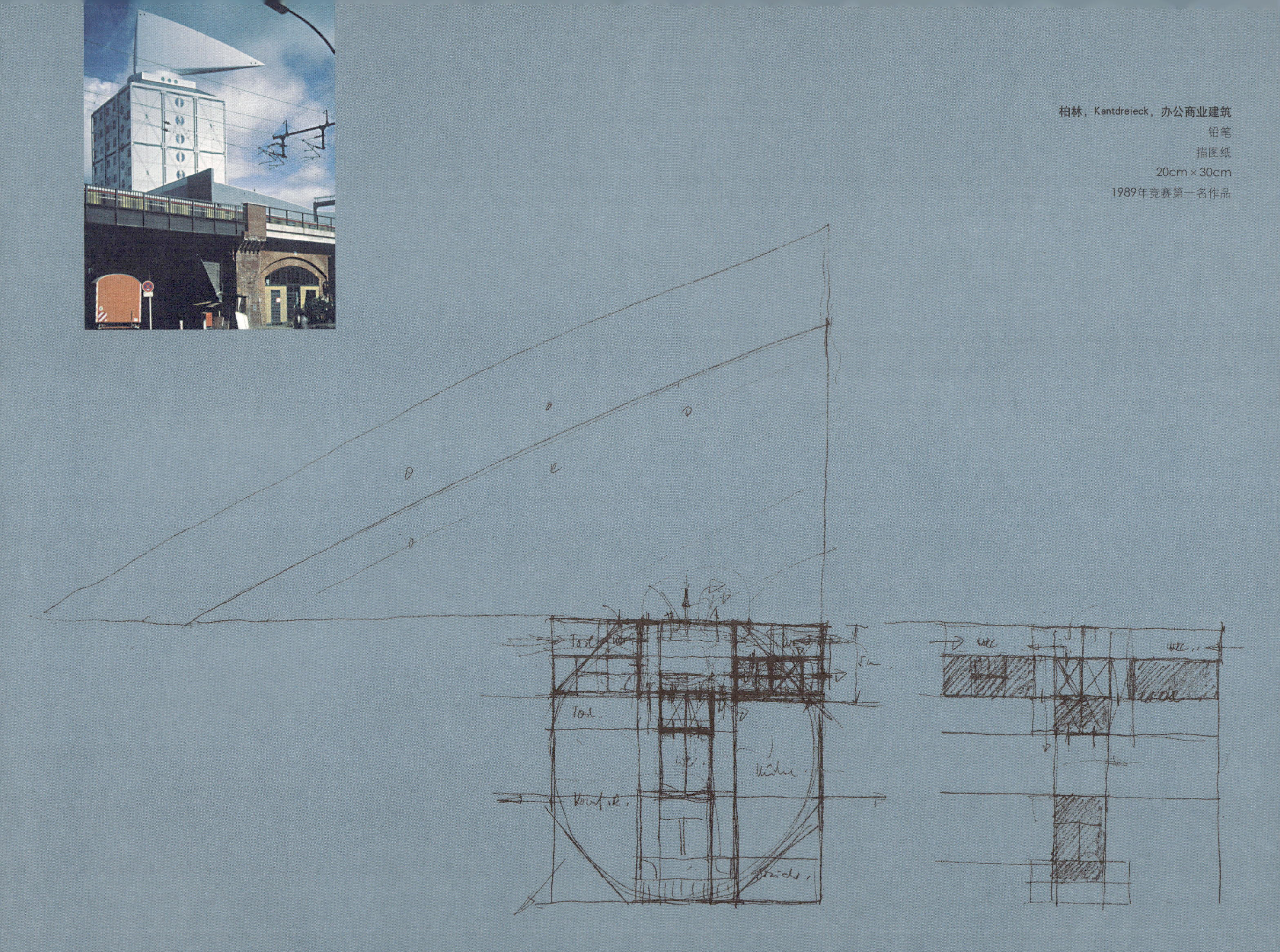

柏林，Kantdreieck，办公商业建筑

铅笔

描图纸

20cm × 30cm

1989年竞赛第一名作品

柏林，Kantdreieck，办公商业建筑

铅笔

描图纸

40cm × 20cm

1989年竞赛第一名作品

① Turmspitze

Bln → NY 7.XII.98.

126 m.

Windfahne/Segel.
18 m hoch
12 m Ausladung
~ 180 qm.
Kosten incl. Konstr. etc. ~ 1.8 Mio.

27 m.

18 m.

德国，卡尔斯鲁厄，"Via Triumphalis"
历史城镇轴线更新
油画棒
描图纸
60cm × 120cm
1979年

罗布·克里尔

相比作为一个建筑师，罗布·克里尔（1938年生于卢森堡的格雷文马赫）更因为他的公共雕塑闻名于世。1964年他从慕尼黑工业大学获得建筑学学位之后，曾在许多事务所工作，包括马蒂亚斯·翁格尔斯教授的建筑师事务所和弗雷·奥托各经纪公司。自1976年开始，罗布·克里尔在维也纳担任独立建筑师。1993年他将工作室迁至柏林，并与克里斯托夫·科尔一起管理。从1976年到1998年，他担任奥地利维也纳工业大学教授，并在各高校，如耶鲁大学担任客座教授。

德国，卡尔斯鲁厄，"Via Triumphalis"
历史城镇轴线更新
水彩
帆布
60cm × 42cm
1979年

荷兰，Brandevoort，镇中心
彩色粉笔
普通纸
30cm × 21cm
1996年

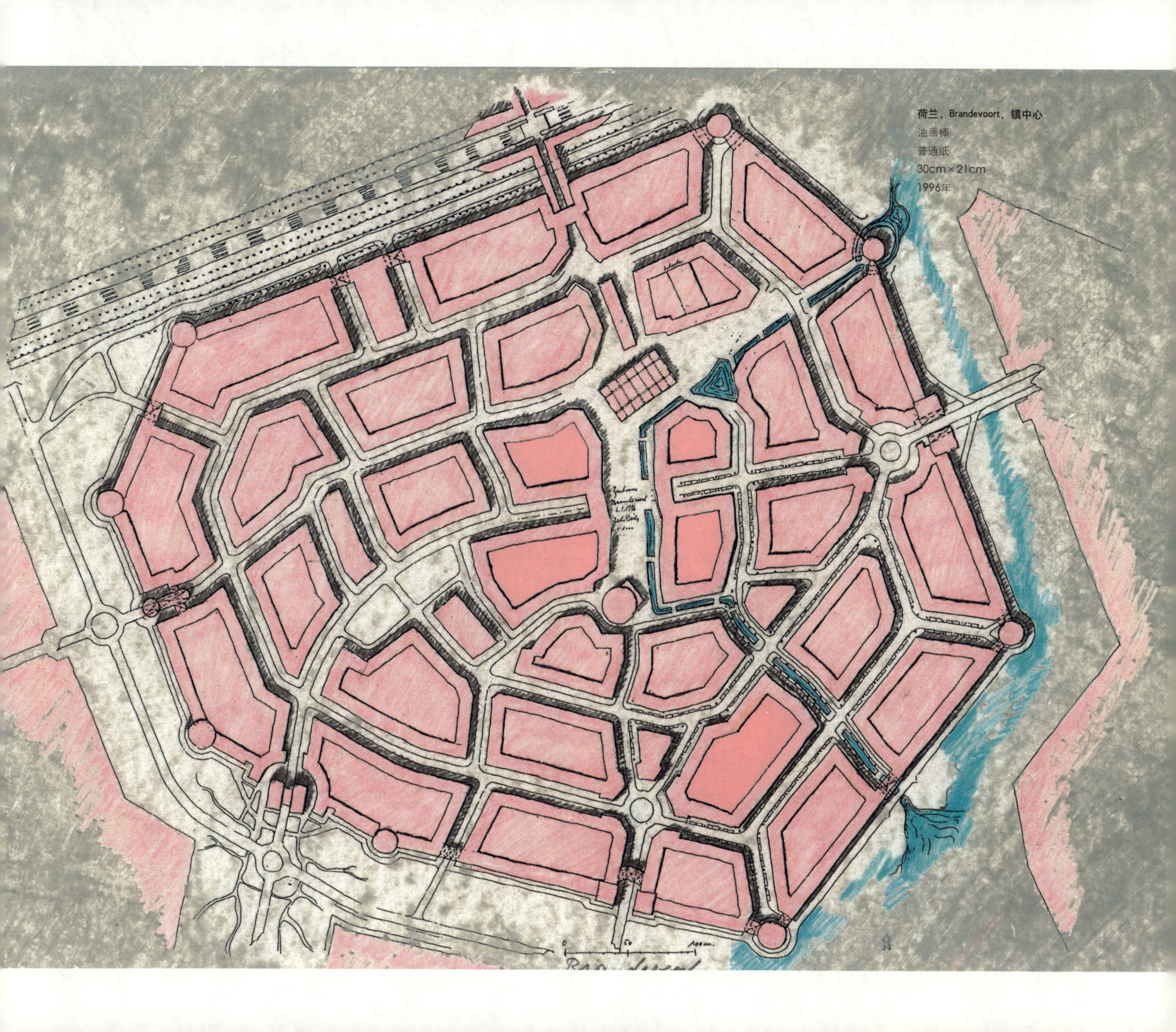

荷兰，Brandevoort，镇中心
油画棒
普通纸
30cm×21cm
1996年

荷兰，海牙区，“居住区”区域
铅笔和油画棒
普通纸
14cm × 14cm
1991年

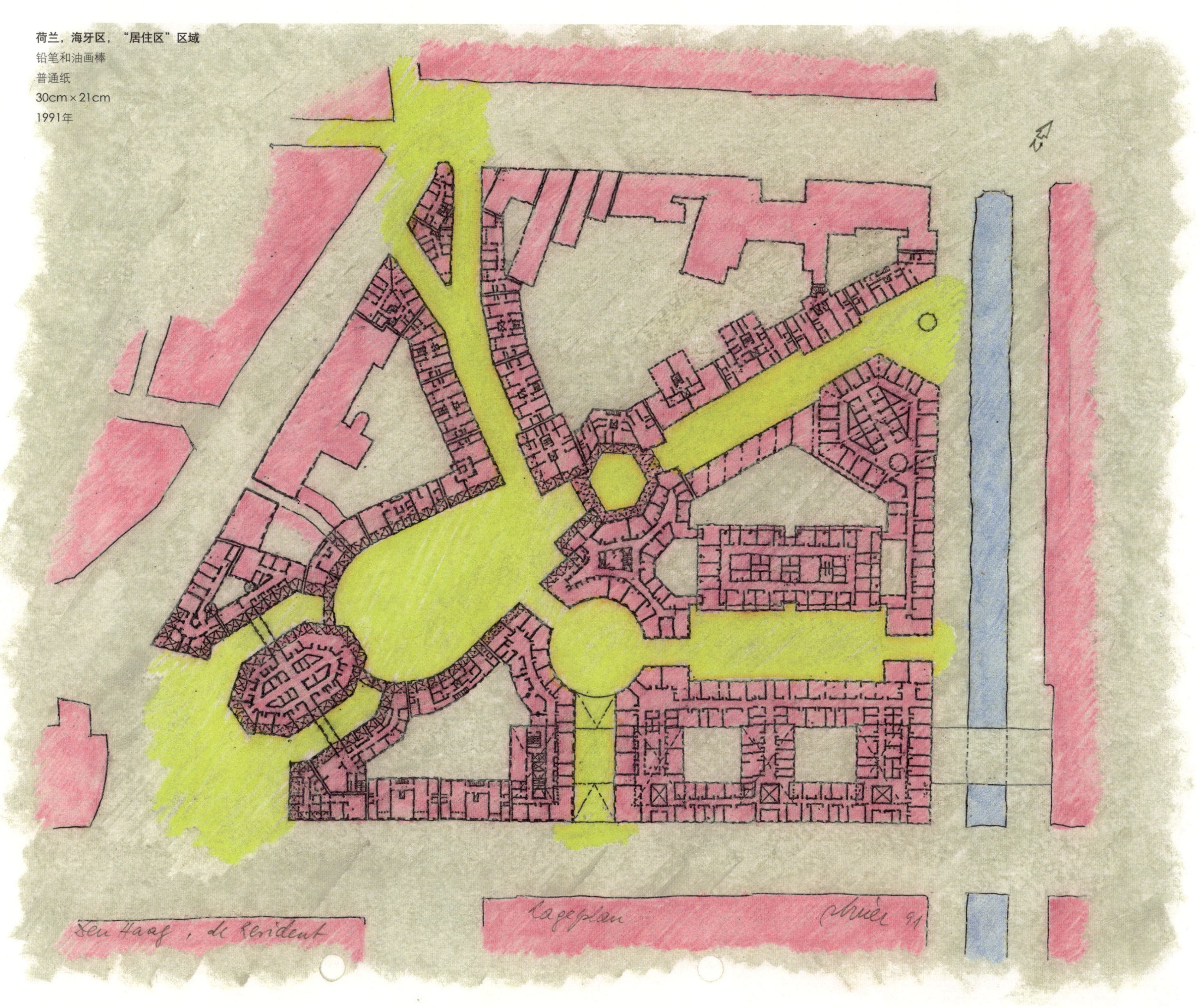

荷兰，海牙区，“居住区”区域

铅笔和油画棒

普通纸

30cm×21cm

1991年

法国亚眠，历史城镇中心，重建
油画棒和铅笔
普通纸
14cm × 14cm
1988年

法国亚眠，历史城镇中心，重建
铅笔和乌贼墨
油墨纸
42cm × 30cm
1990年

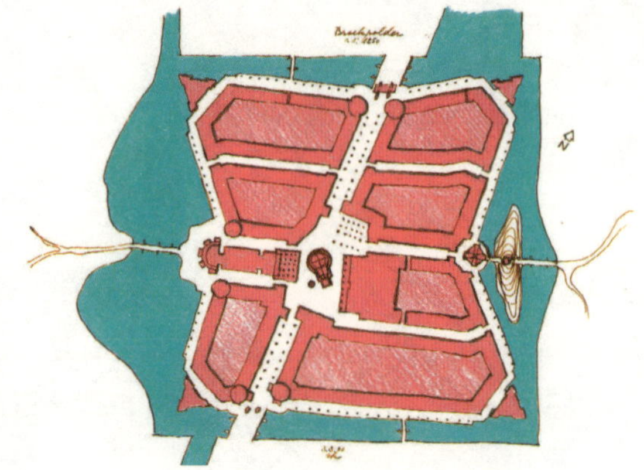

荷兰，Broekpolder，镇中心
铅笔和油画棒
普通纸
30cm × 21cm
2000年

荷兰，Broekpolder，镇中心
铅笔和水彩
水彩纸
18cm × 24cm
2000年

荷兰，Broekpolder，镇中心
铅笔和水彩
水彩纸
24cm × 18cm
2000年

kpolder – Marktplatz
29.3.00

弗林斯·克吕格尔

弗林斯·克吕格尔（1963年生于柏林）与克里斯蒂安·舒伯特和伯特伦·范德赖克一起于1990年在柏林建立了KSV克吕格尔·舒伯特·范德赖克建筑师事务所。1983年至1988年，克吕格尔在魏玛包豪斯学习建筑设计。此后，他一直在柏林建筑学院工作。

柏林，下椴树街，14～22号

笔刷和墨水

绘图纸板

50cm×35cm

2002年

柏林，下椴树街，14～22号

笔刷和墨水

绘图纸板

50cm×35cm

2002年

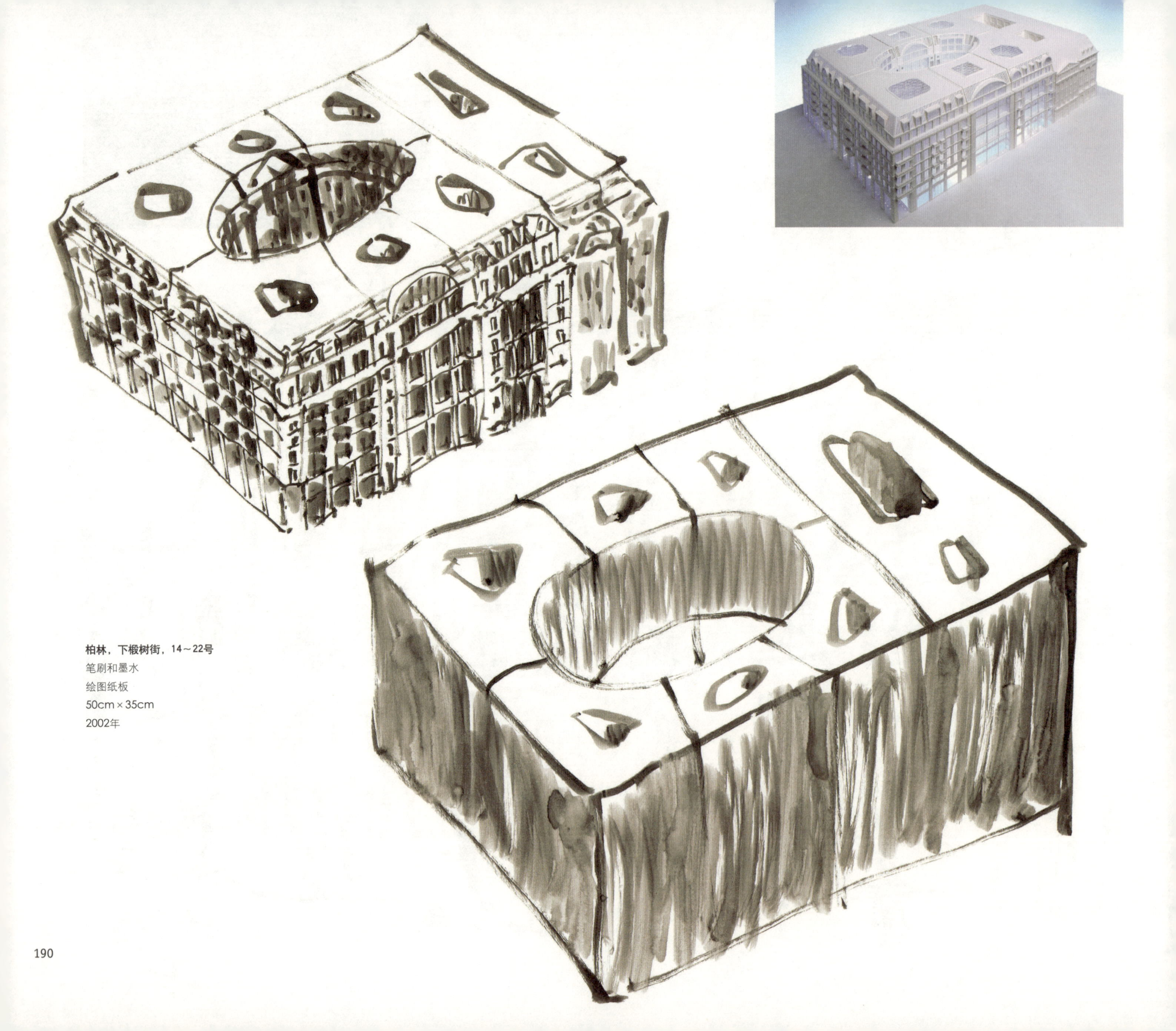

柏林，下椴树街，14～22号
笔刷和墨水
绘图纸板
50cm×35cm
2002年

柏林，下椴树街，14～22号

笔刷和墨水

绘图纸板

50cm × 35cm

2002年

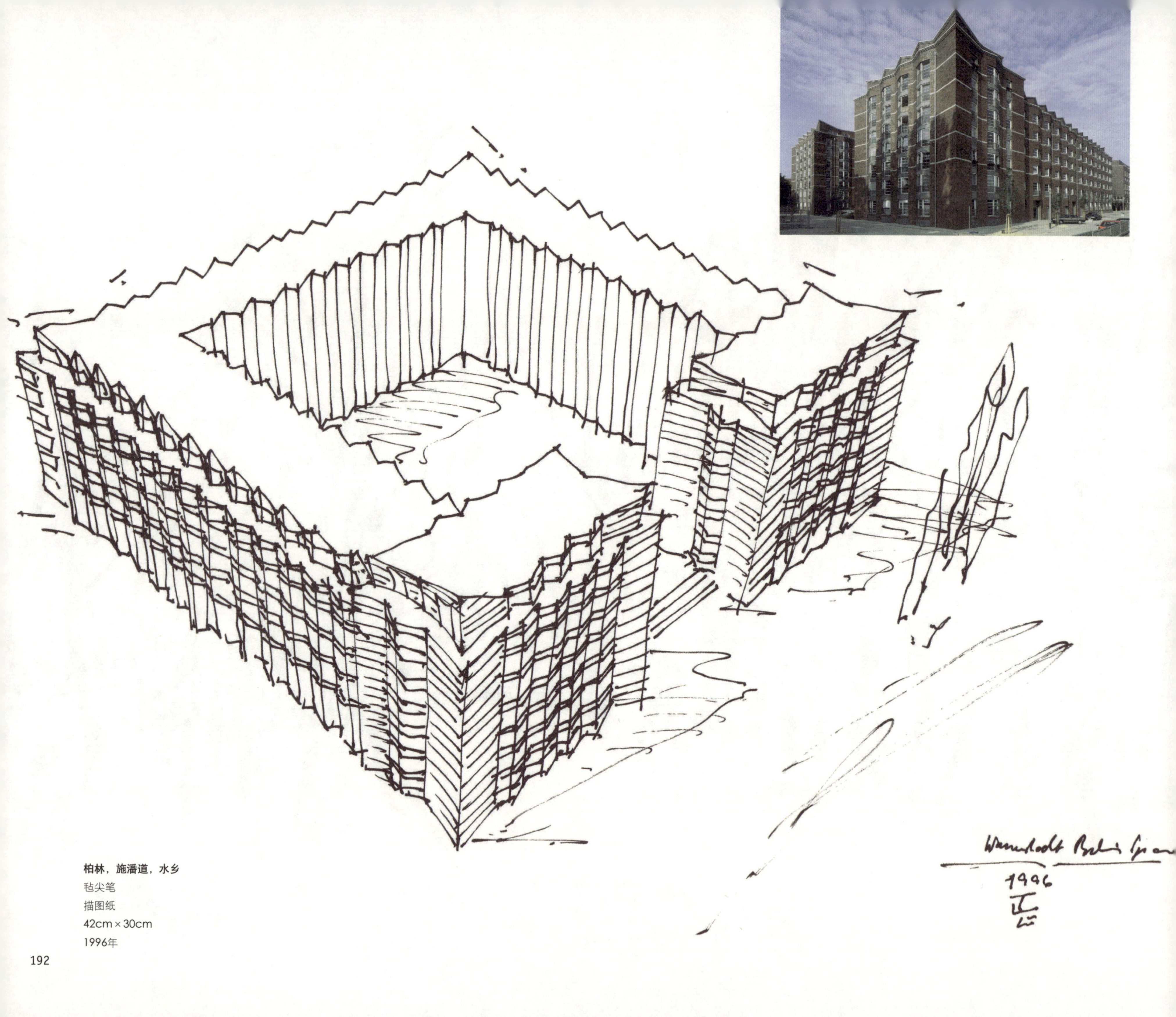

柏林，施潘道，水乡

毡尖笔

描图纸

42cm × 30cm

1996年

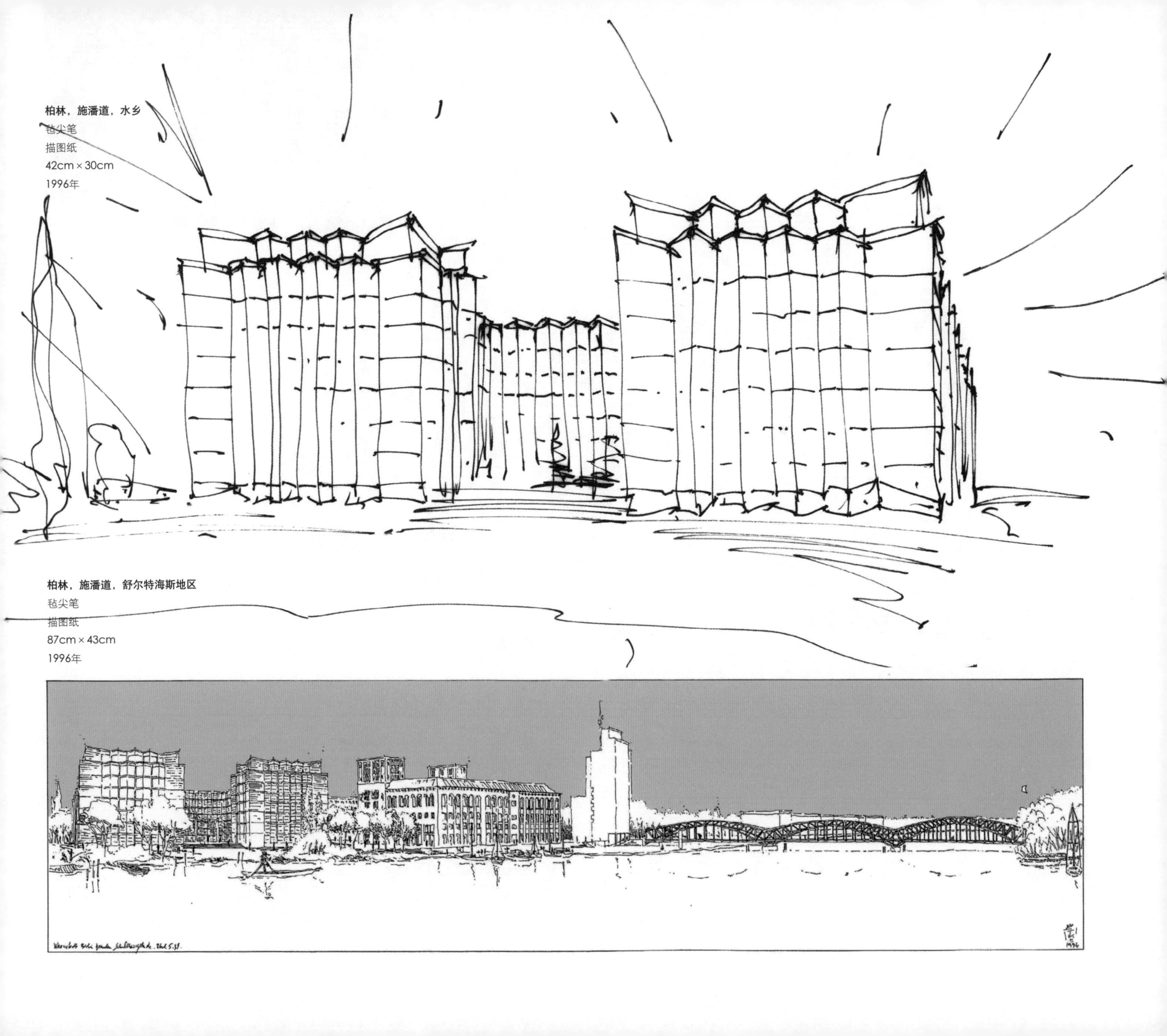

柏林，施潘道，水乡
毡尖笔
描图纸
42cm × 30cm
1996年

柏林，施潘道，舒尔特海斯地区
毡尖笔
描图纸
87cm × 43cm
1996年

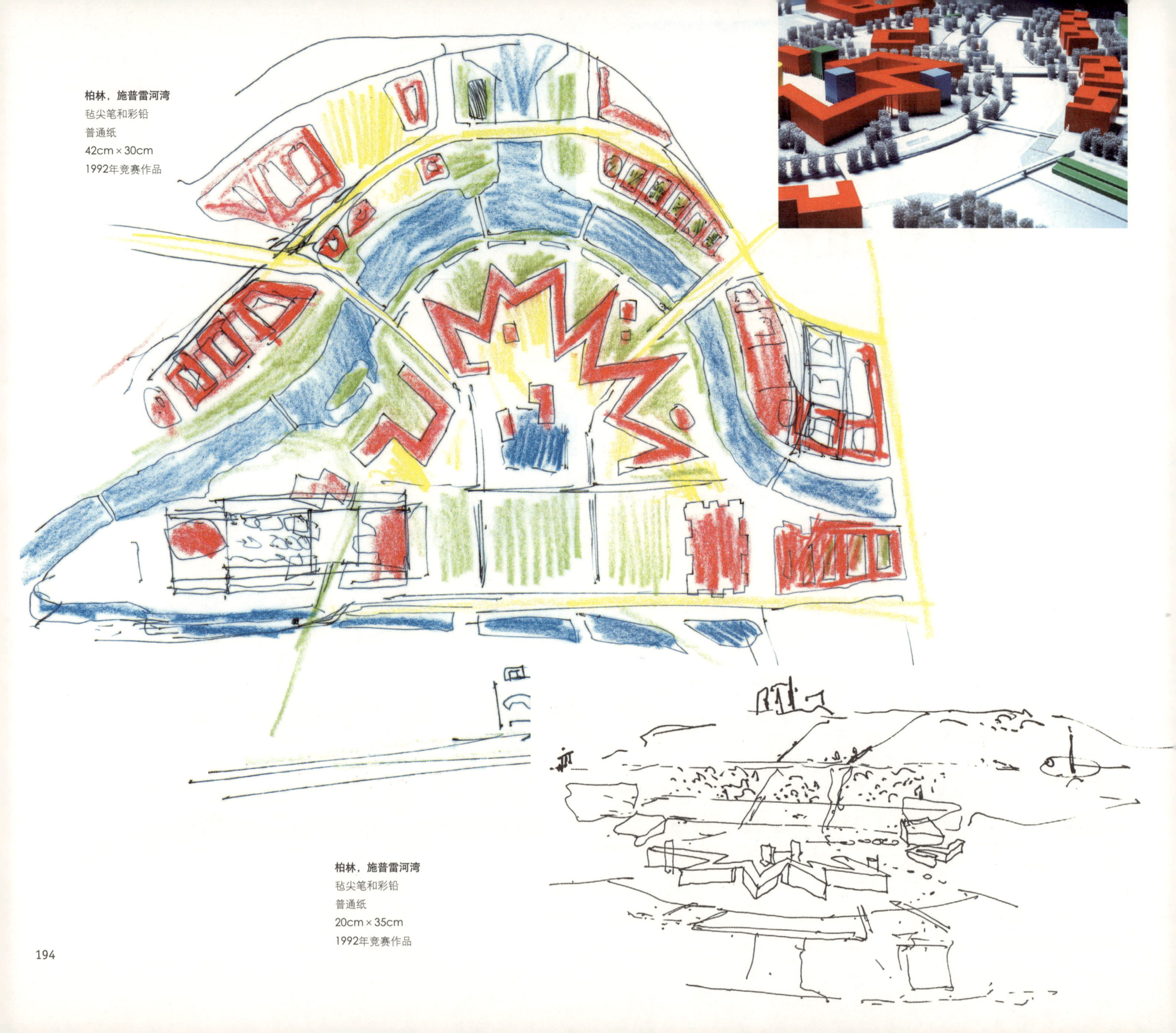

柏林，施普雷河湾
毡尖笔和彩铅
普通纸
42cm × 30cm
1992年竞赛作品

柏林，施普雷河湾
毡尖笔和彩铅
普通纸
20cm × 35cm
1992年竞赛作品

东京，日本，宝马汽车公司展览馆
彩铅
描图纸
30cm×21cm
2001年

东京，日本，宝马汽车公司展览馆
彩铅
描图纸
30cm×21cm
2001年

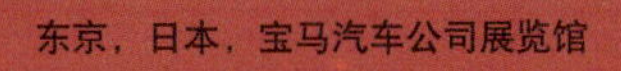

东京，日本，宝马汽车公司展览馆
彩铅
描图纸
30cm×21cm
2001年

柏林，联邦总理府
毡尖笔
透明草图纸
42cm × 30cm
1994年竞赛第一名作品

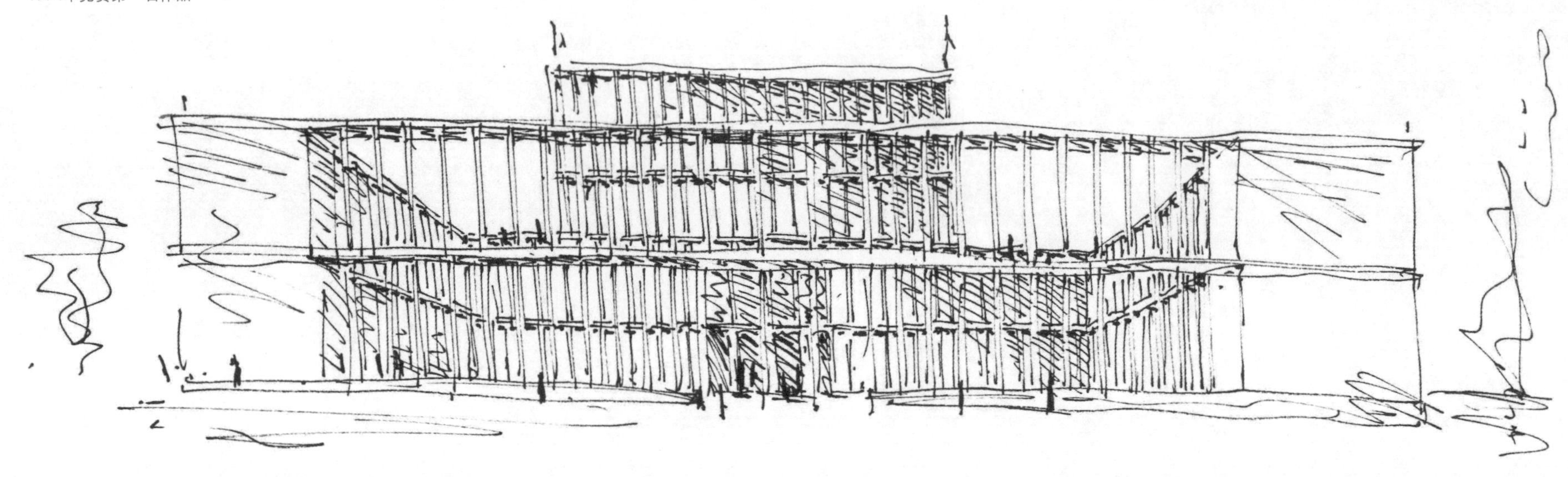

柏林，联邦总理府
毡尖笔
透明草图纸
42cm × 30cm
1994年竞赛第一名作品

柏林，拉梅尔汉堡湾，Stralauer半岛别墅结构

水彩

普通纸

63cm × 49cm

1992年

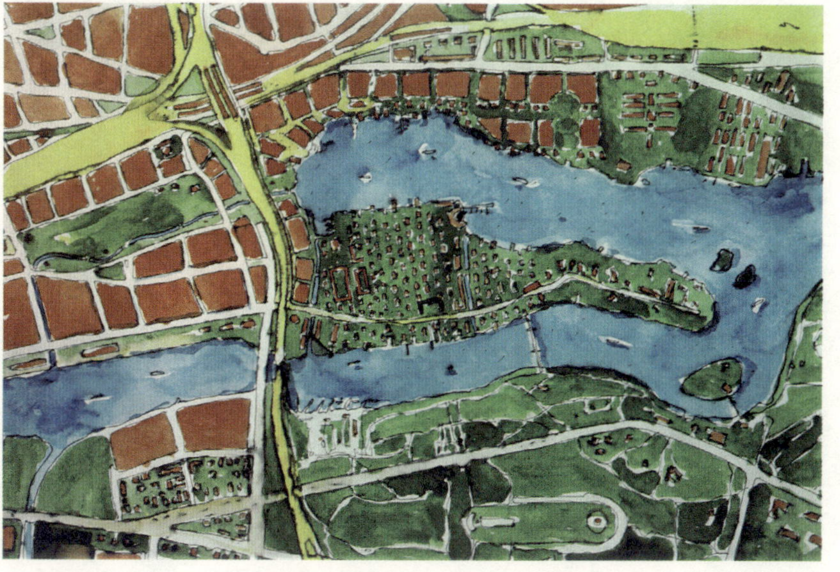

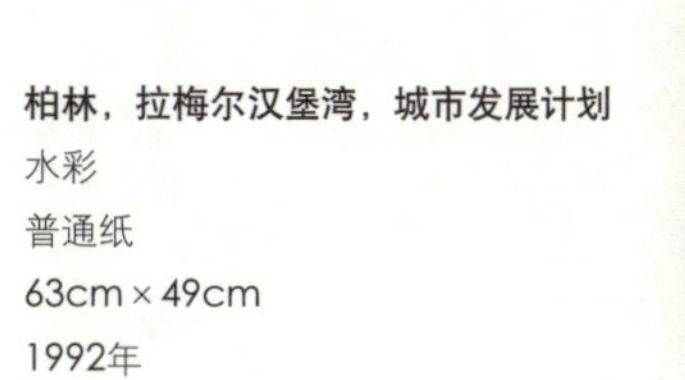

柏林，拉梅尔汉堡湾，城市发展计划

水彩

普通纸

63cm × 49cm

1992年

阿诺·莱德雷尔

阿诺·莱德雷尔（1947年生于斯图加特）在斯图加特大学和维也纳技术大学学习建筑学，并于1976年获得学位。此后，他在许多建筑师事务所工作过，如苏黎世的恩斯特·吉塞。从1979年开始，他作为一个独立建筑师在斯图加特和卡尔斯鲁厄工作。1985年，他加入约恩·雷那斯多蒂尔的工作室。1992年，马克·奥伊也加入该工作室。并且，从1985年开始莱德雷尔在斯图加特大学和卡尔斯鲁厄大学担任教授。2005年他成为公共建筑和设计系主任，2003年他进入了斯图加特大学工程学院的学术委员会。

柏林根，博登湖，塞勒姆国际学院，校园全视图

水彩

普通纸

29.5cm × 21.5cm

1997年

达姆施塔特，黑森州剧院，新入口

水彩

普通纸

7cm × 14.5cm

2003年

阿舍斯莱本，贝斯特霍恩公园，教育中心
水彩
普通纸
7cm × 15cm
2006年

法兰克福，罗马广场，历史博物馆
毡尖笔
普通纸
21cm × 29.7cm
2007年

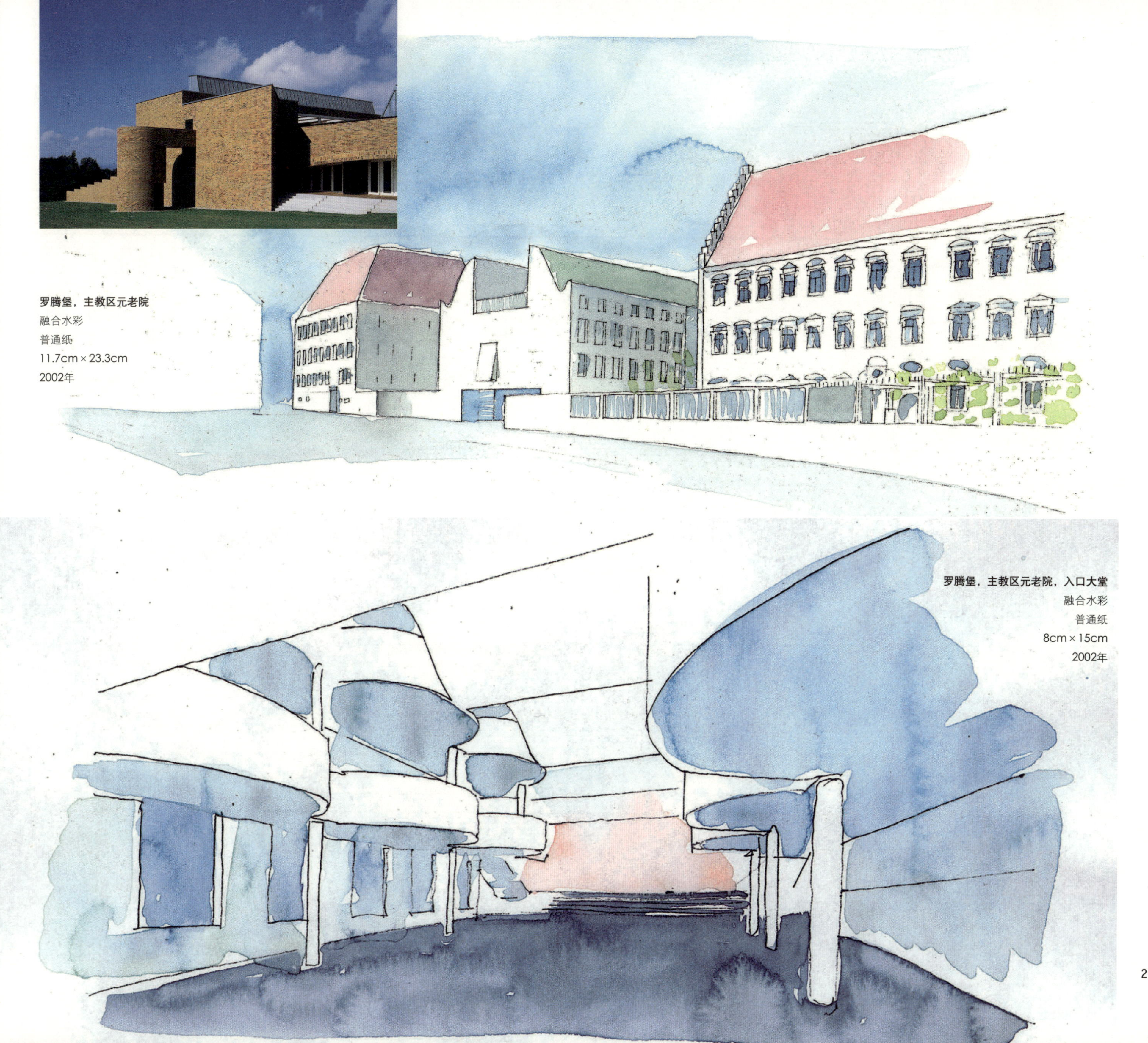

罗腾堡，主教区元老院
融合水彩
普通纸
11.7cm×23.3cm
2002年

罗腾堡，主教区元老院，入口大堂
融合水彩
普通纸
8cm×15cm
2002年

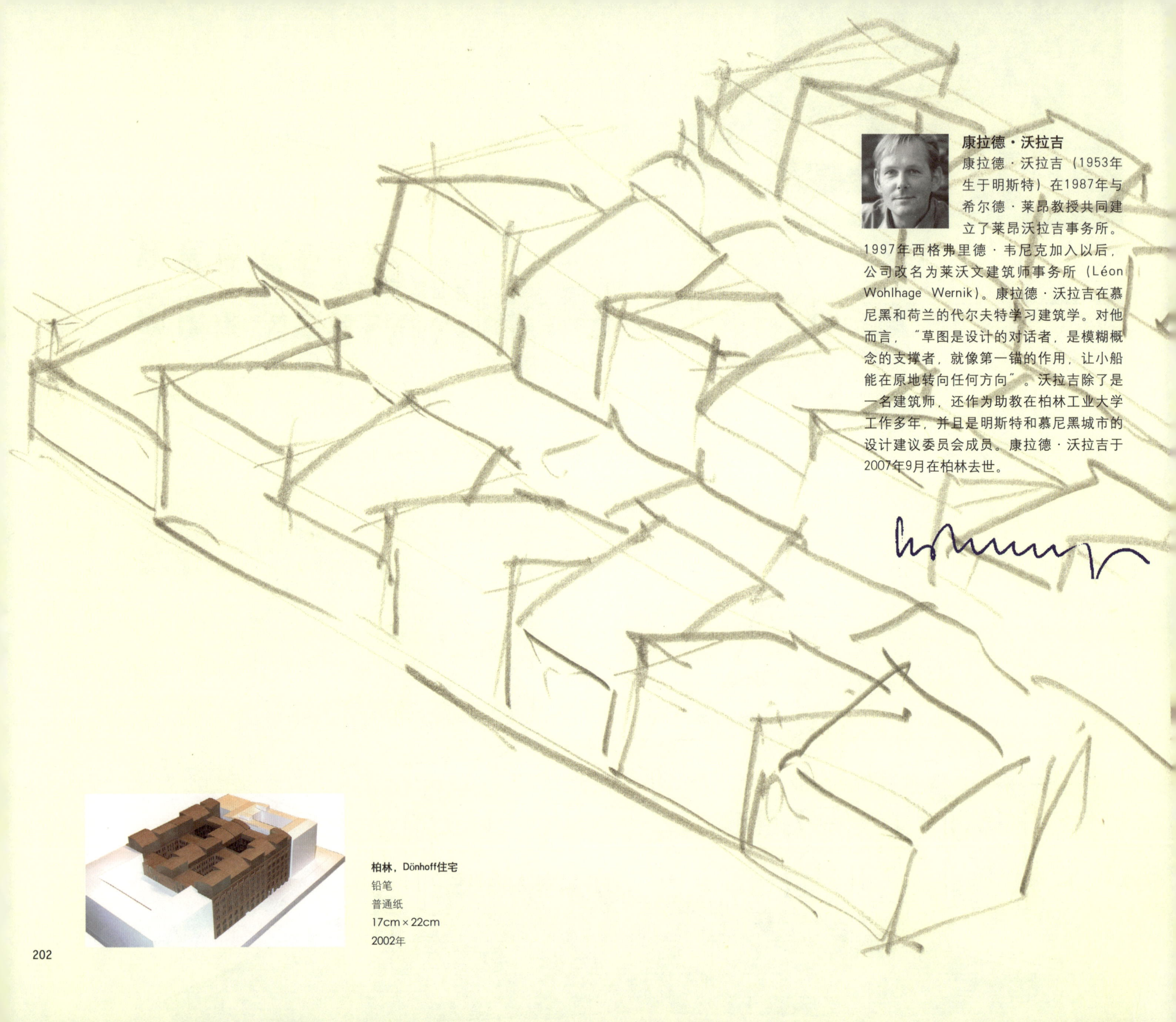

康拉德·沃拉吉

康拉德·沃拉吉（1953年生于明斯特）在1987年与希尔德·莱昂教授共同建立了莱昂沃拉吉事务所。1997年西格弗里德·韦尼克加入以后，公司改名为莱沃文建筑师事务所（Léon Wohlhage Wernik）。康拉德·沃拉吉在慕尼黑和荷兰的代尔夫特学习建筑学。对他而言，“草图是设计的对话者，是模糊概念的支撑者，就像第一锚的作用，让小船能在原地转向任何方向”。沃拉吉除了是一名建筑师，还作为助教在柏林工业大学工作多年，并且是明斯特和慕尼黑城市的设计建议委员会成员。康拉德·沃拉吉于2007年9月在柏林去世。

柏林，Dönhoff住宅

铅笔

普通纸

17cm × 22cm

2002年

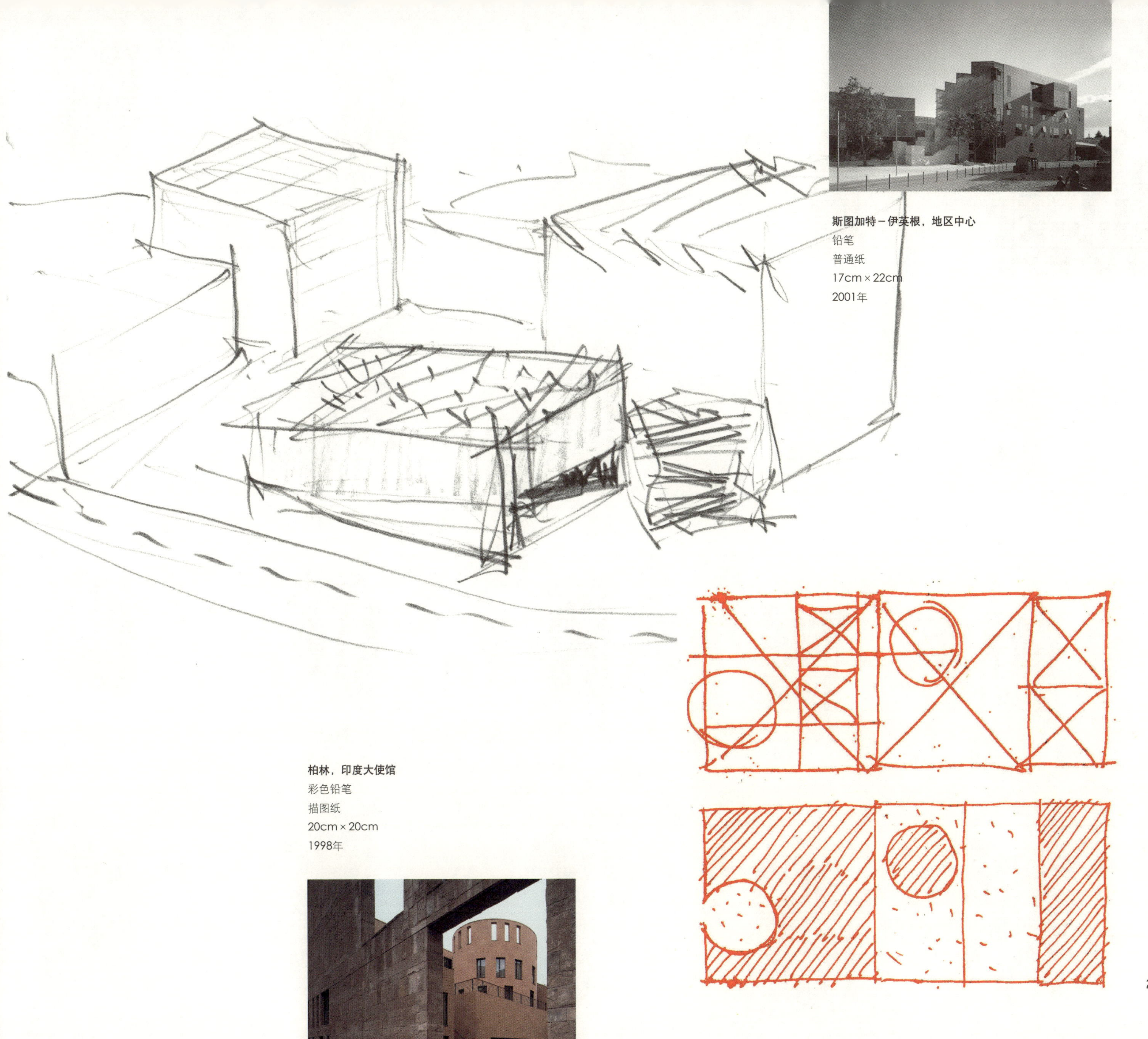

斯图加特－伊莱根，地区中心
铅笔
普通纸
17cm × 22cm
2001年

柏林，印度大使馆
彩色铅笔
描图纸
20cm × 20cm
1998年

柏林，居住和商业建筑

铅笔

普通纸

25cm × 35cm

2002年

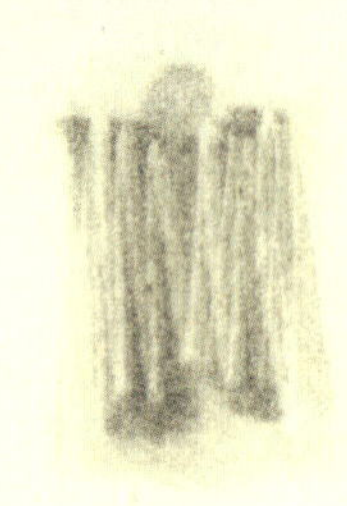

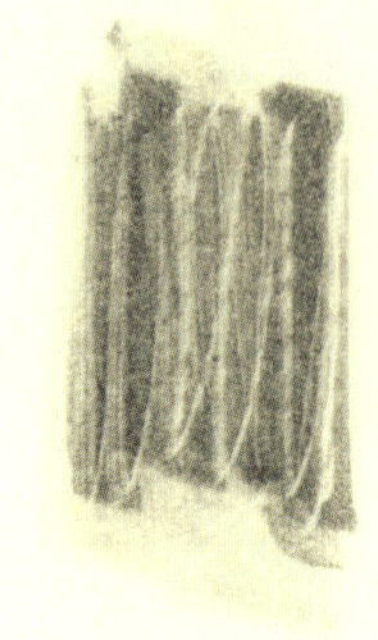
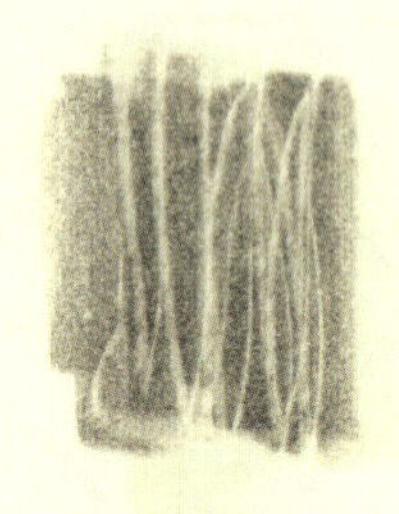
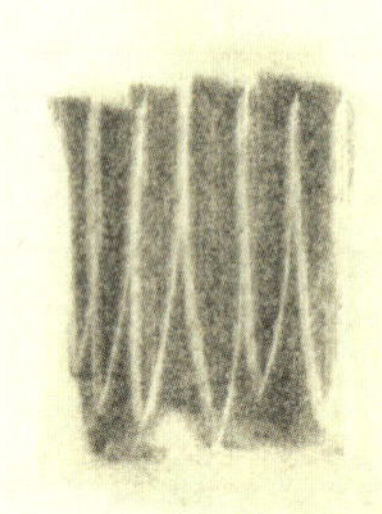
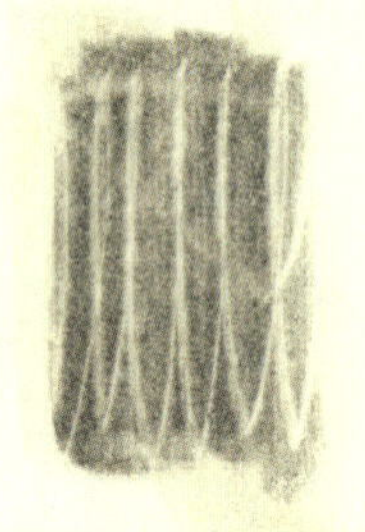
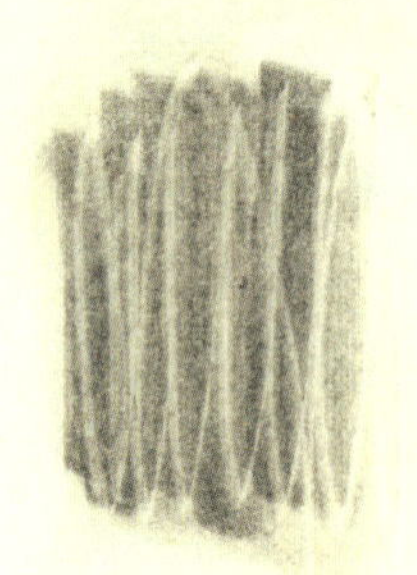
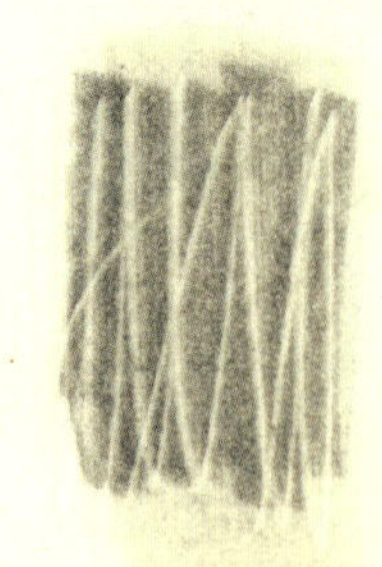

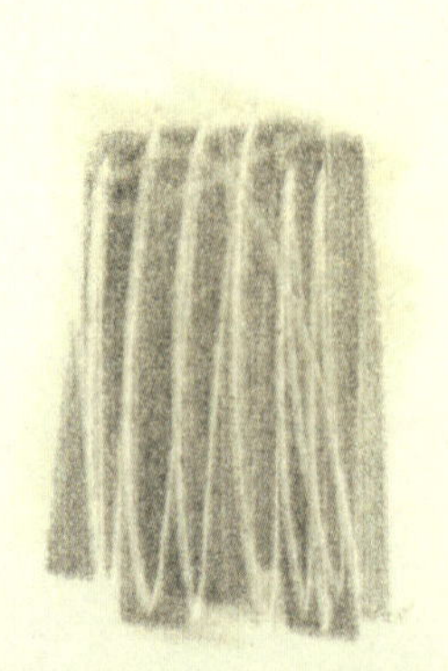
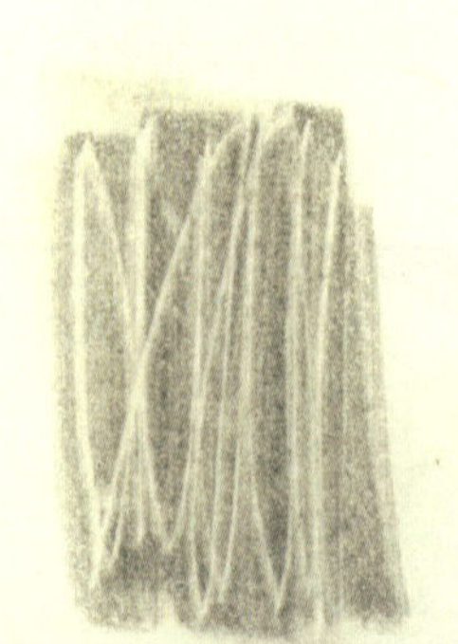
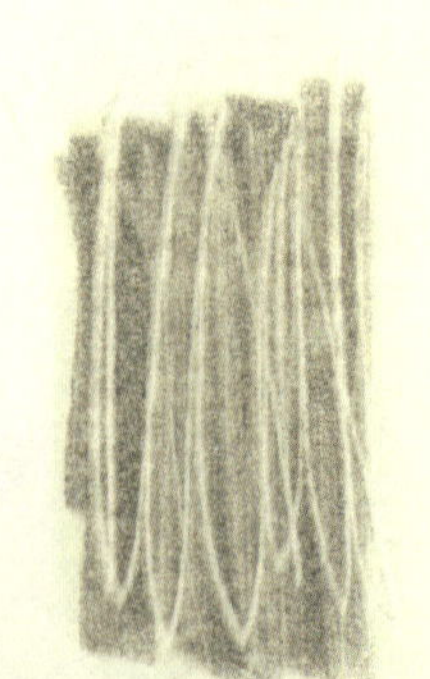
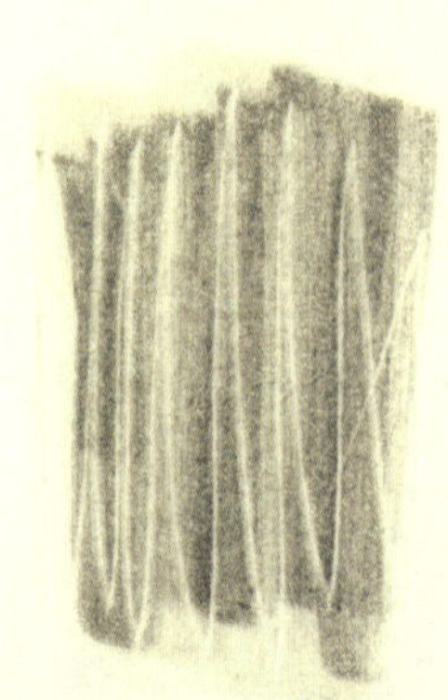

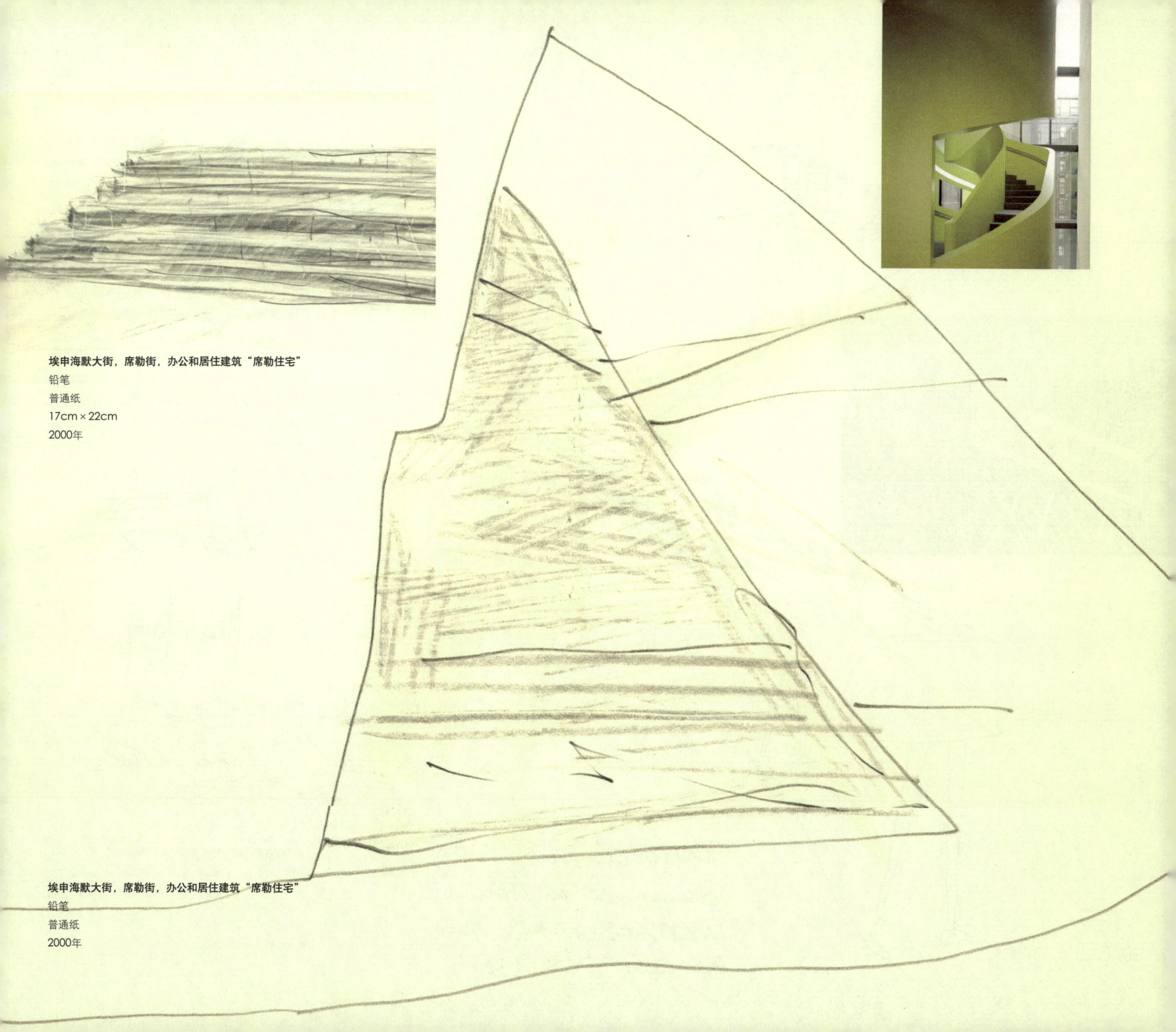

埃申海默大街，席勒街，办公和居住建筑“席勒住宅”

铅笔

普通纸

17cm × 22cm

2000年

埃申海默大街，席勒街，办公和居住建筑“席勒住宅”

铅笔

普通纸

2000年

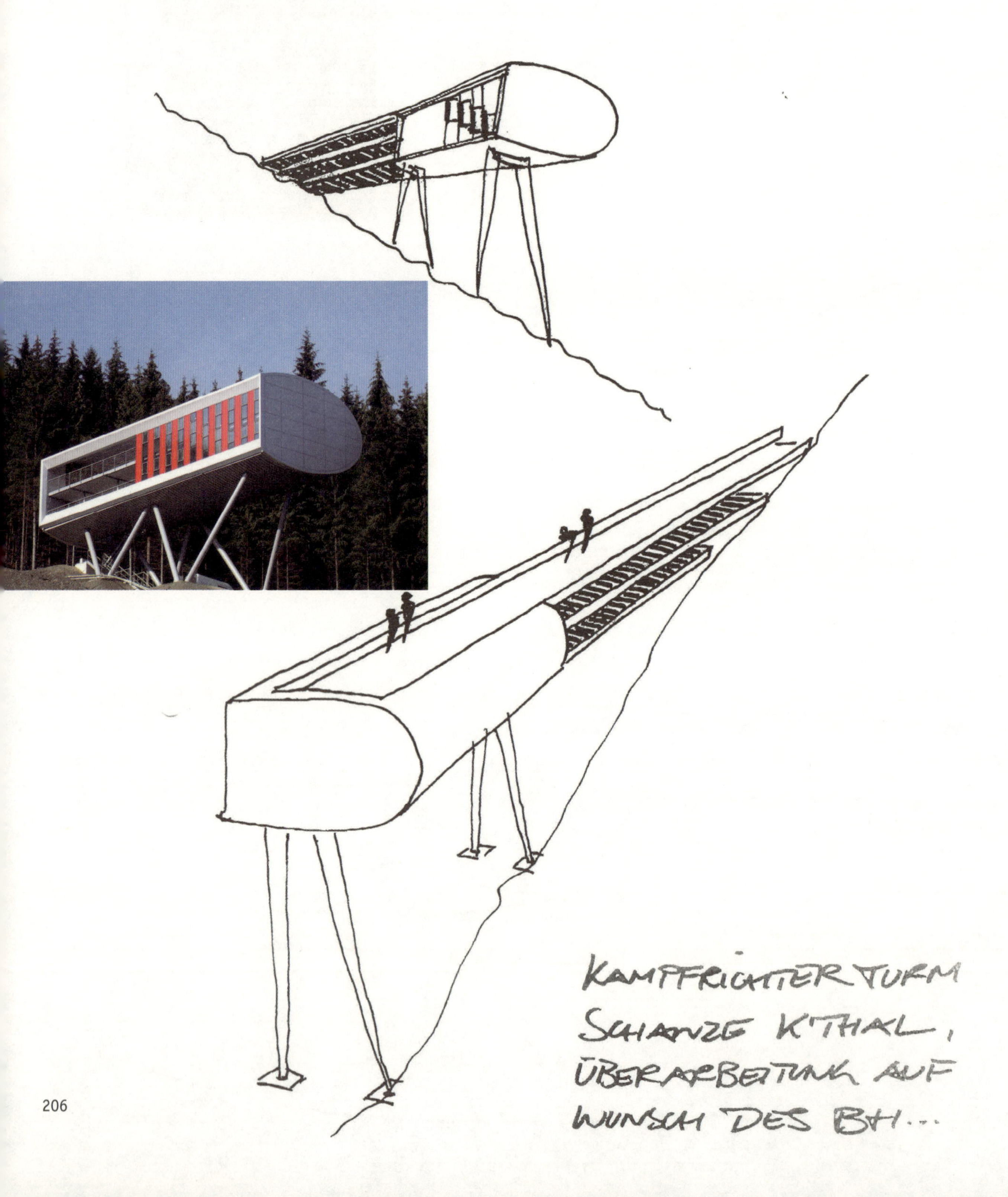

m2r建筑师事务所

m2r建筑师事务所是一个在伦敦、柏林和基辅都设有办公室的国际化设计工作室。这个名字代表了梅，罗斯托克+罗斯托克。这三位建立工作室的合伙人都在德累斯顿工业大学学习建筑学，其中有两年在美国和英国学习。他们自1996年获得学位后，都在有名的事务所实习过。莫里茨·梅在伦敦的尼古拉斯格里姆肖与合作伙伴事务所实习；阿克塞尔·罗斯托克在伦敦的福斯特及合作伙伴事务所；约尔格·罗斯托克则在杜塞尔多夫的培勤卡平科事务所。有了这些经历，m2r建筑师事务所于2001年建立并多次获得了国际设计奖。

克林根塔尔，福格特兰竞技场，裁判员塔

钢笔

普通纸

29.7cm×21cm

2003年

草图：约尔格·罗斯托克

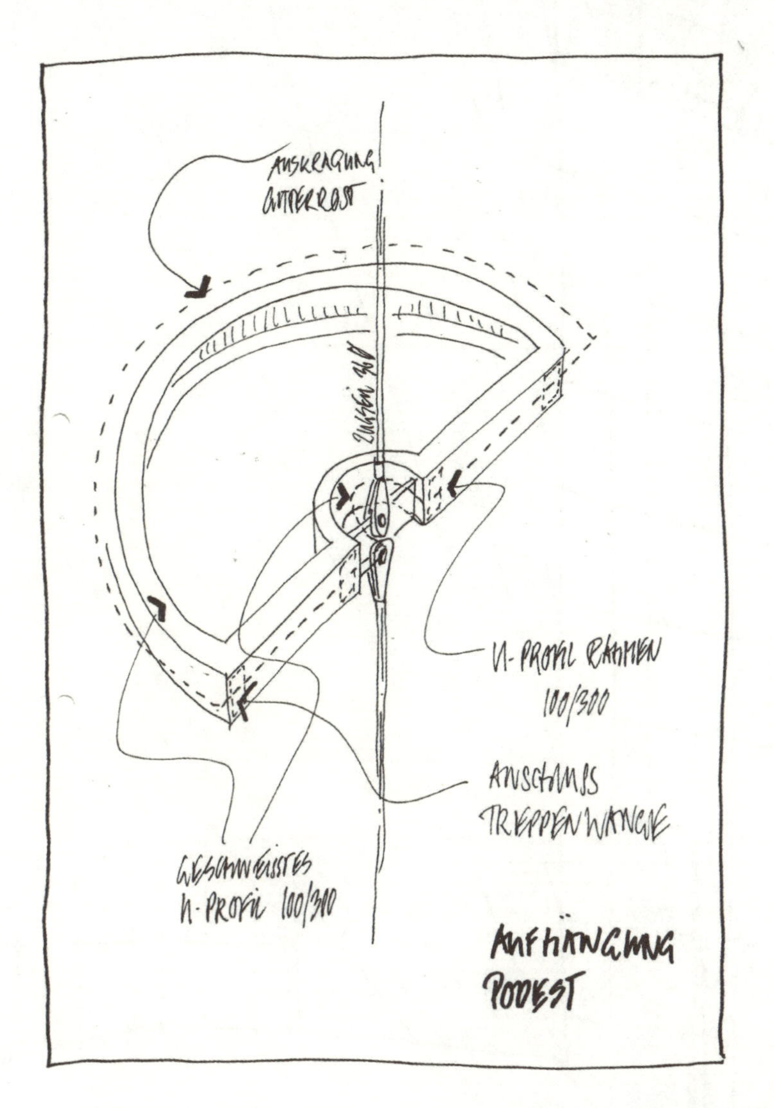

克林根塔尔，福格特兰竞技场，楼梯细部

钢笔

普通纸

29.7cm × 21cm

2004年

草图：莫里茨 · 梅

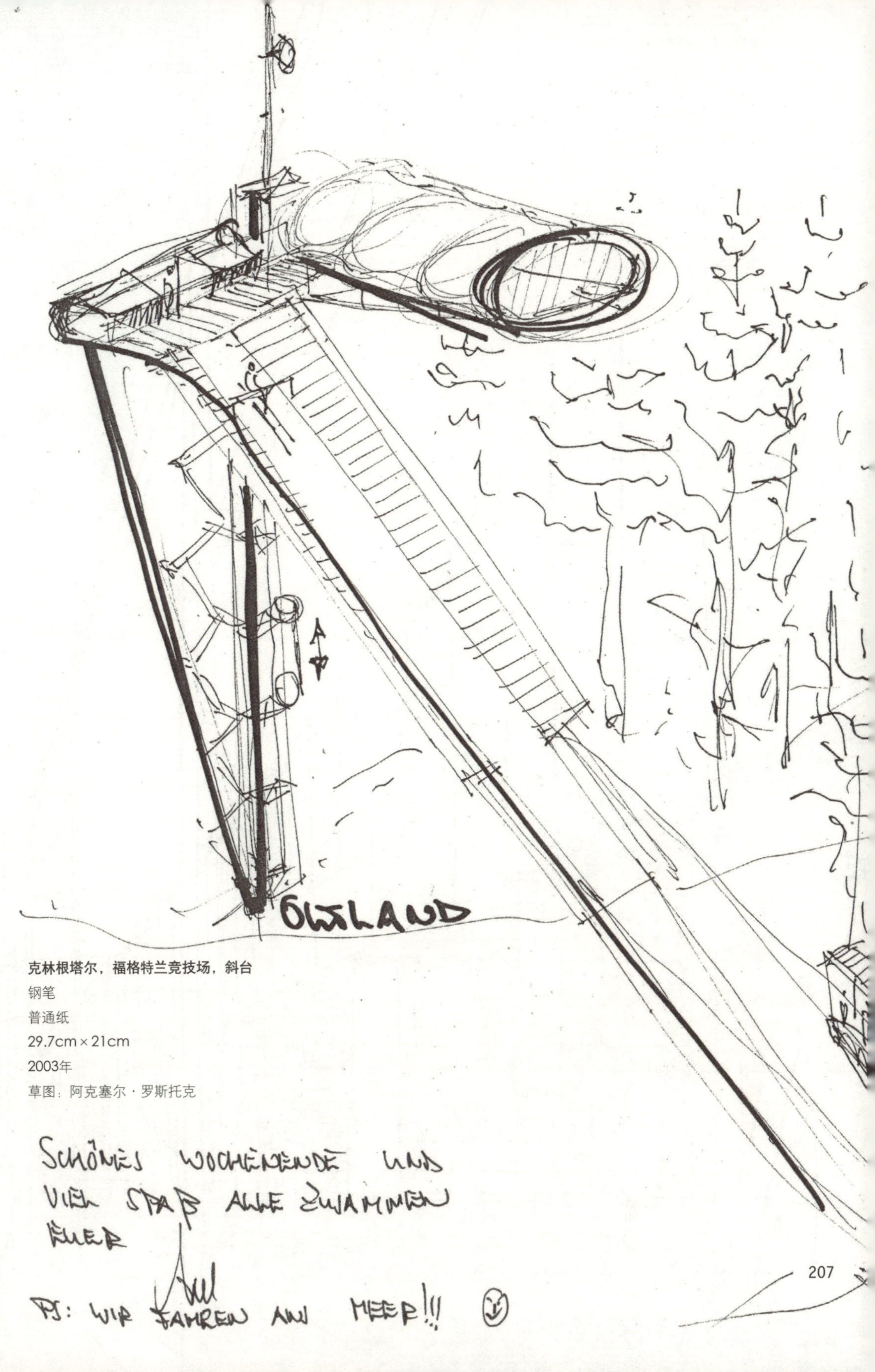

克林根塔尔，福格特兰竞技场，斜台

钢笔

普通纸

29.7cm × 21cm

2003年

草图：阿克塞尔 · 罗斯托克

基辅，Zhylianska，总体规划

钢笔

普通纸

Photoshop着色

42.0cm × 29.7cm

2008 年

草图：艾伦·马尔滕

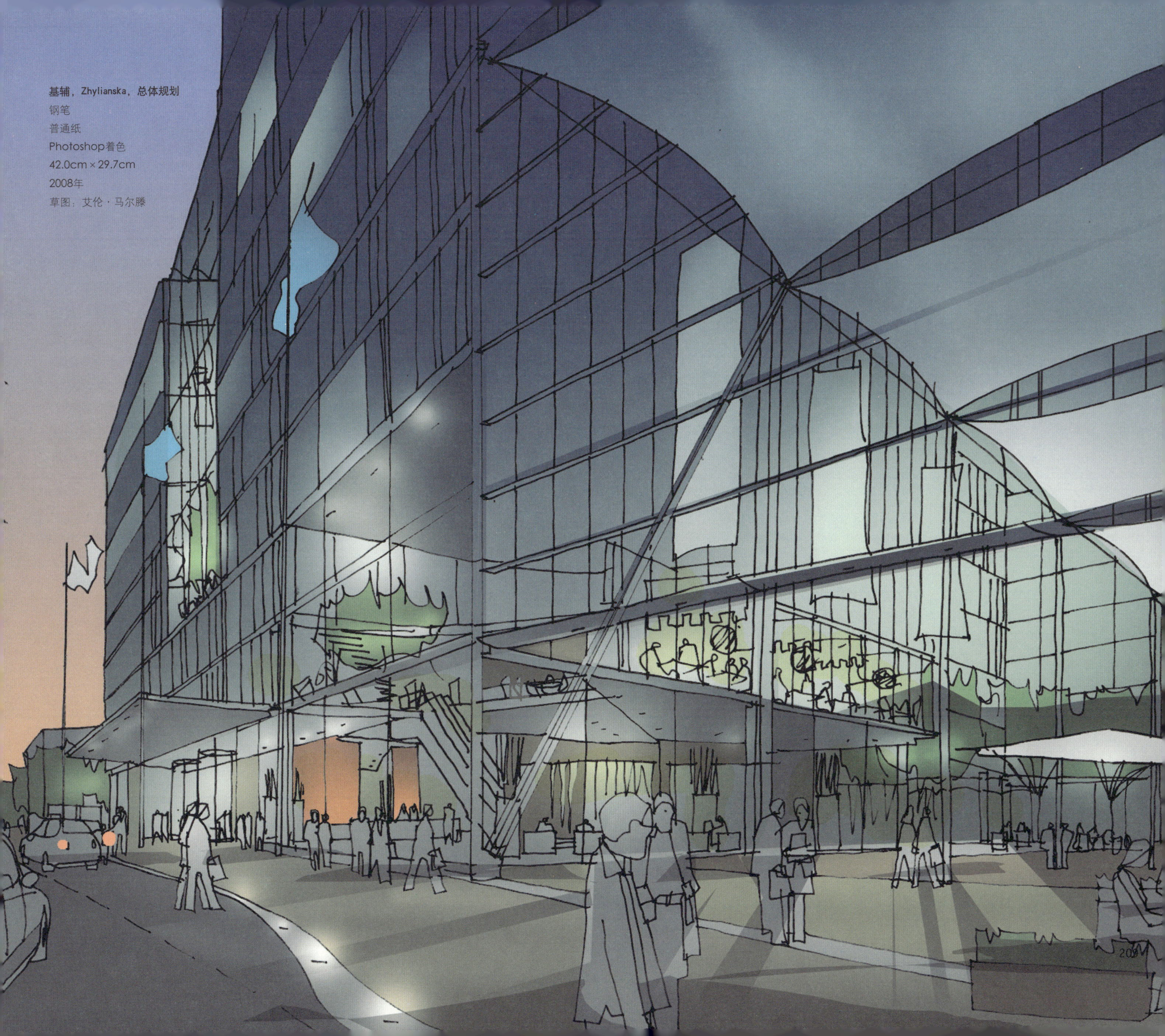

基辅，Zhylianska，总体规划
钢笔
普通纸
Photoshop着色
42.0cm×29.7cm
2008年
草图：艾伦·马尔滕

克里斯托夫·麦克勒教授

在1998年被多特蒙德大学聘请为客座教授以前，克里斯托夫·麦克勒教授（1951年生于法兰克福）在数所大学任访问教授。在亚琛的莱茵－威斯特伐利亚工业大学完成建筑学学习以后，他建立了“克里斯托夫·麦克勒教授－建筑和城市规划”事务所。他是法兰克福市的城市规划委员会成员并任该市的德国建筑师协会主席多年。另外，麦克勒的作品在1991年第五届威尼斯建筑双年展上展出，“法兰克福改造和奥古斯丁博物馆的更新项目”展览在法兰克福市的德国建筑博物馆弗里堡展出。

法兰克福，办公楼

铅笔

素描纸

15cm×21cm

2000年

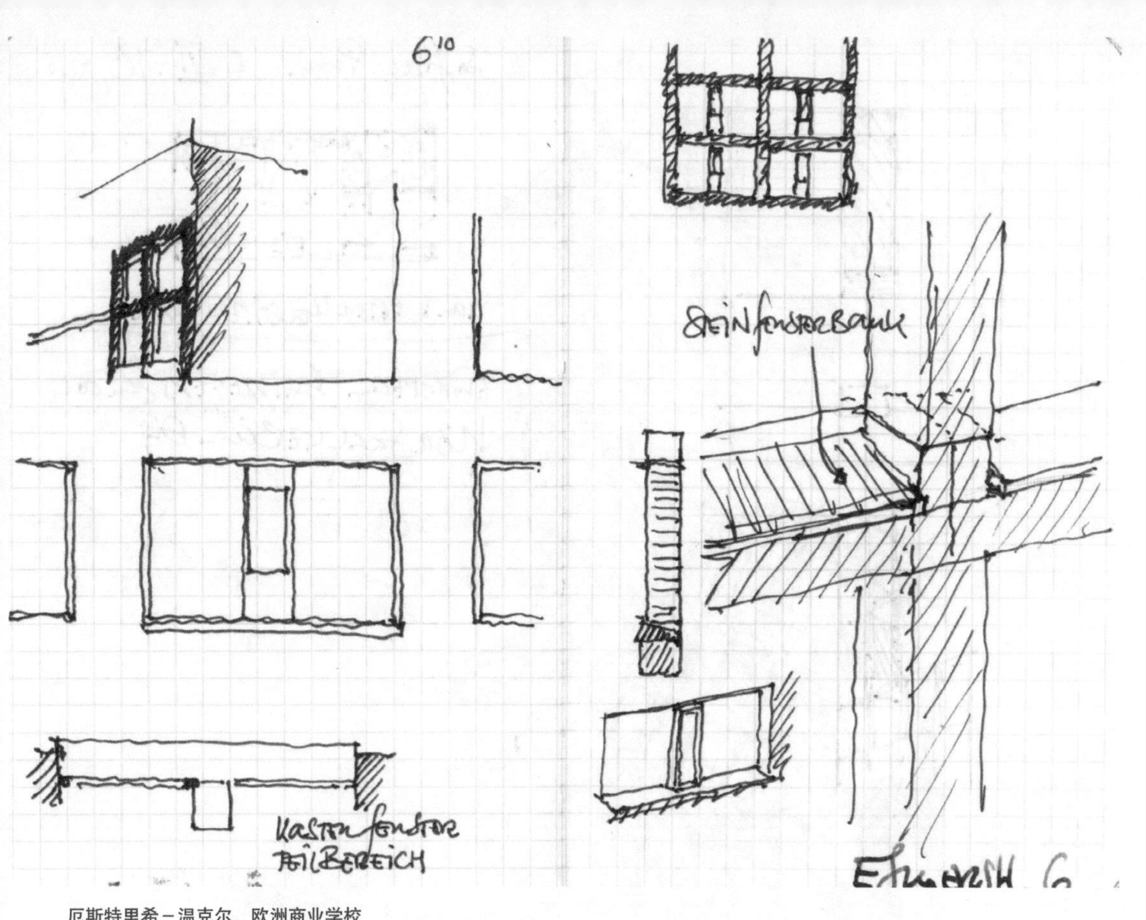

法兰克福，办公楼
墨水
普通纸
17cm × 13cm
2000年

弗里堡，奥古斯丁博物馆改造和更新
墨水
普通纸
15cm × 21cm
2002年

厄斯特里希－温克尔，欧洲商业学校
墨水
普通纸
17cm × 13cm
1998年

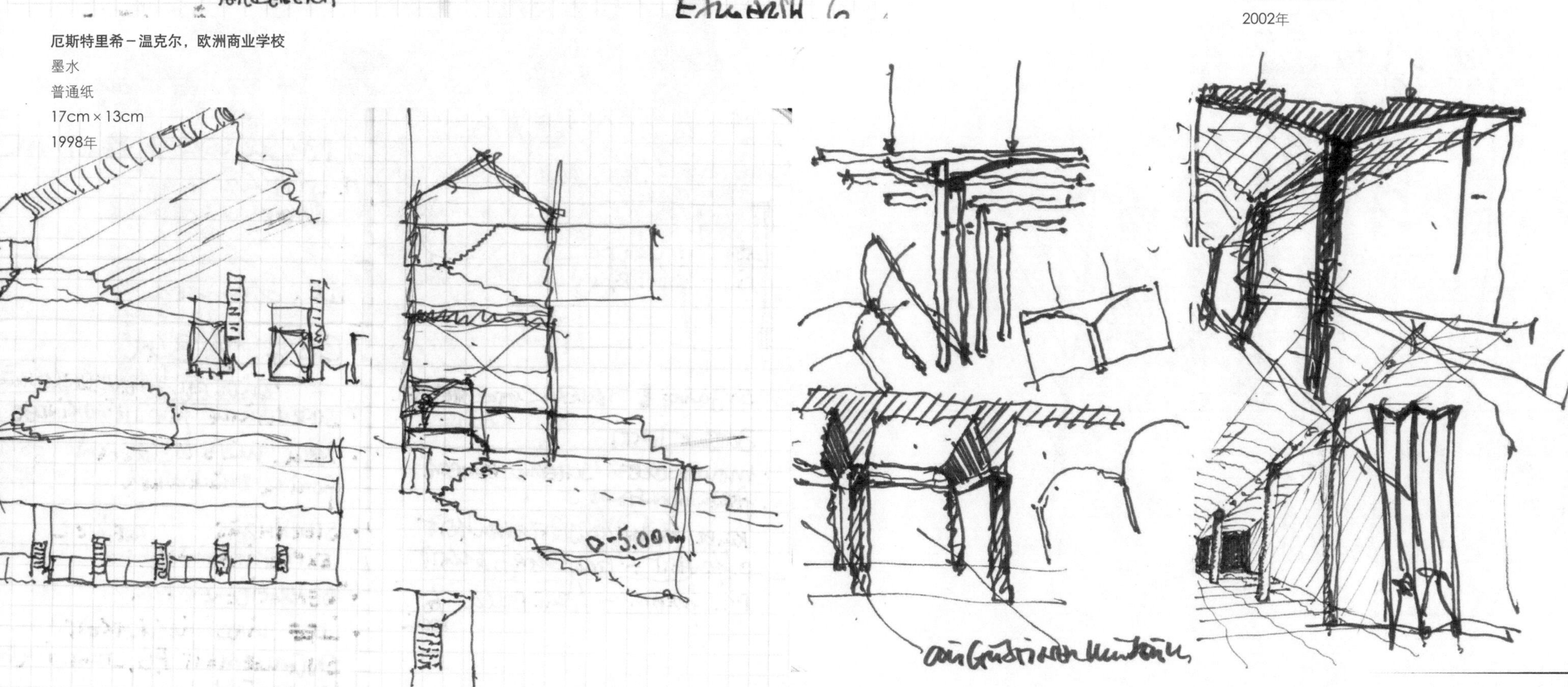

柏林，Zoofenster，商业和酒店塔楼

墨水

普通纸

17cm × 13cm

1999年

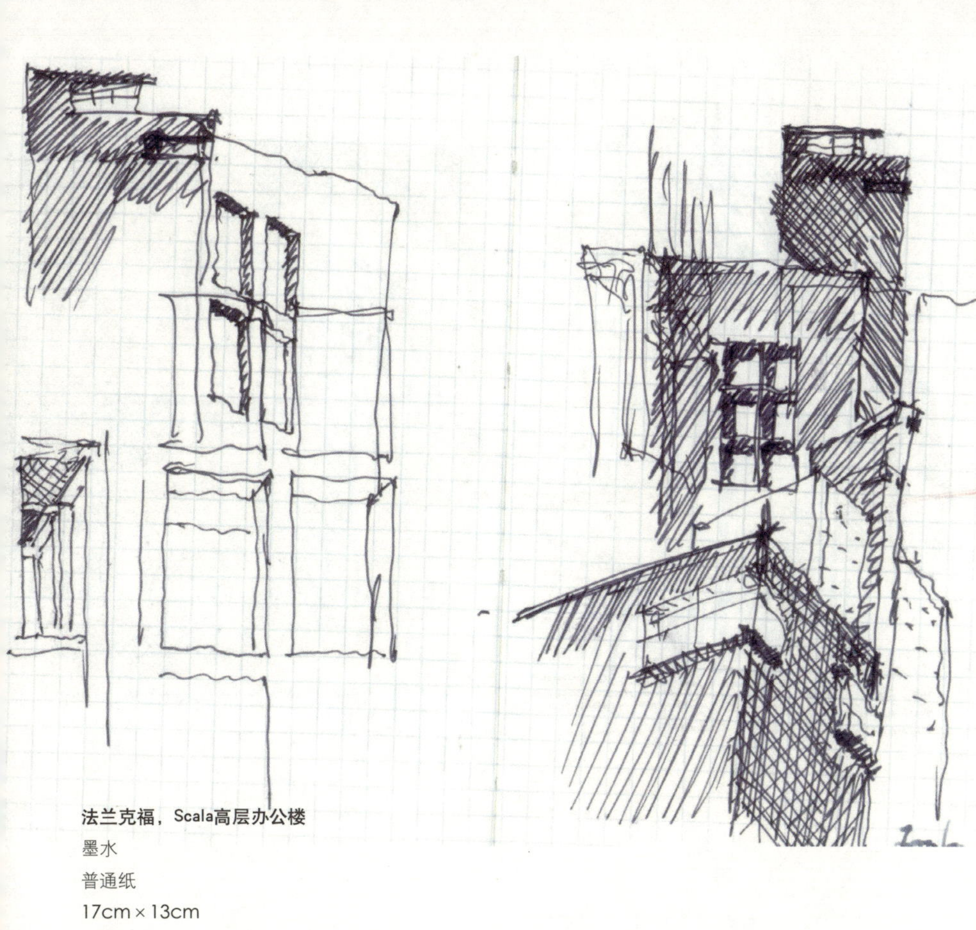

柏林，Zoofenster，商业和酒店塔楼

墨水

普通纸

17cm × 13cm

1999年

法兰克福，Scala高层办公楼

墨水

普通纸

17cm × 13cm

1996年

慕尼黑航空中心，兰博基尼陈列室

墨水

普通纸

17cm × 13cm

1999年

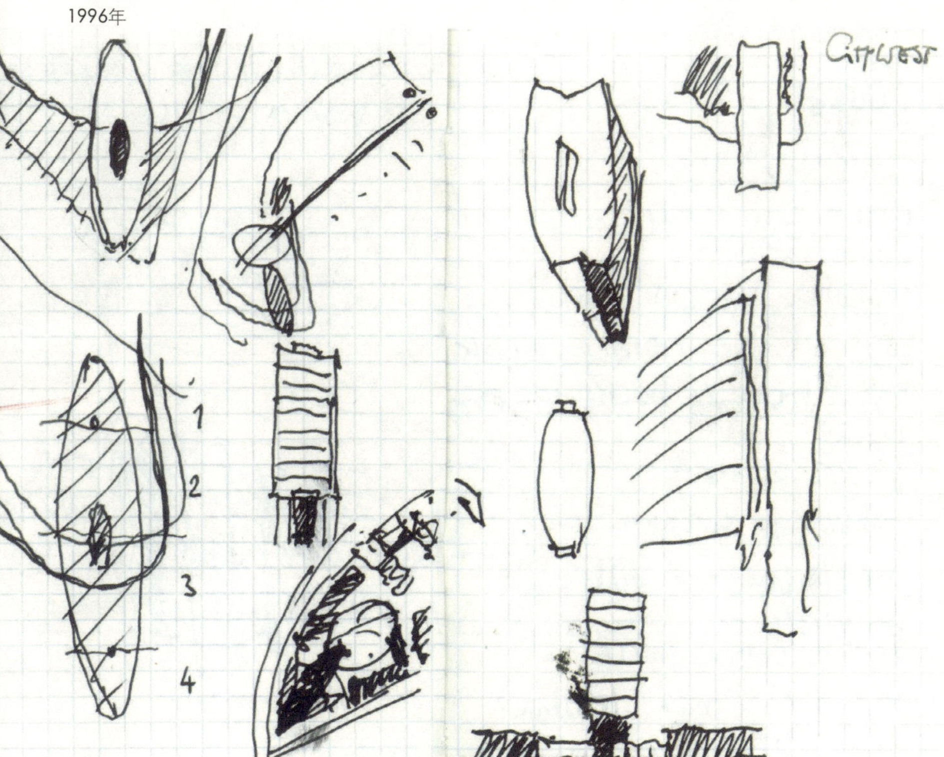

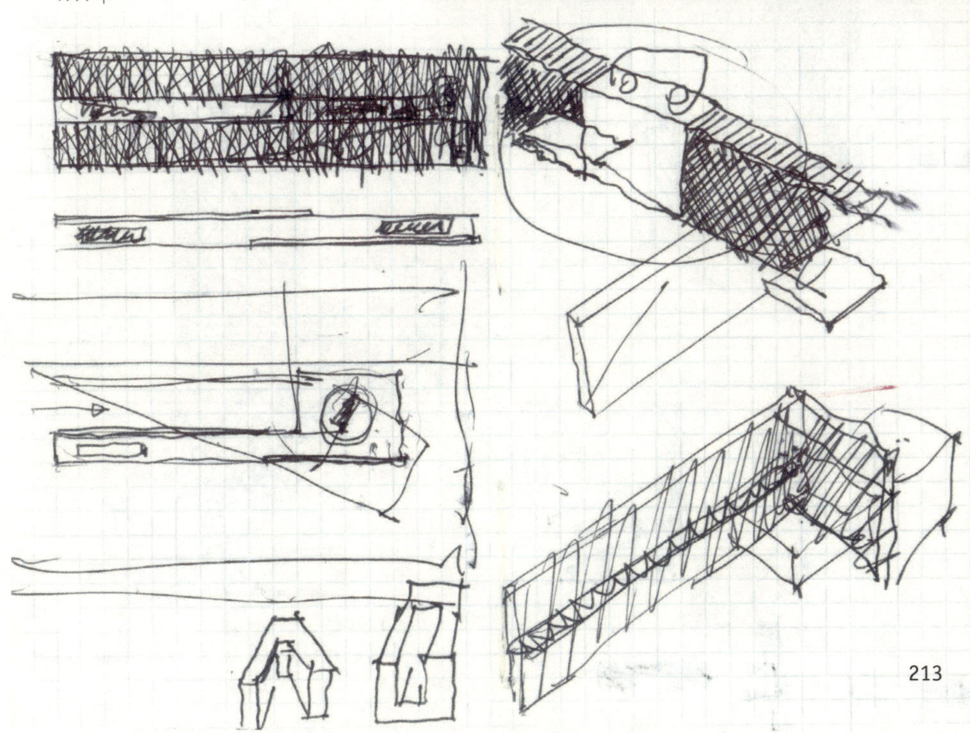

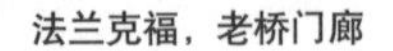

法兰克福，老桥门廊
墨水
普通纸
15cm × 21cm
2003/2004年

法兰克福，老桥门廊
墨水
普通纸
15cm × 21cm
2003/2004年

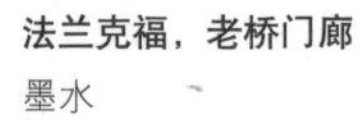

法兰克福，老桥门廊
墨水
普通纸
15cm × 21cm
2003/2004年

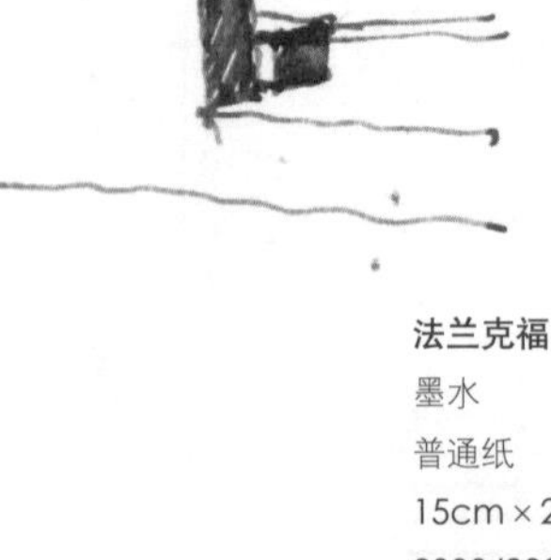

法兰克福，老桥门廊
墨水
普通纸
15cm × 21cm
2003/2004年

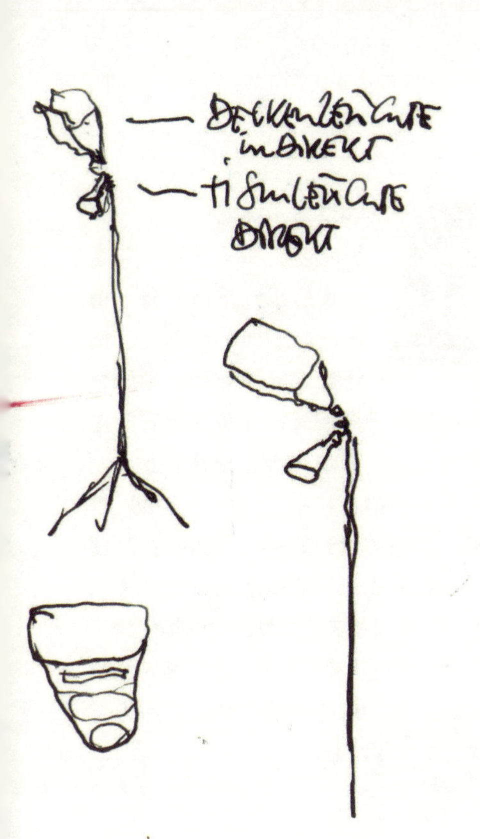

Titoff标准灯具，设计系列
墨水
普通纸
17cm × 13cm
1997年

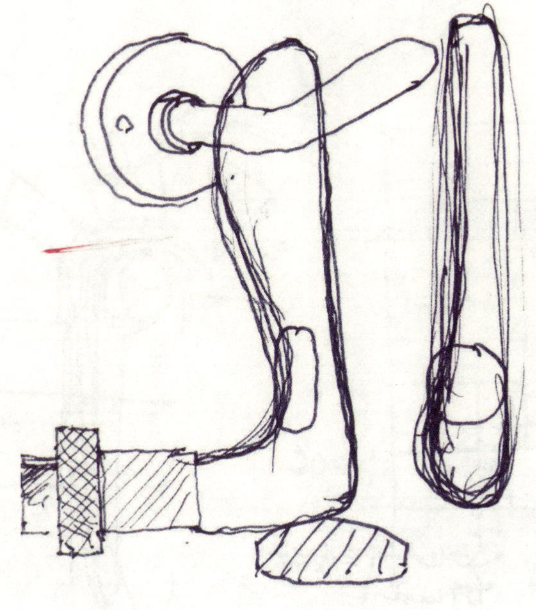

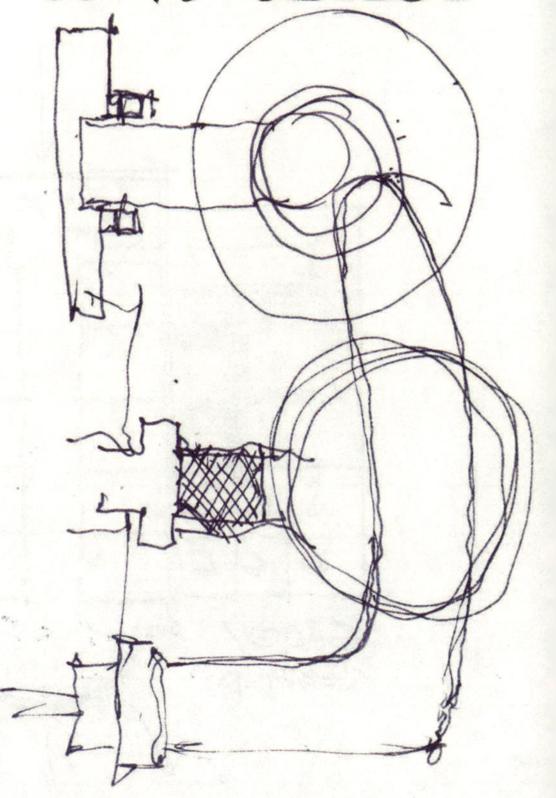

Titoff标准灯具，设计系列
墨水
普通纸
17cm × 13cm
1997年

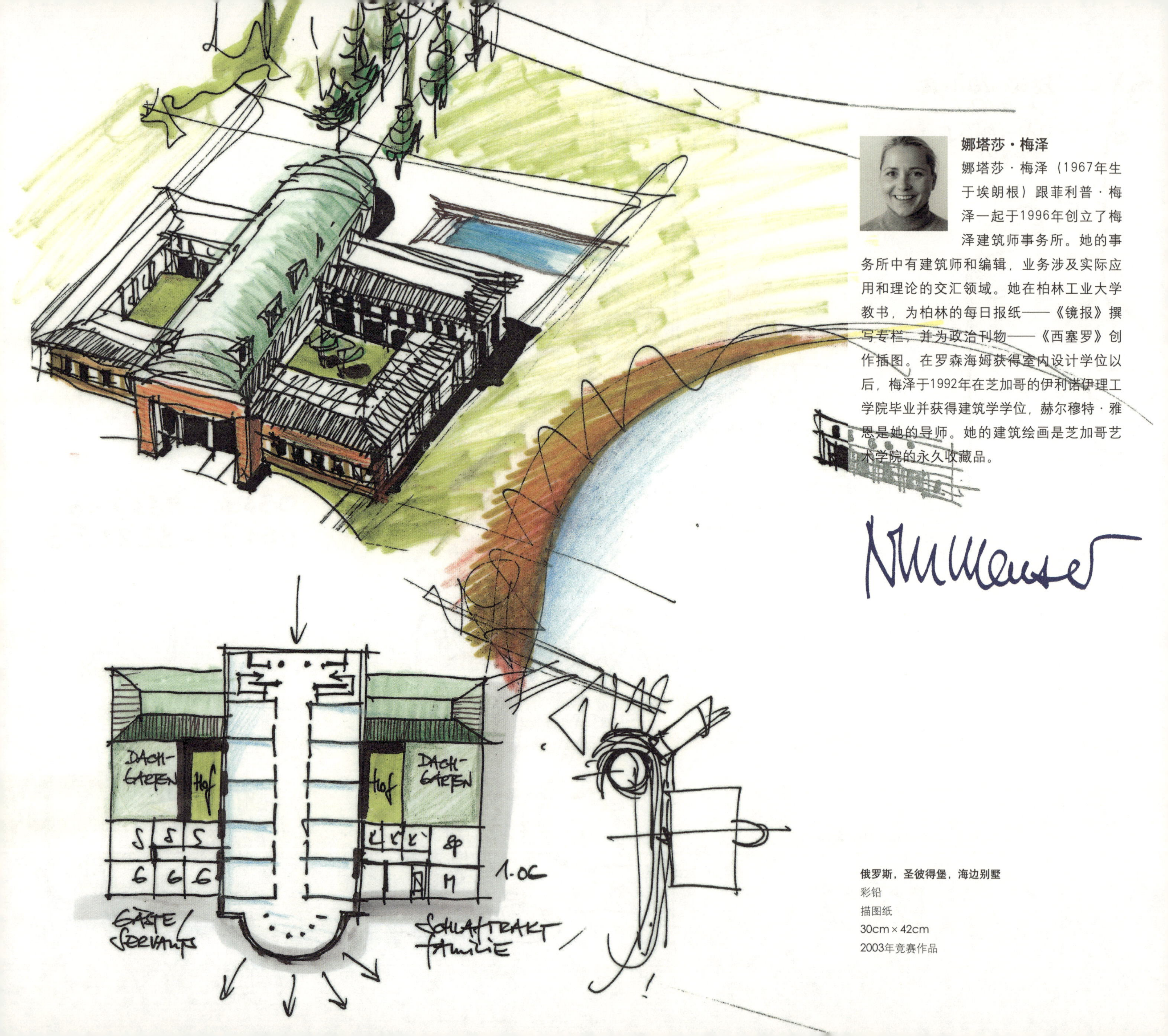

娜塔莎·梅泽

娜塔莎·梅泽（1967年生于埃朗根）跟菲利普·梅泽一起于1996年创立了梅泽建筑师事务所。她的事务所中有建筑师和编辑，业务涉及实际应用和理论的交汇领域。她在柏林工业大学教书，为柏林的每日报纸——《镜报》撰写专栏，并为政治刊物——《西塞罗》创作插图。在罗森海姆获得室内设计学位以后，梅泽于1992年在芝加哥的伊利诺伊理工学院毕业并获得建筑学学位，赫尔穆特·雅恩是她的导师。她的建筑绘画是芝加哥艺术学院的永久收藏品。

俄罗斯，圣彼得堡，海边别墅

彩铅

描图纸

30cm × 42cm

2003年竞赛作品

俄罗斯，圣彼得堡，别墅

彩铅

描图纸

20cm × 20cm

2003年竞赛作品

柏林，波茨坦广场

油画

木版

80cm × 120cm

1991年

柏林，波茨坦广场

粉彩

普通纸

30cm × 40cm

1991年

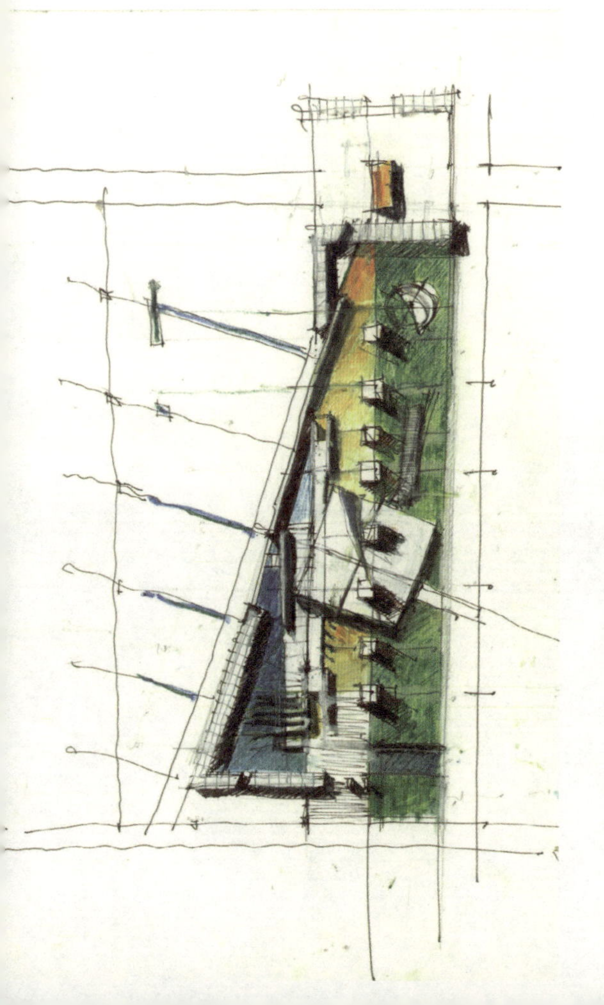

柏林，梅赛德斯－奔驰商业中心

彩铅

描图纸

60cm × 42cm

1995年

俄罗斯，圣彼得堡，别墅

彩铅

描图纸

20cm × 30cm

2004年

柏林，下椴树街，德国电视二台产品专卖店

彩铅

普通纸

40cm × 60cm

2000年

CDU

SAGRES

为芝加哥杂志画的插图“Machträume”

墨水

普通纸

数字着色

12cm × 12cm

2004年

赫尔诺特・纳尔巴赫

赫尔诺特・纳尔巴赫（1942年生于奥地利维也纳）于1975年和他的妻子约翰・纳尔巴赫一起在柏林创立了他们的建筑师事务所纳尔巴赫+纳尔巴赫。从1970年开始他成为建筑设计专业的全职教授，并在国内外数所大学担任客座教授。他在维恩工业大学获得建筑学位。1992年，纳尔巴赫被授予奥地利科学和艺术荣誉奖。他是柏林城市论坛的成员，也是奥地利林茨的城市设计委员会成员。

柏林，纳尔巴赫住宅改建

铅笔，彩铅和墨水

描图纸

58cm × 42cm

1984年

古巴，哈瓦那项目

铅笔，彩铅和影印

描图纸

42cm × 60cm

2002年

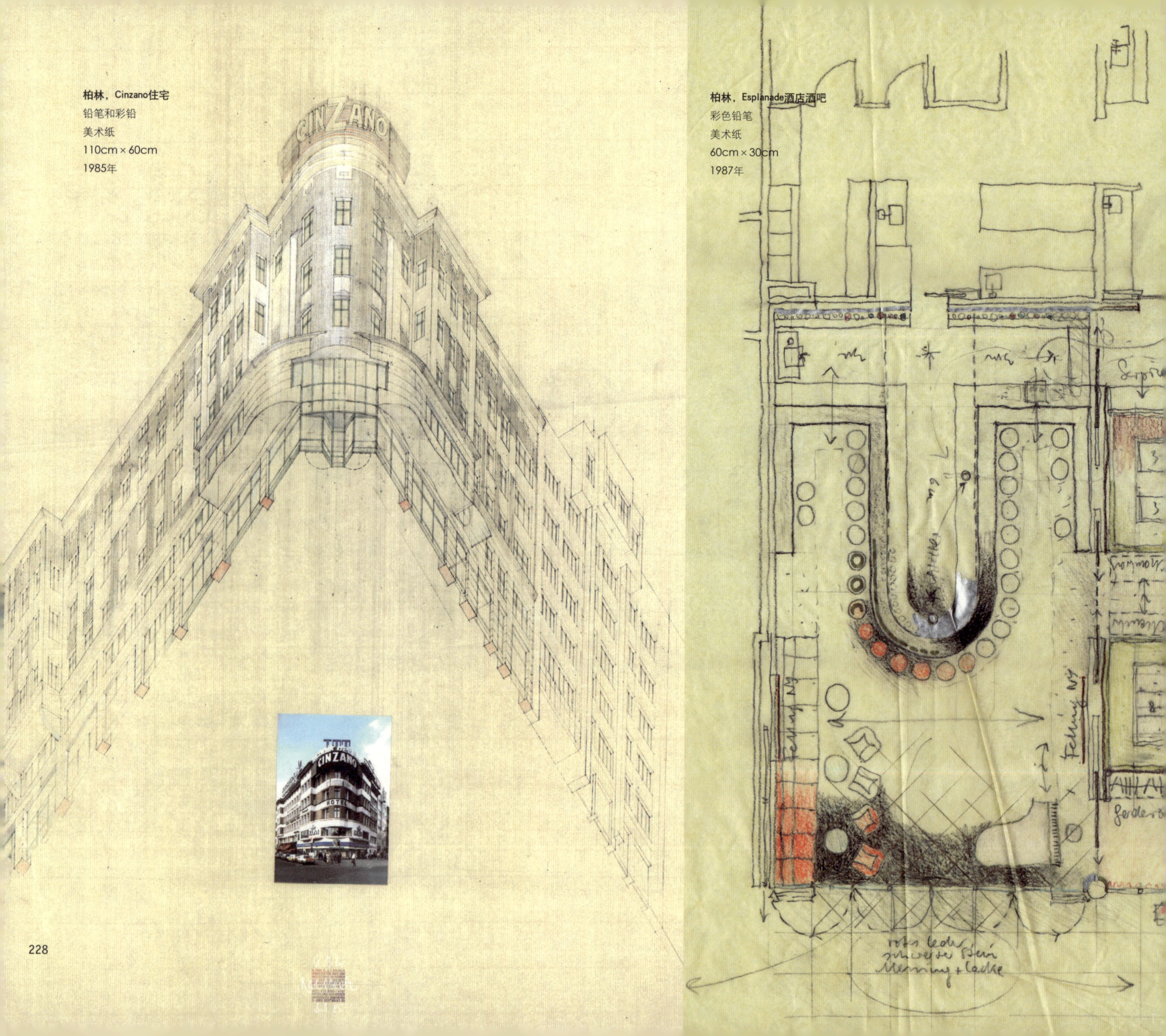

柏林，Cinzano住宅
铅笔和彩铅
美术纸
110cm × 60cm
1985年

柏林，Esplanade酒店酒吧
彩色铅笔
美术纸
60cm × 30cm
1987年

柏林，Esplanade酒店酒吧，另类酒吧空间

墨水、水彩、彩笔和油画棒

1987年

GHE - Harry's New York - Bar

柏林，雅格办公楼
墨水、铅笔和彩铅
描图纸
42cm×29cm
1998年

中国，重庆，财富广场

水彩

水彩纸

40cm × 60cm

2003年

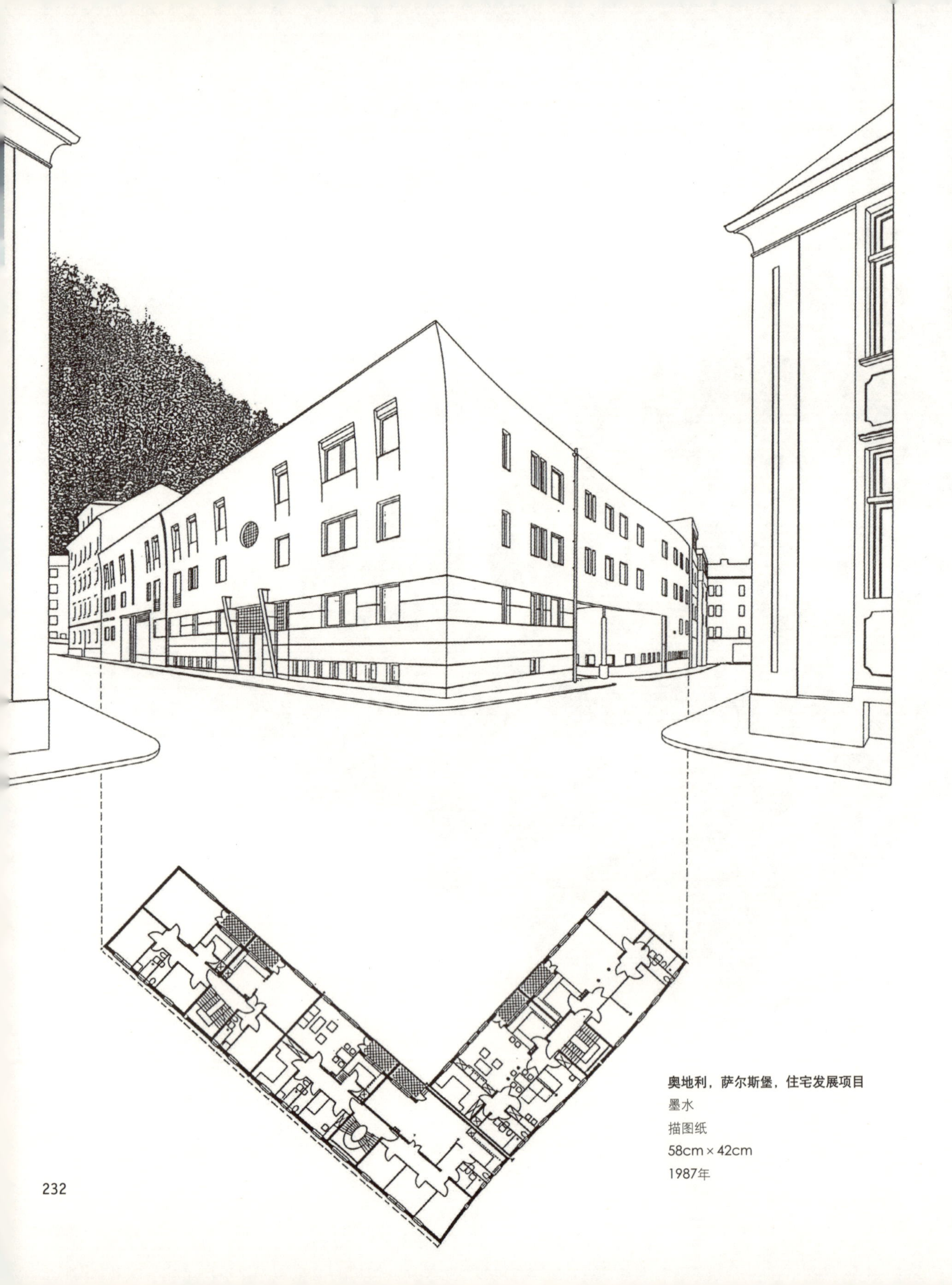

奥地利，萨尔斯堡，住宅发展项目

墨水

描图纸

58cm × 42cm

1987年

可折叠家具，概念草图

墨水

描图纸

20cm × 20cm

1966年

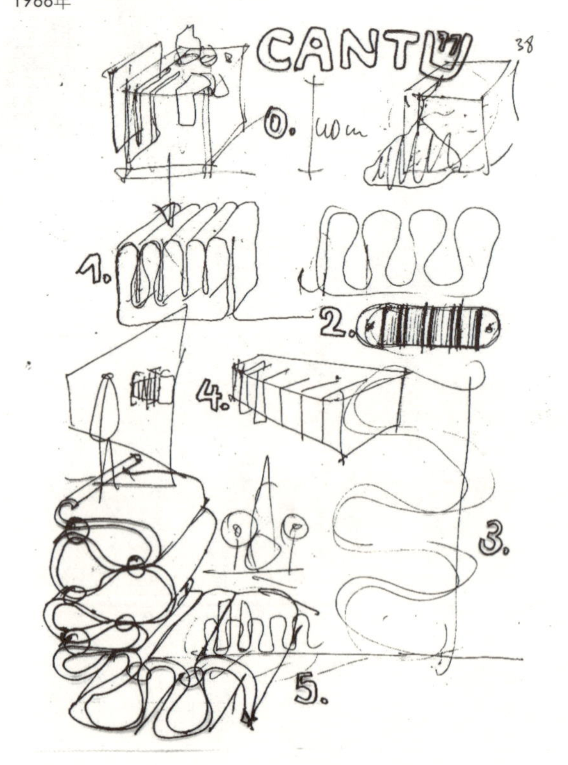

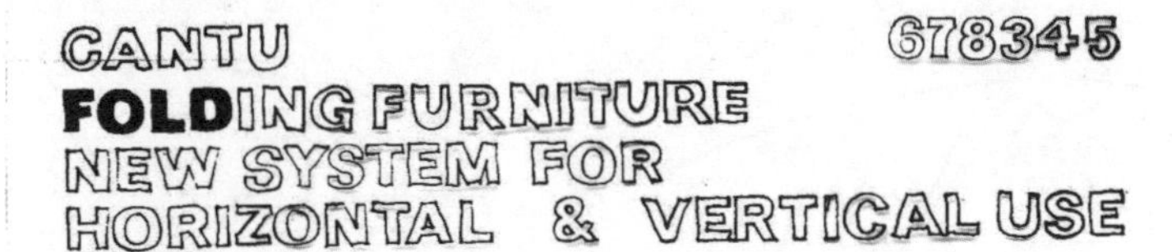

BED
CHAIR
CUSHION
EASY CHAIR
MATTRESS
SEAT
STOOL

ELEMENT
WALL

可折叠家具，系统草图
墨水
描图纸
20cm × 20cm
1966年

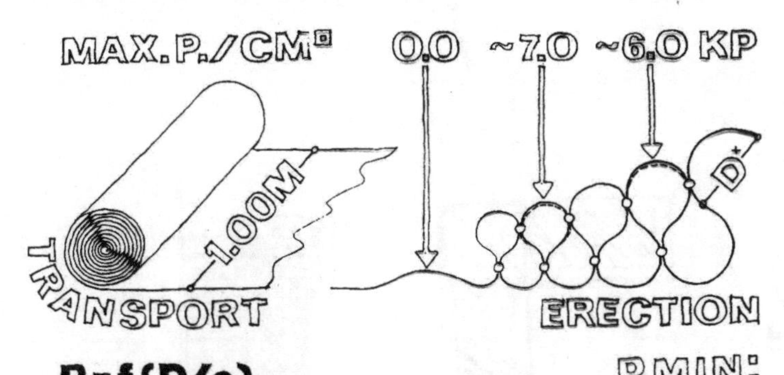

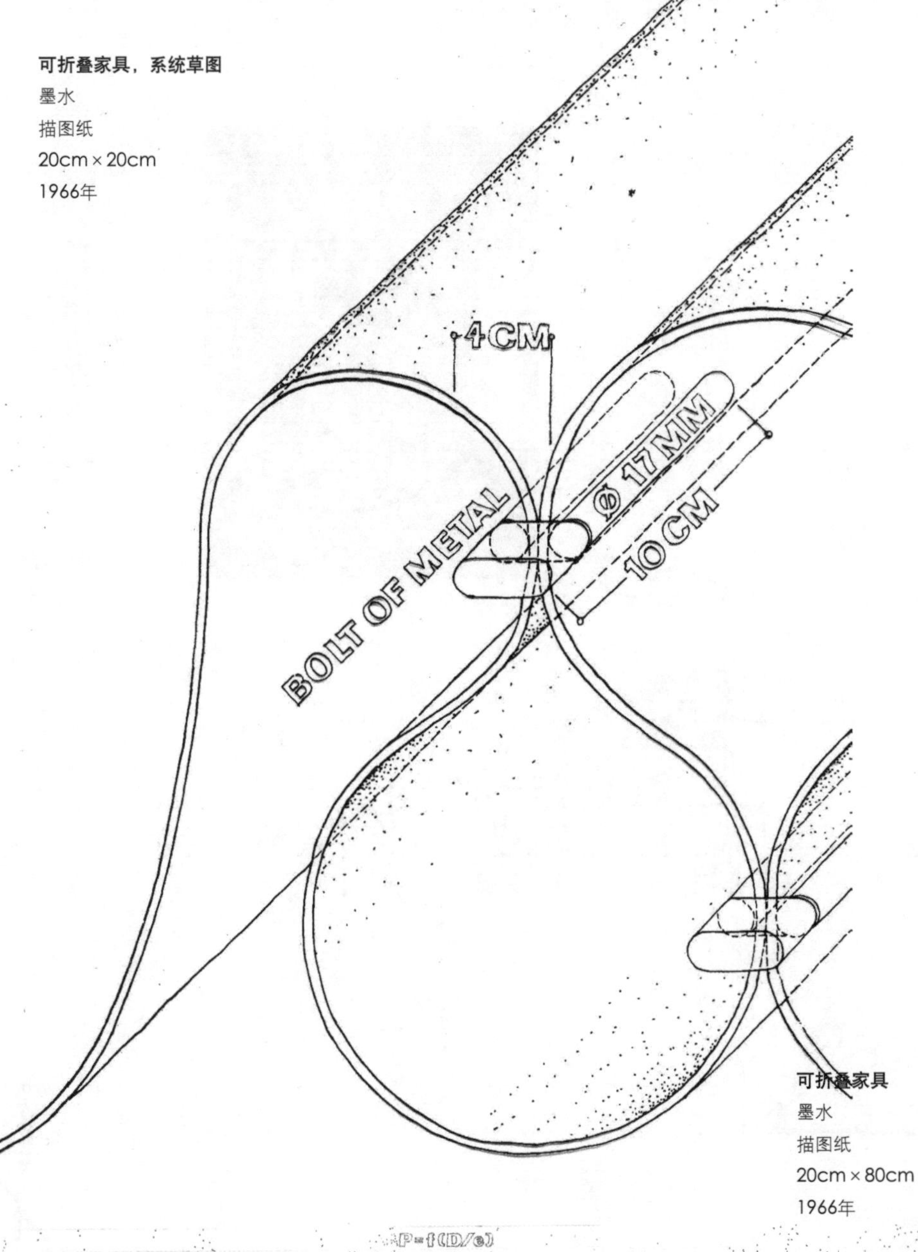

P=f(D/e)
f:FUNCTION
e:ELASTICITY·FACTOR

P MIN:
D=0
D=∞

PLAN ISOMETRY OF DETAIL 1:1
P.V.C. FOIL 3MM

可折叠家具
墨水
描图纸
20cm × 80cm
1966年

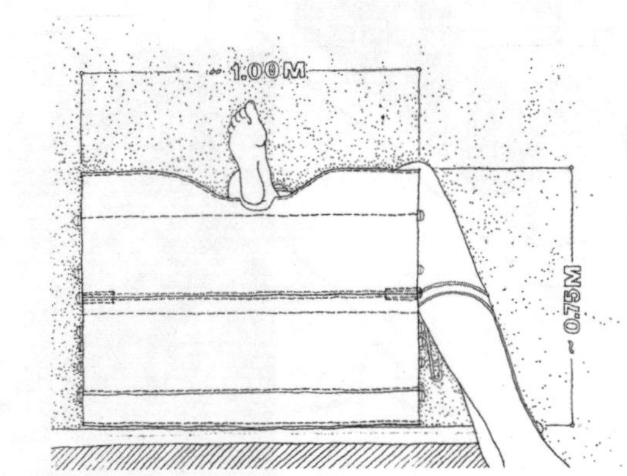

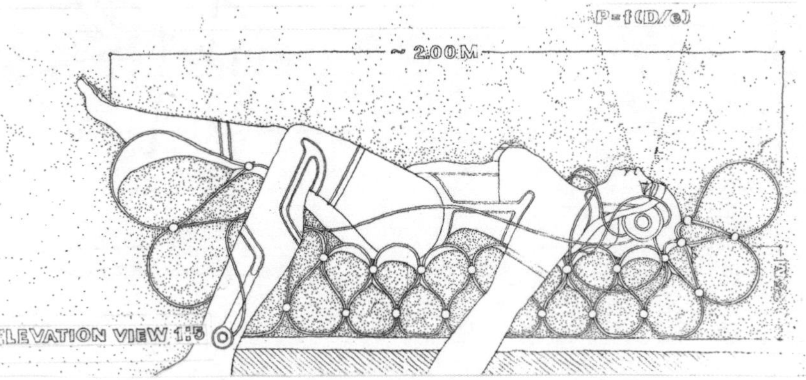

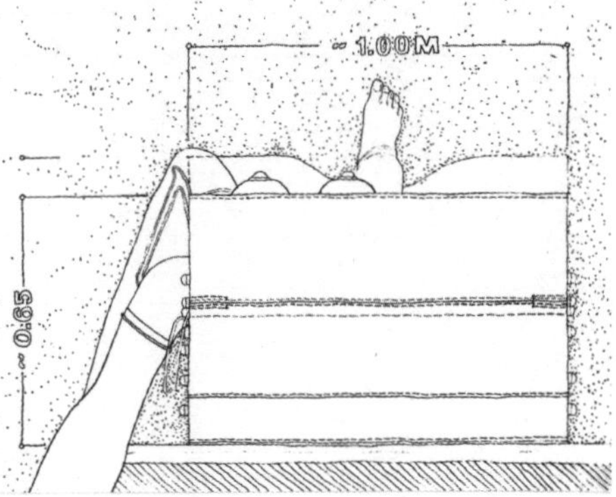

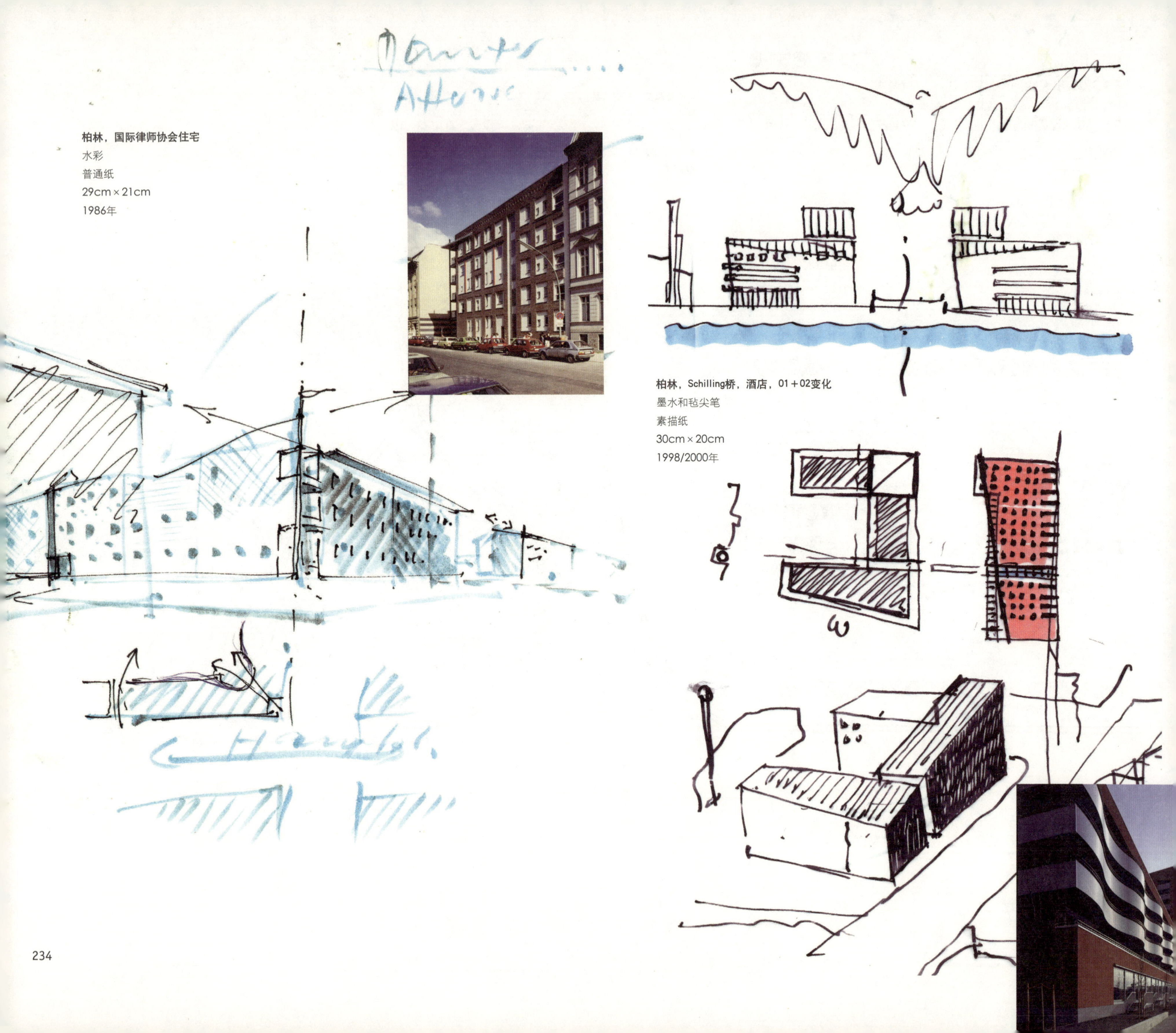

柏林，国际律师协会住宅
水彩
普通纸
29cm×21cm
1986年

柏林，Schilling桥，酒店，01＋02变化
墨水和毡尖笔
素描纸
30cm×20cm
1998/2000年

柏林，施潘道，半独立住宅
油性彩色蜡笔
描图纸
23cm × 61cm
1978年

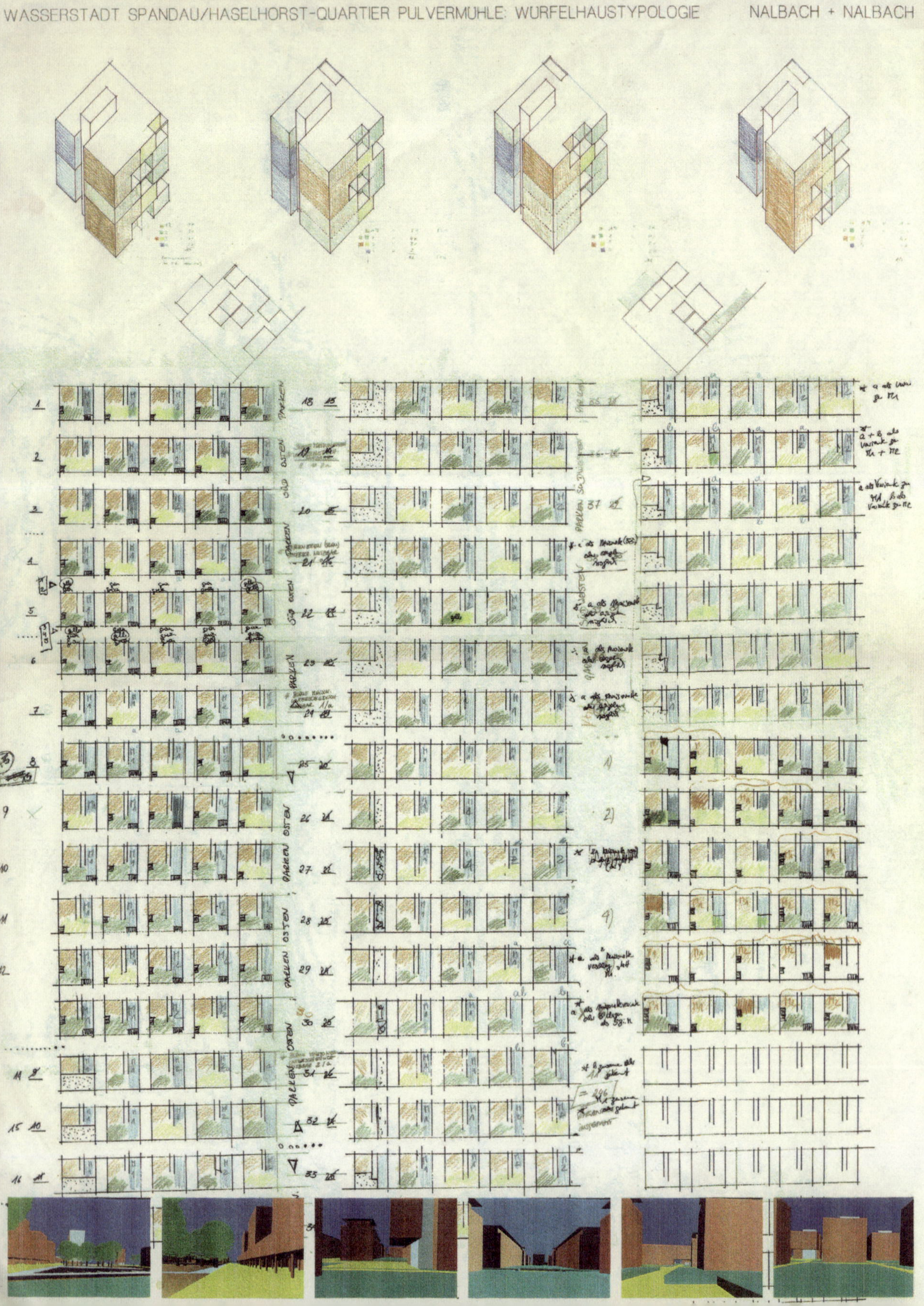

约翰·纳尔巴赫

约翰·纳尔巴赫（1943年生于奥地利林茨）与她的丈夫赫尔诺特·纳尔巴赫一起，自1975年开始经营柏林的纳尔巴赫+纳尔巴赫建筑师事务所，曾在美国两所大学任兼职教授多年。约翰曾在维恩工业大学学习建筑学。1992年获得奥地利科学和艺术勋章。她在德国梅克伦堡–前波莫瑞州诺伊克洛斯特附近建立了“Kunstscheune”，并且是奥地利林茨和德国德累斯顿的城市设计委员会成员。

Johanne Nalbach

柏林，施潘道，水乡，建筑

彩铅和喷枪

普通纸

65cm×40cm

1993年

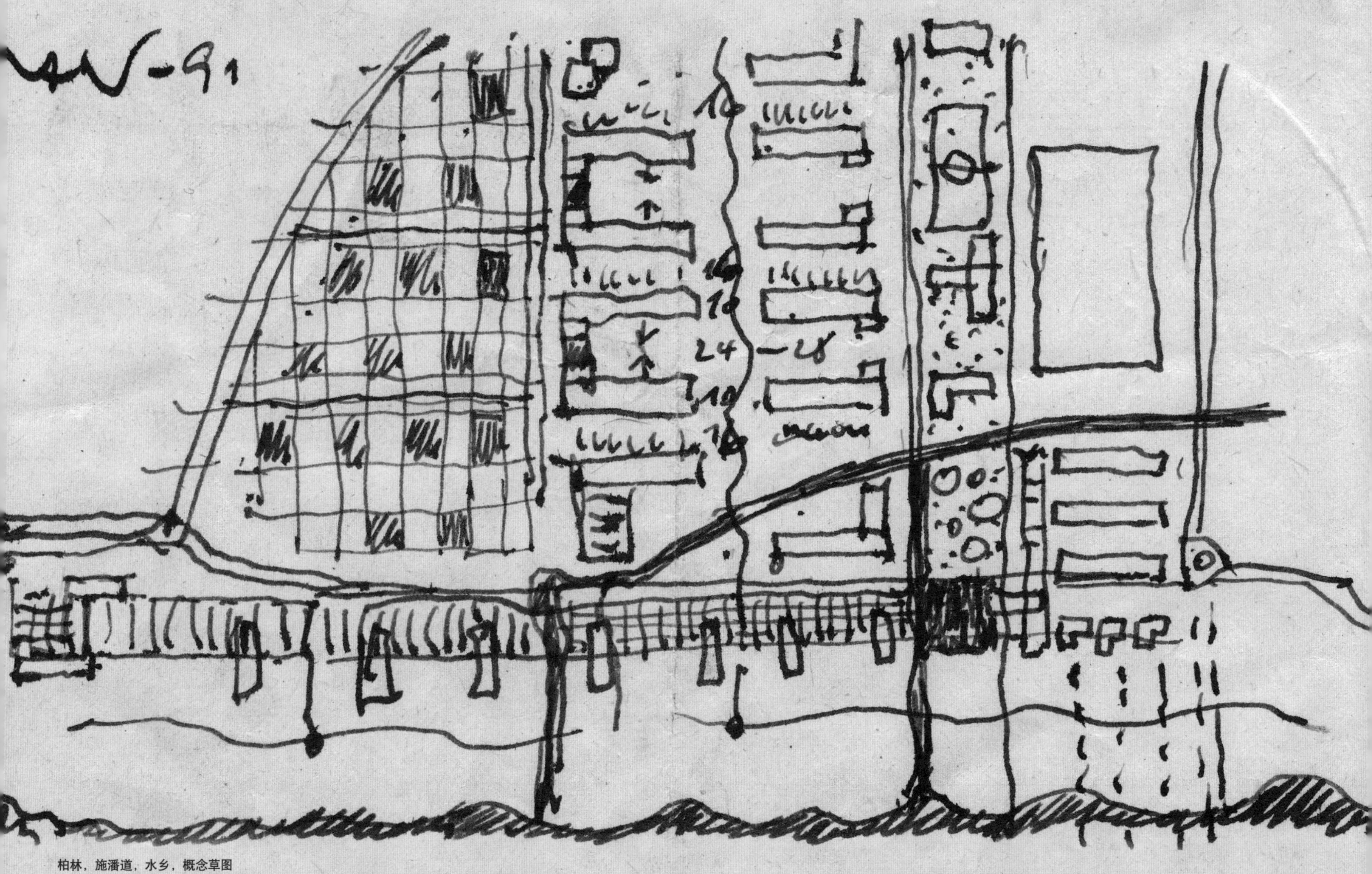

柏林，施潘道，水乡，概念草图

墨水

普通纸

5cm × 18cm

1993年

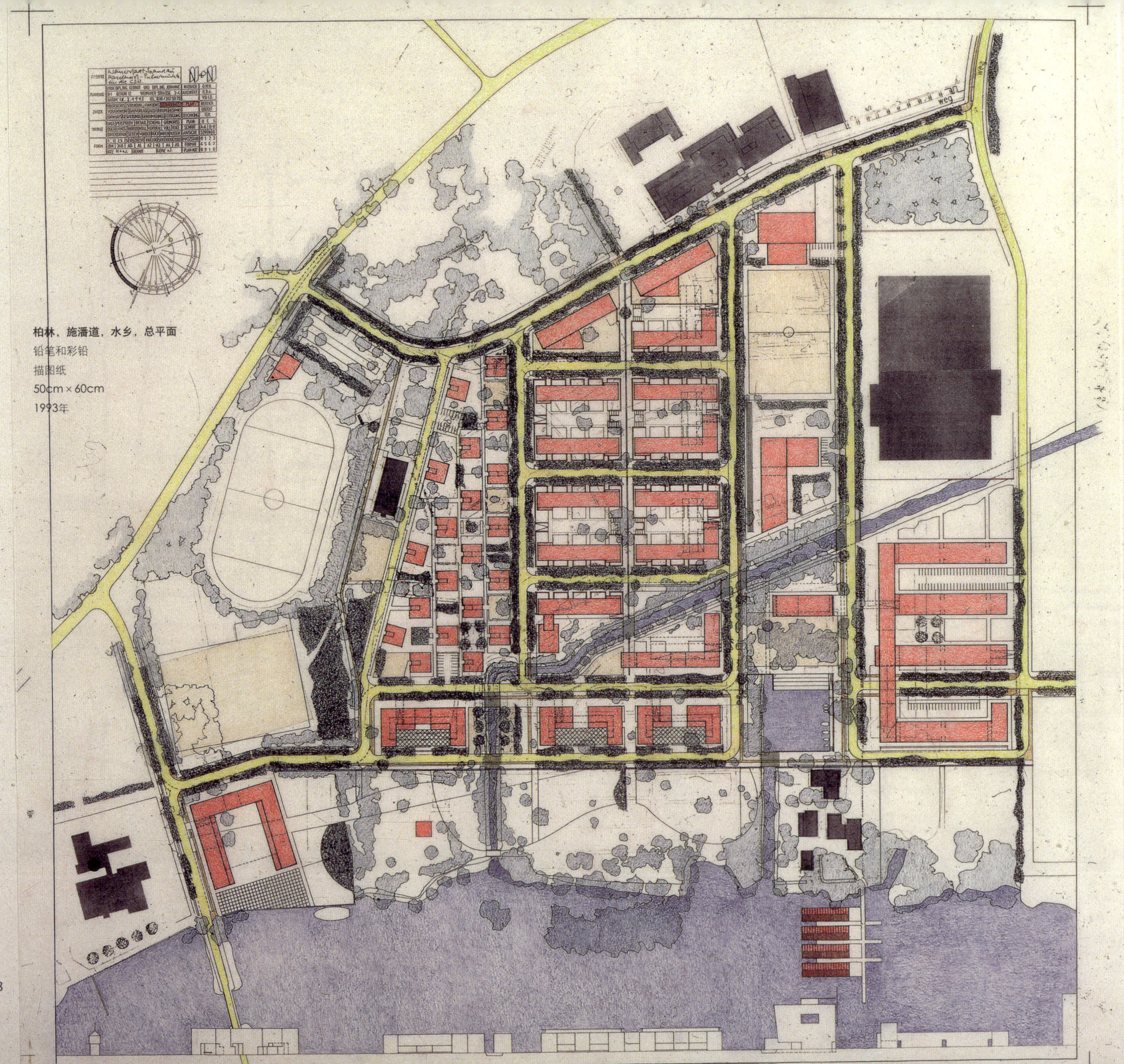

柏林，施潘道，水乡，总平面

铅笔和彩铅

描图纸

50cm × 60cm

1993年

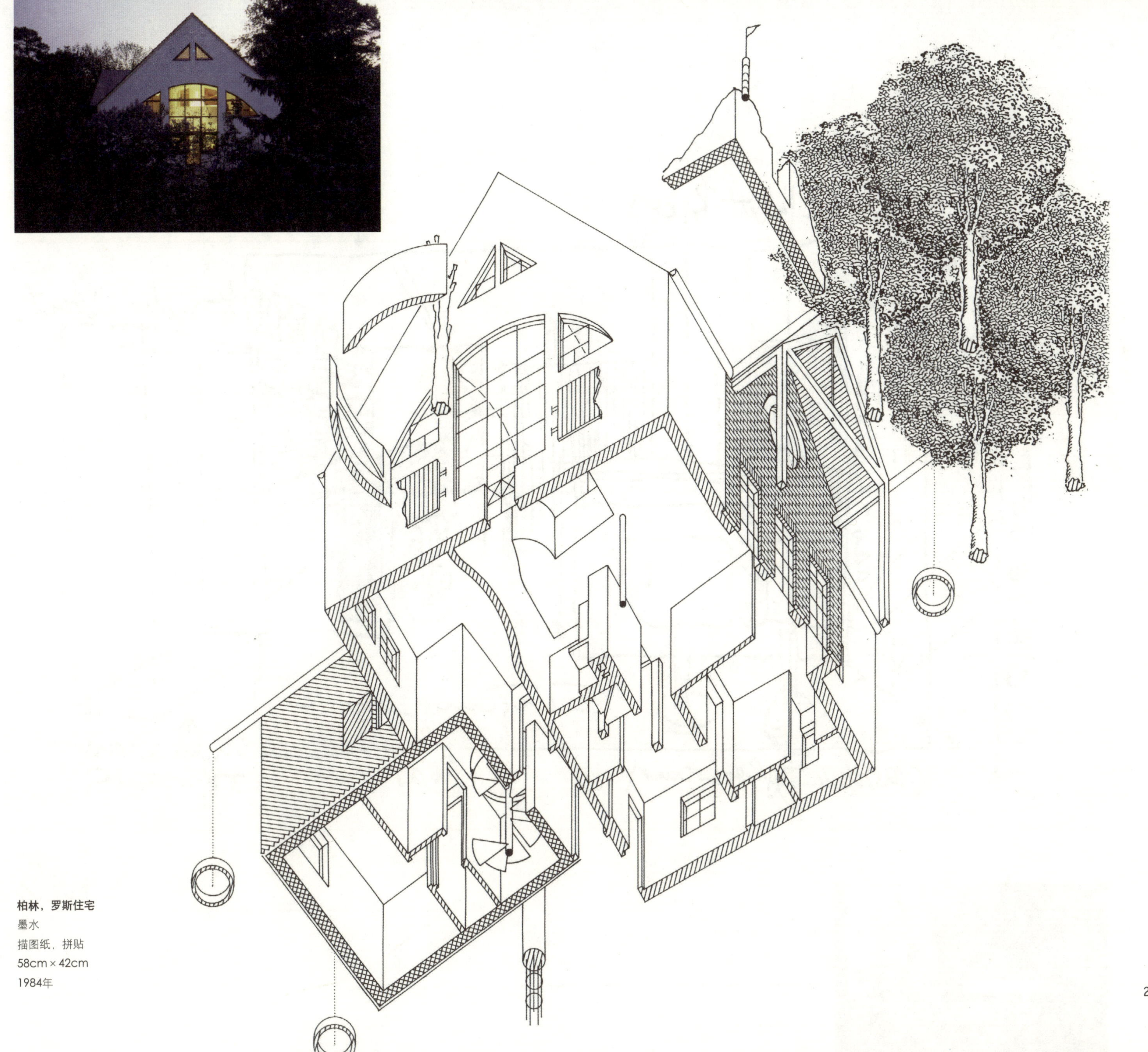

柏林，罗斯住宅

墨水

描图纸，拼贴

58cm × 42cm

1984年

柏林，玛尔戈餐馆，入口

墨水和毡尖笔

描图纸

20cm × 30cm

2000年

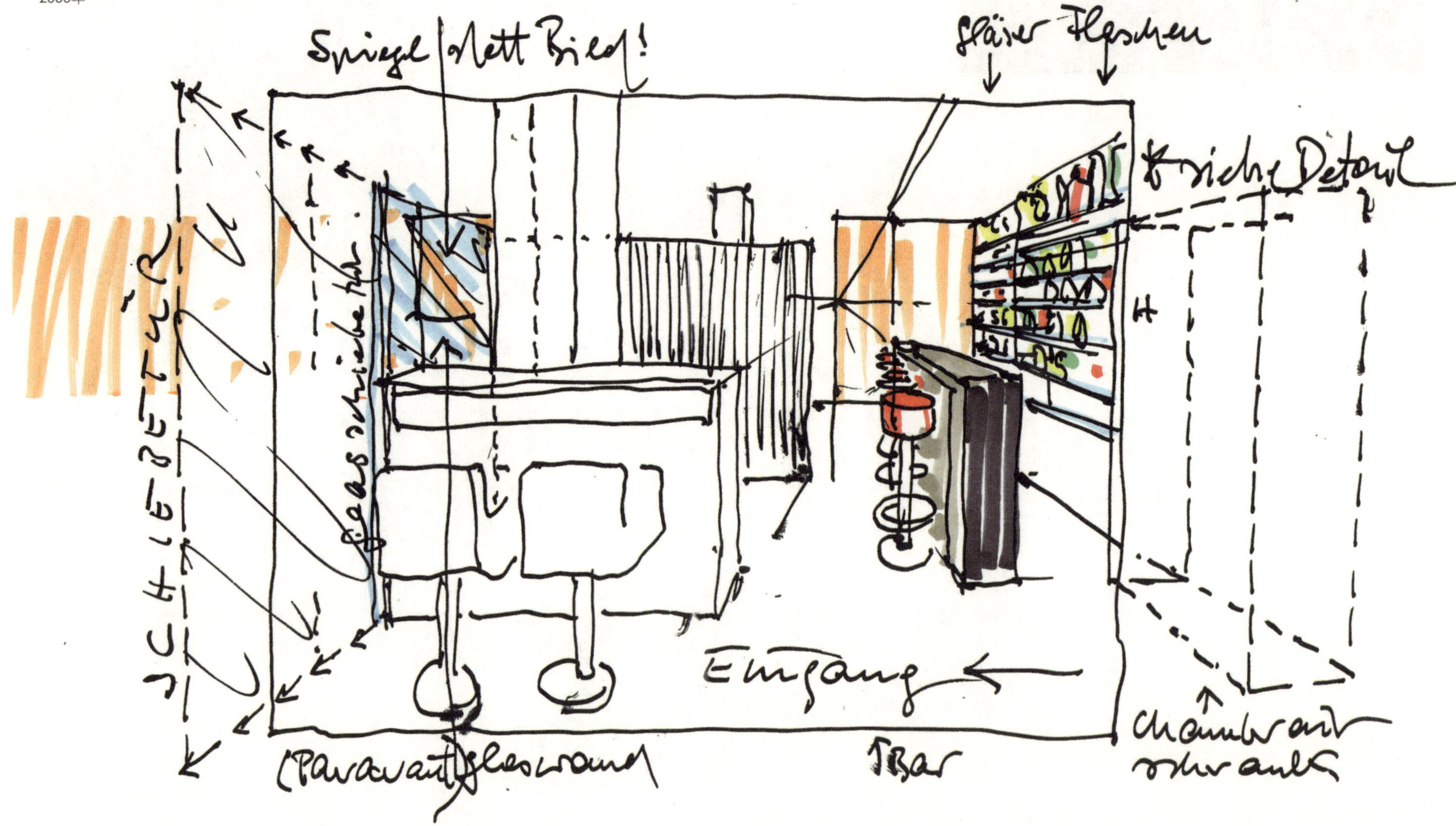

NALBACH ARCHITEKTEN
HON. PROF. J. NALBACH
PROF. G. NALBACH
D-12161 BERLIN
TEL. 030 859 083-0

J. Nalbach

24.02.00

柏林，温特图尔，德国公职人员保险大楼，立面草图
墨水和彩铅
环保纸
42cm×21cm
2000年

谢尔盖·卓班

谢尔盖·卓班（1962年生于俄罗斯圣彼得堡）自1995年开始任美国建筑透视协会在德国的协调人，他创作的建筑草图多次获奖，作品常在国内外的展览中展出。卓班在圣彼得堡艺术学院获得建筑学学位后，于1992年以一个工作申请和俄罗斯艺术家组织的成员身份移居德国。1995年至今，他成为nps建筑师事务所（今天的nps tchoban voss）的合伙人。

拱廊，概念草图

彩铅

普通纸

1992年

柏林，Domaquarée
墨水和彩铅
普通纸
30cm × 21cm
1997年

柏林，Domaquaree
墨水和彩铅
普通纸
30cm × 21cm
2000年

柏林，Domaquarée，圣灵教堂花园
墨水和彩铅
普通纸
30cm × 21cm
2000年

柏林，Domaquarée，中庭
墨水和彩铅
普通纸
30cm × 21cm
2000年

柏林，Domaquarée
墨水和彩铅
普通纸
30cm×21cm
2000年

汉堡，爪哇塔，
入口区域
墨水和彩铅
普通纸
21cm×30cm
1997年

汉堡，爪哇塔，美术教室和楼梯间
墨水和彩铅
普通纸
21cm×30cm
1997年

汉堡，爪哇塔，室内空间
墨水和彩铅
普通纸
21cm × 30cm
1997年

小镇系列1
水彩，墨水，乌贼墨和彩铅
普通纸
100cm × 25cm
2002年

小镇系列2
水彩，墨水，乌贼墨和彩铅
普通纸
100cm × 25cm
2002年

柏林，东港，总体规划草图
墨水和彩铅
普通纸
21cm × 30cm
2003年

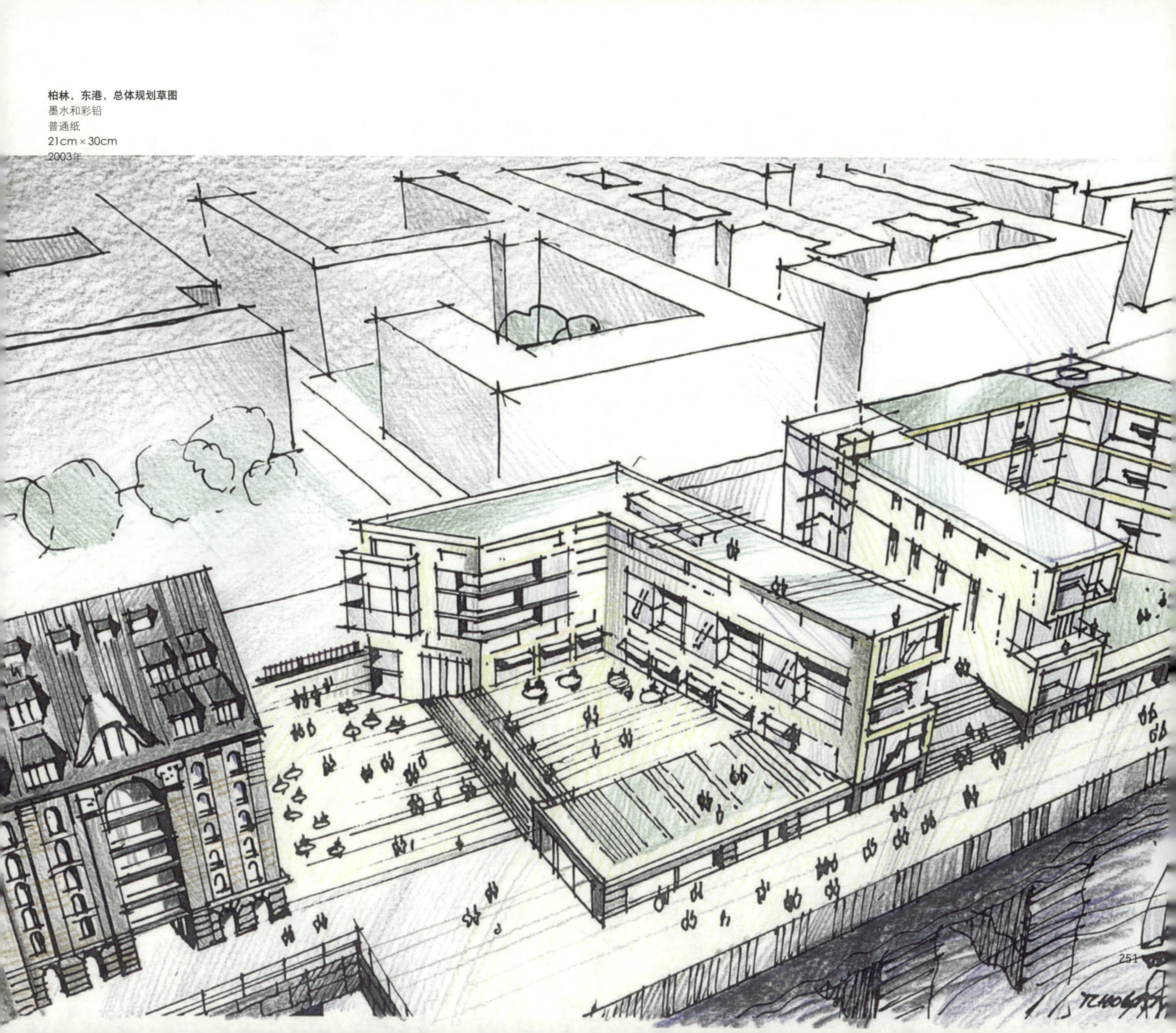

柏林，圣约翰区，中心广场
彩铅
普通纸
1999年竞赛作品

柏林，圣约翰区，居住区院落
彩铅
普通纸
1999年竞赛作品

海因里希·皮特纳教授

海因里希·皮特纳教授（1939年）在罗森海姆的室内设计应用技术大学讲授设计原理课程，主要是手绘技法。在皮特纳看来，绘画的技巧——从形体到建筑细部——是任何职业的基础之一，它能提高形体和空间设计上的创造力。1976年，皮特纳取得慕尼黑工业大学的建筑学学位。此后，他一直专心致力于教学，在1980年由助教升职成为教授。

城镇视角的研究图

铅笔和水彩

普通纸

38cm × 57cm

2001年

有关比例的研究图
铅笔和水彩
普通纸
38cm × 57cm
1997年

对于一个形体的研究图
铅笔
普通纸
38cm × 57cm
1998年

对于一个形体的研究图
铅笔和彩铅
普通纸
30cm × 42cm
1998年

对于一个入口的研究图

铅笔

普通纸

38cm × 57cm

1997年

研究图

红色粉笔，铅笔和彩铅

普通纸

42cm × 59cm

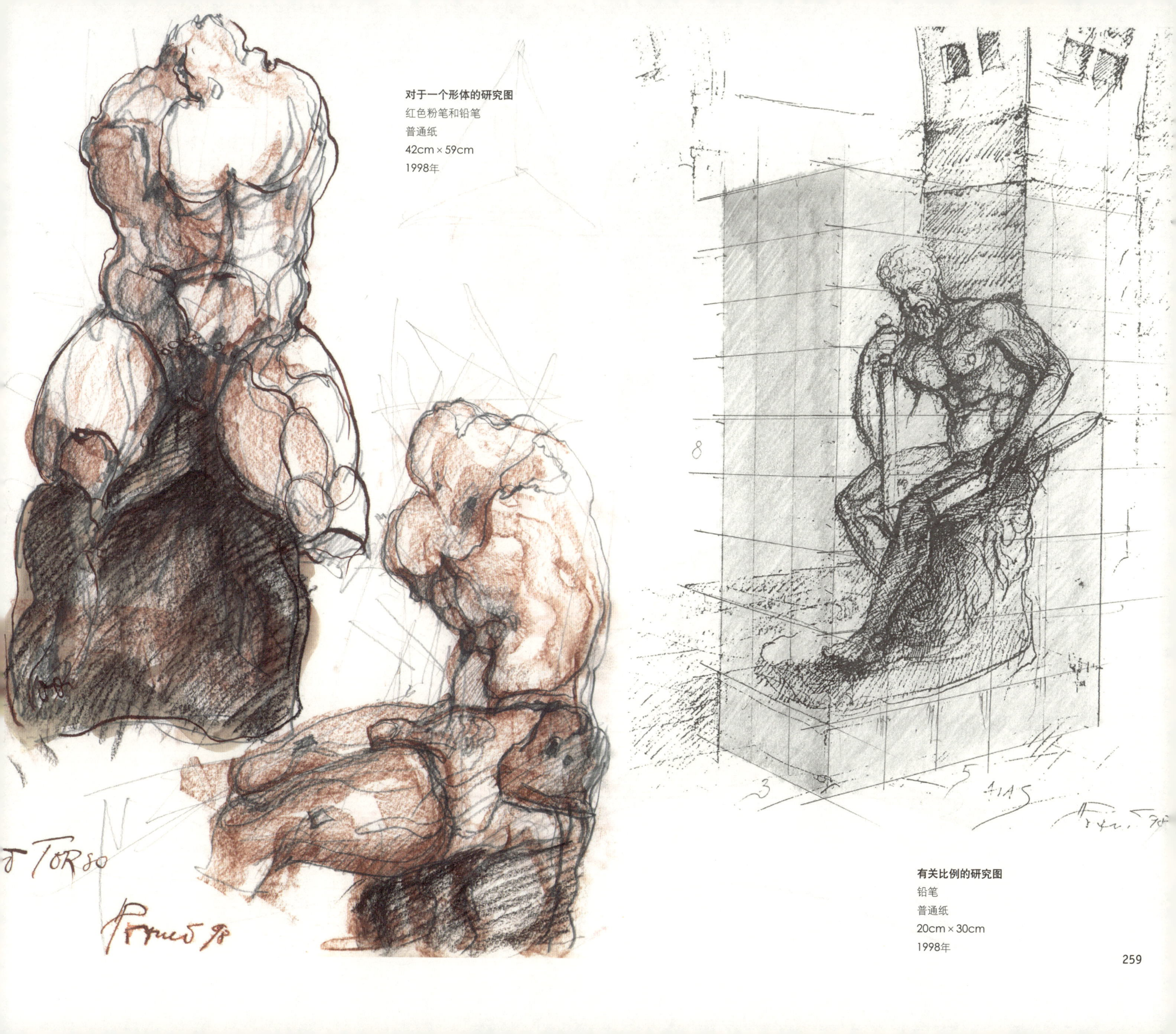

对于一个形体的研究图

红色粉笔和铅笔

普通纸

42cm × 59cm

1998年

有关比例的研究图

铅笔

普通纸

20cm × 30cm

1998年

RKW （罗德·科勒曼·沃罗夫斯基）事务所

在RKW，手绘被认为是建筑设计师与生俱来的语言，而画家艾伦·马尔滕将其视作与基于计算机技术的绘图有同样重要的地位。RKW提供城市规划和建筑设计方面的服务。除了事务所名字上的合伙人——罗德·科勒曼·沃罗夫斯基，其他一些合伙人在1980年加入了公司。现在弗里德尔·凯勒曼管理下的公司包括了六个合伙人，在杜塞尔多夫、法兰克福、莱比锡、华沙、格但斯克和莫斯科的工作室共有320名雇员。

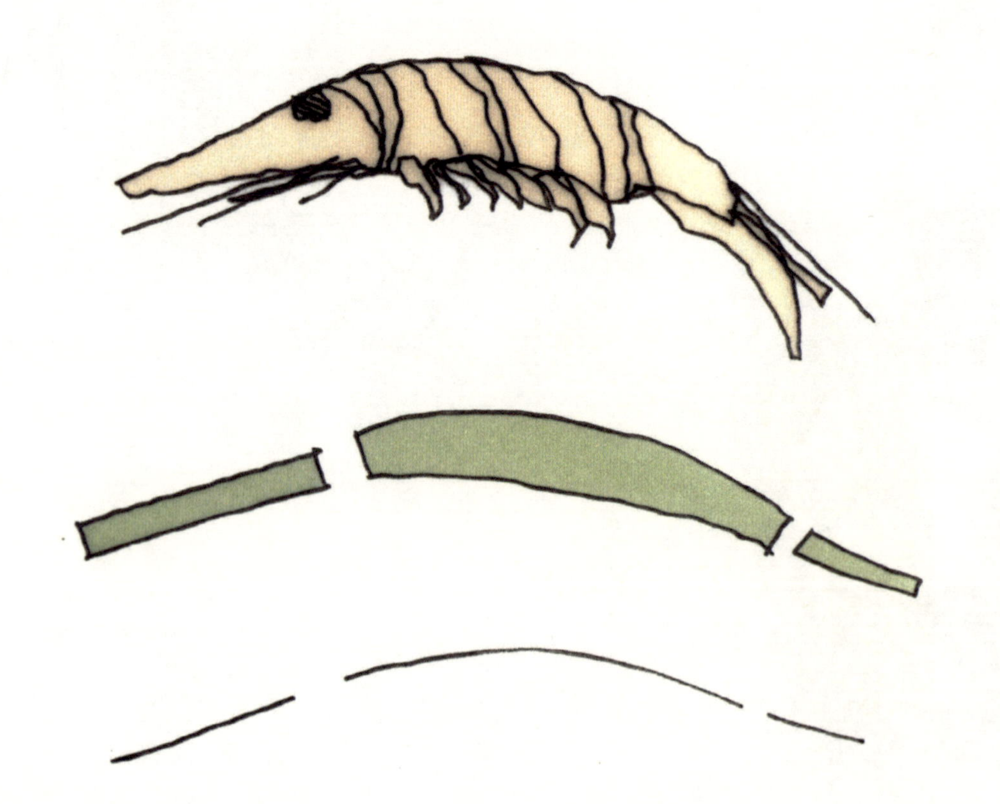

德国，杜伊斯堡，铁路货运

毡尖笔

普通纸

数字处理

1995年

画家：艾伦·马尔滕

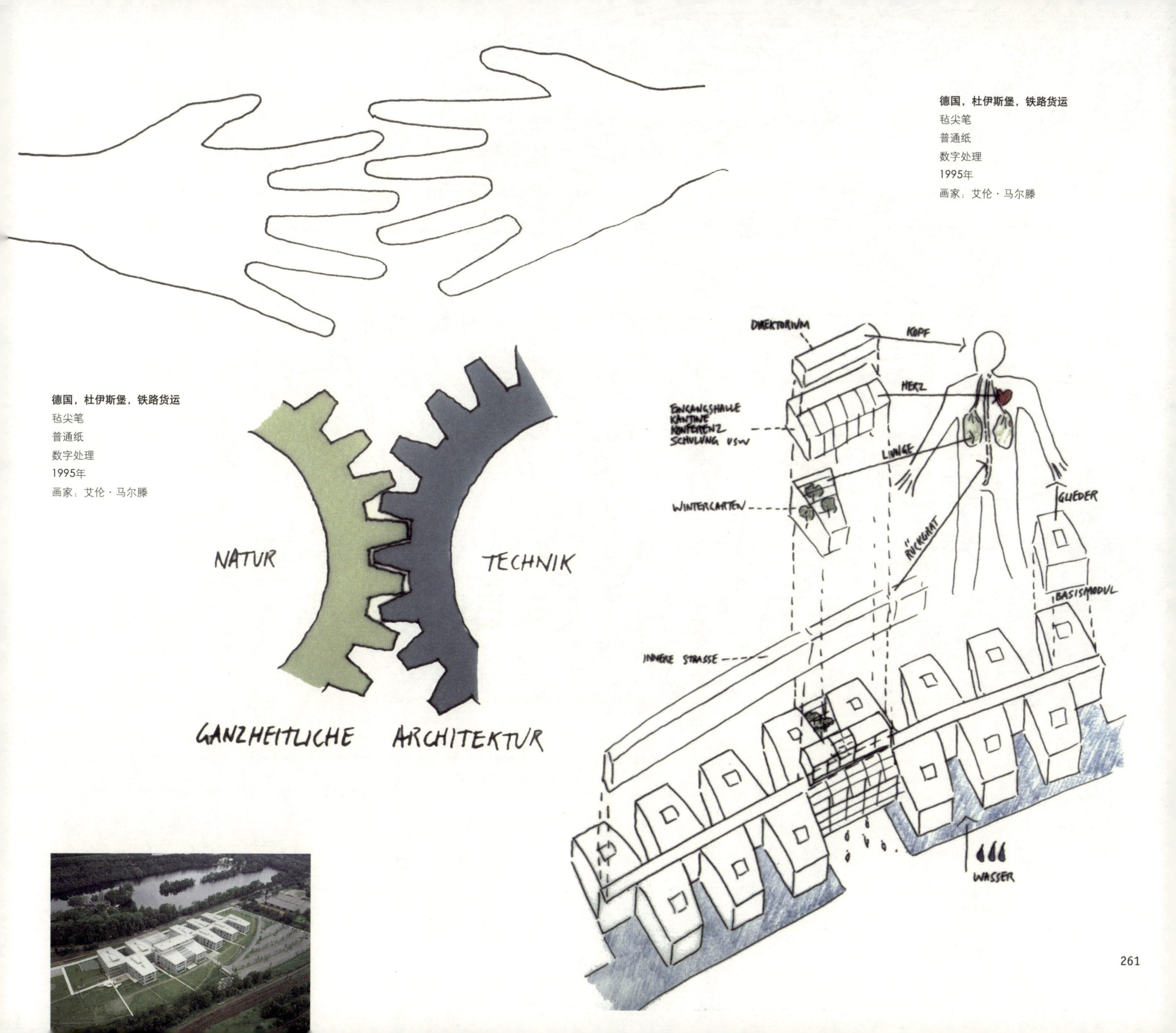

德国，杜伊斯堡，铁路货运
毡尖笔
普通纸
数字处理
1995年
画家：艾伦·马尔滕

德国，杜伊斯堡，铁路货运
毡尖笔
普通纸
数字处理
1995年
画家：艾伦·马尔滕

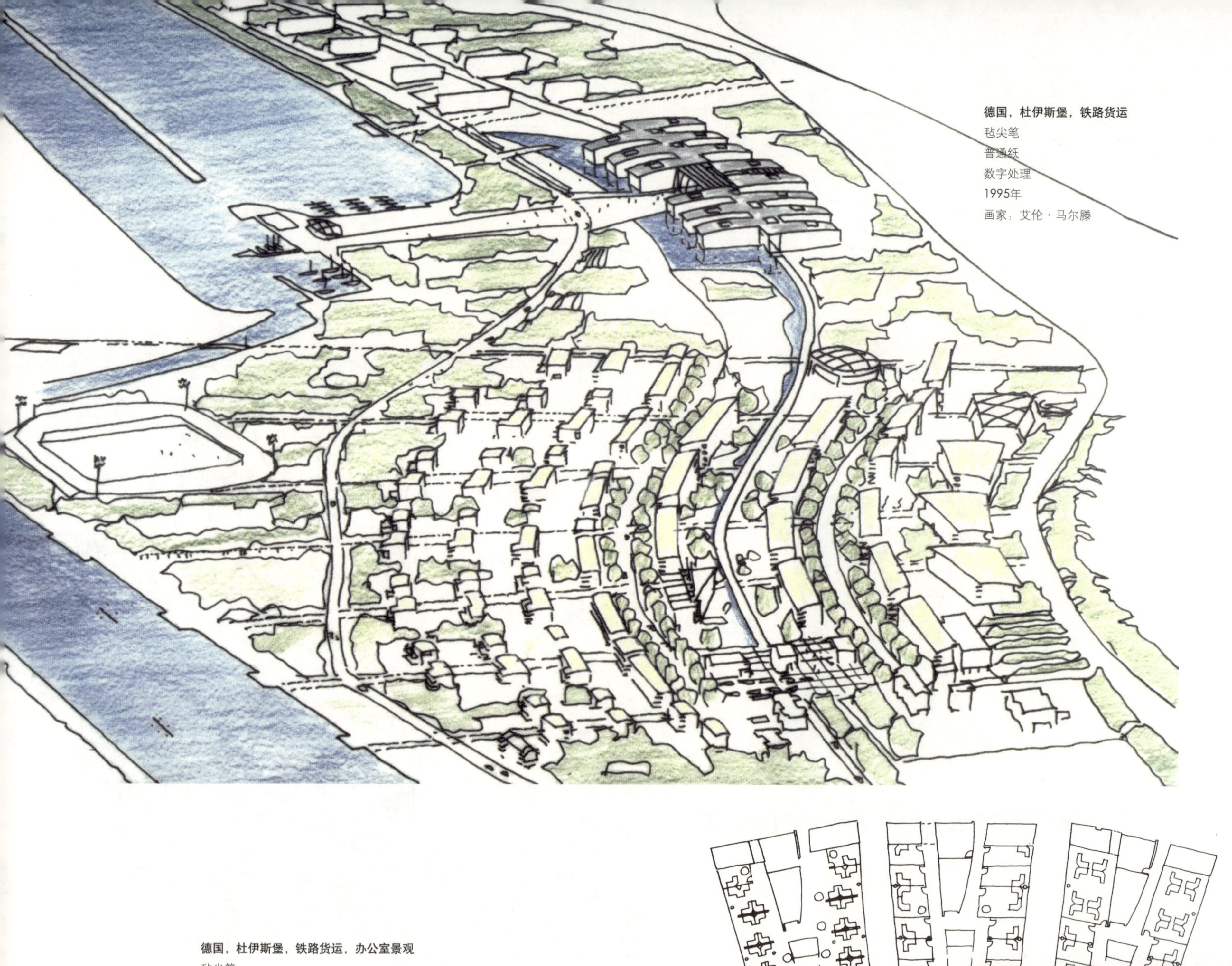

德国，杜伊斯堡，铁路货运
毡尖笔
普通纸
数字处理
1995年
画家：艾伦·马尔滕

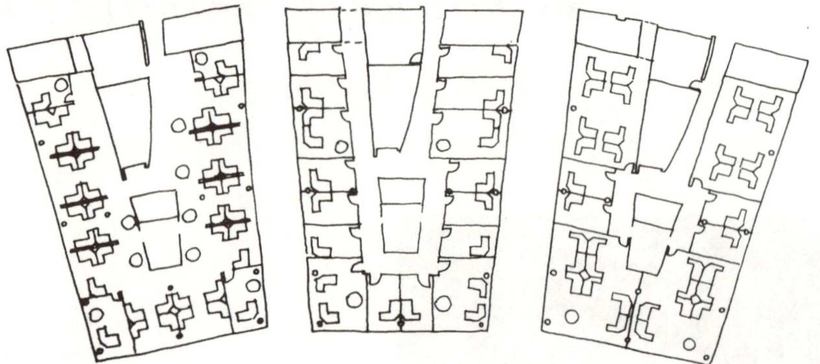

德国，杜伊斯堡，铁路货运，办公室景观
毡尖笔
普通纸
数字处理
1995年
画家：艾伦·马尔滕

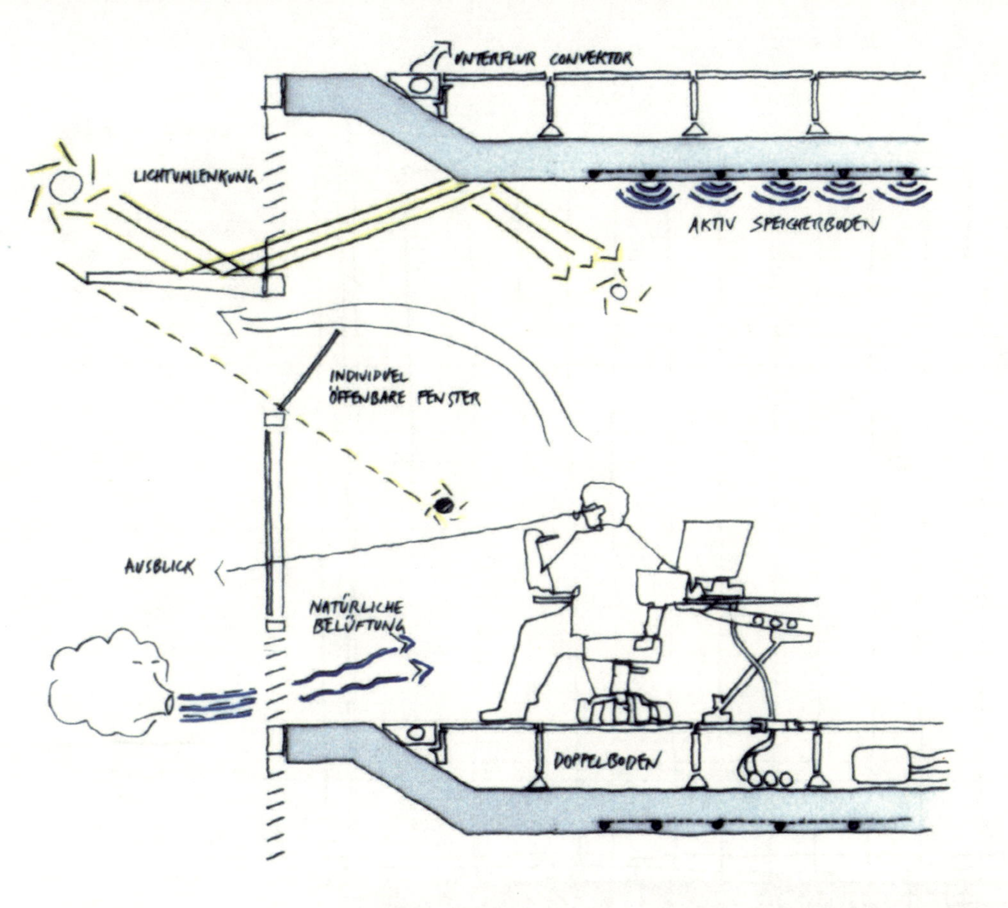

德国，杜伊斯堡，铁路货运，房屋建造技术

毡尖笔

普通纸

数字处理

1995年

画家：艾伦·马尔滕

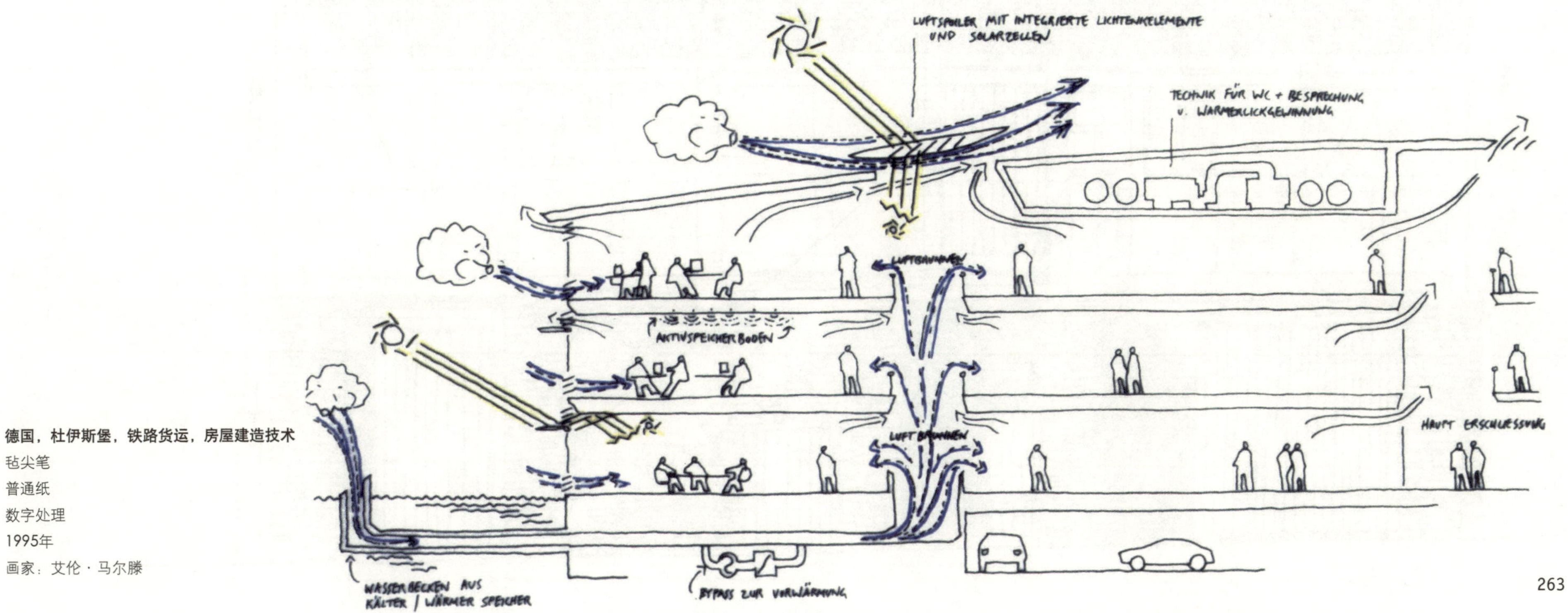

德国，杜伊斯堡，铁路货运，房屋建造技术

毡尖笔

普通纸

数字处理

1995年

画家：艾伦·马尔滕

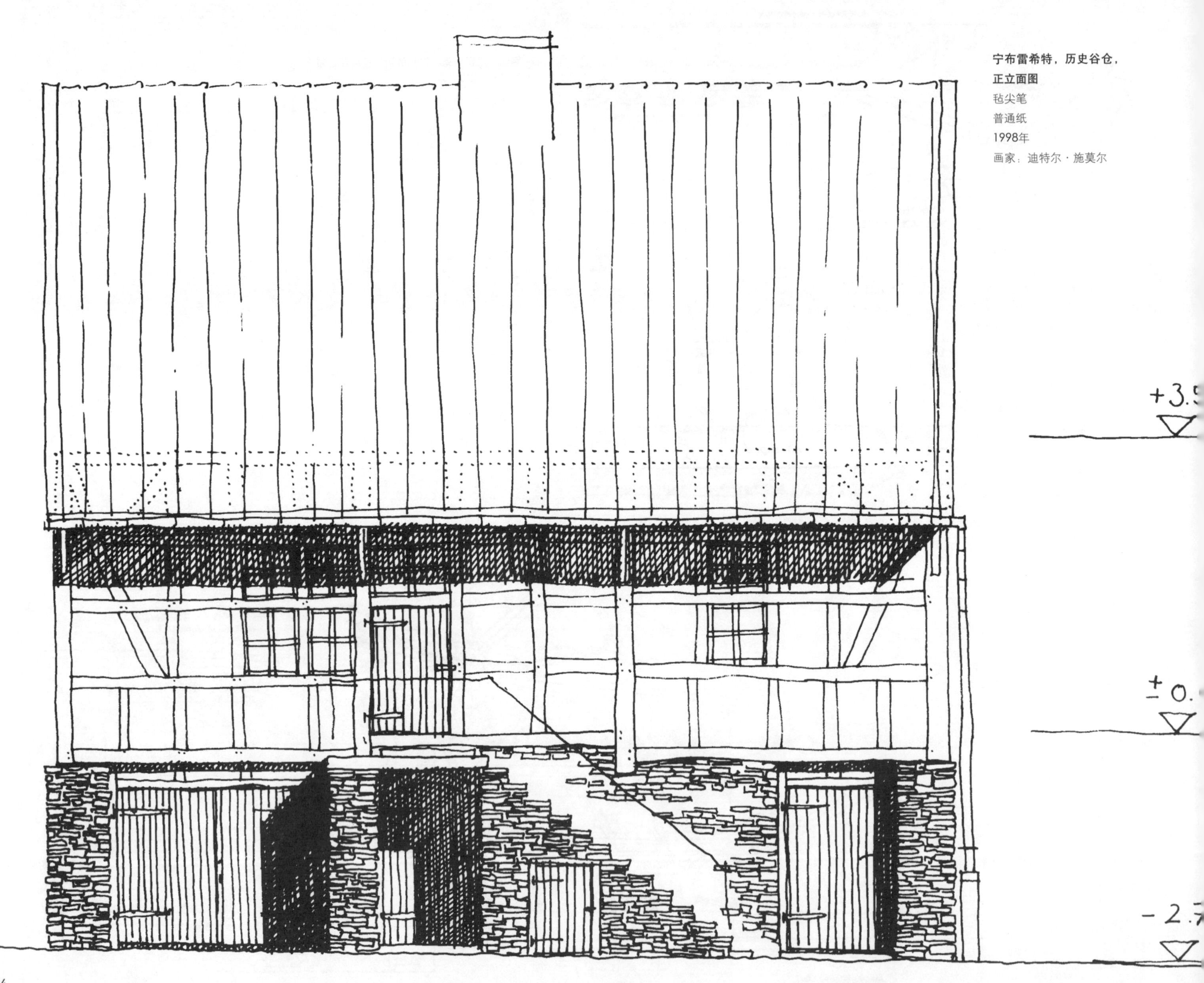

宁布雷希特，历史谷仓，
正立面图
毡尖笔
普通纸
1998年
画家：迪特尔·施莫尔

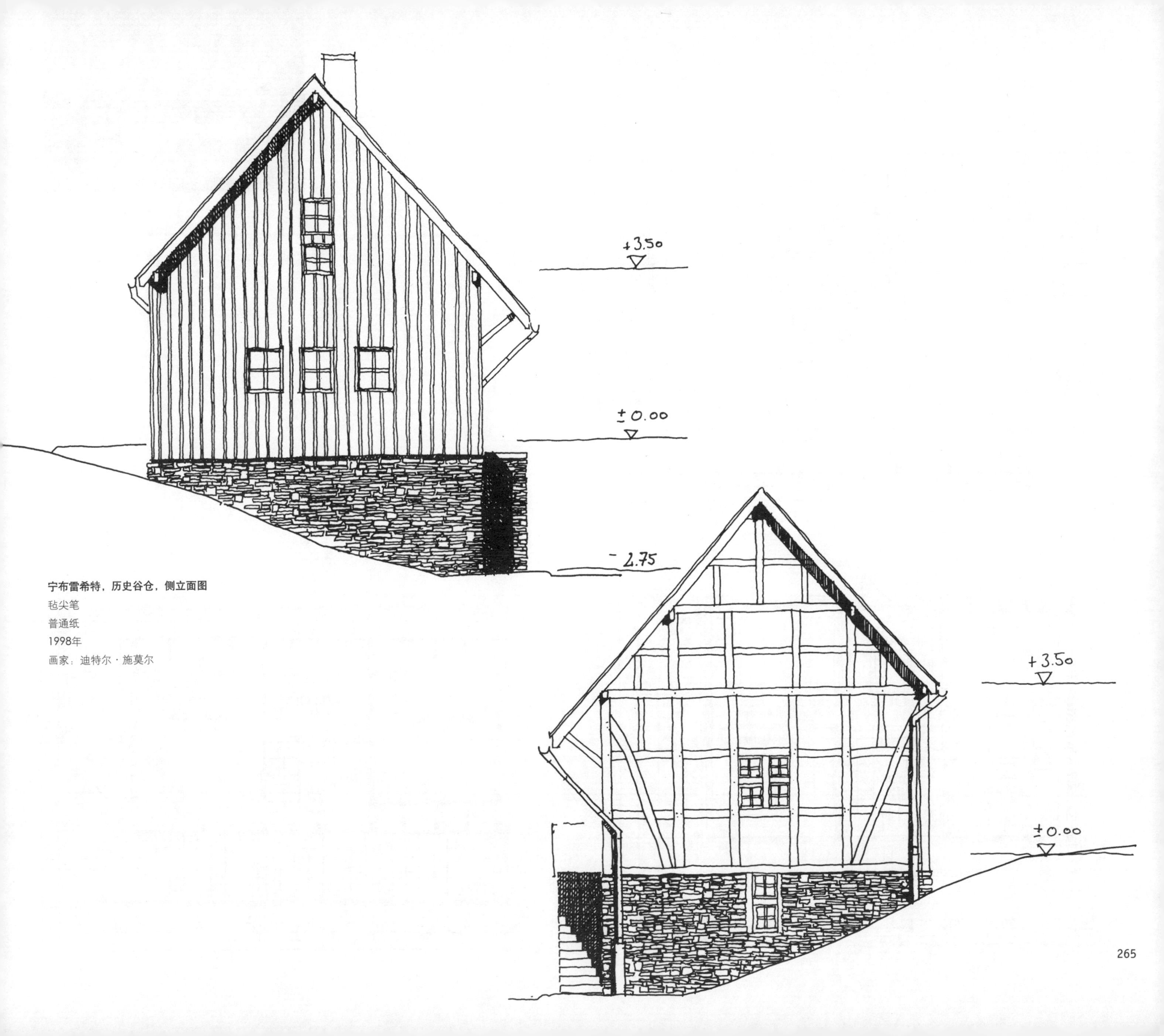

宁布雷希特，历史谷仓，侧立面图

毡尖笔

普通纸

1998年

画家：迪特尔·施莫尔

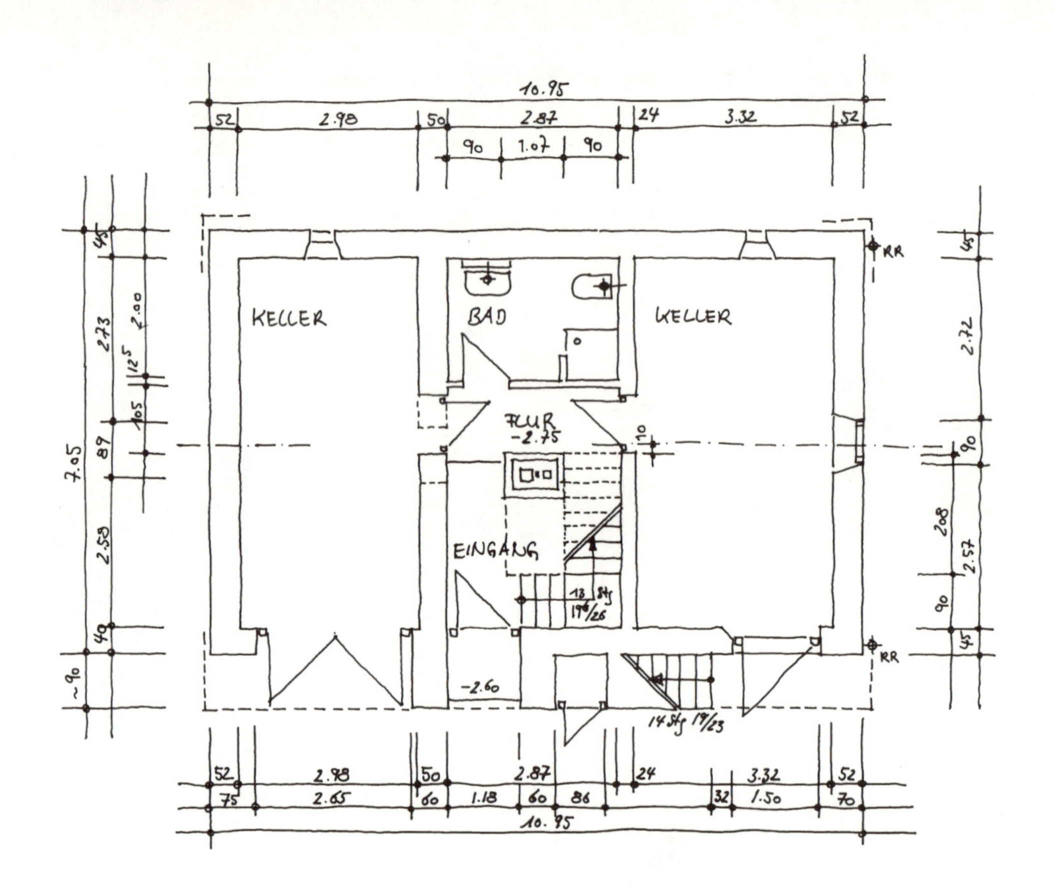

宁布雷希特，历史谷仓，地下室、首层和顶层平面

毡尖笔

普通纸

1998年

画家：迪特尔·施莫尔

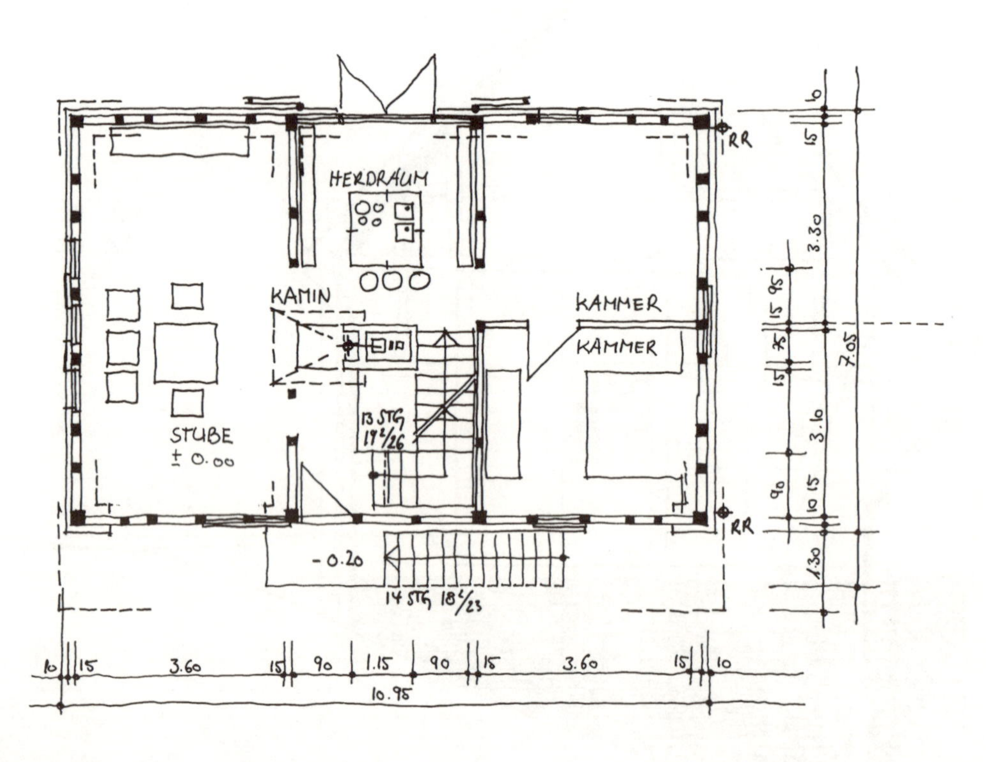

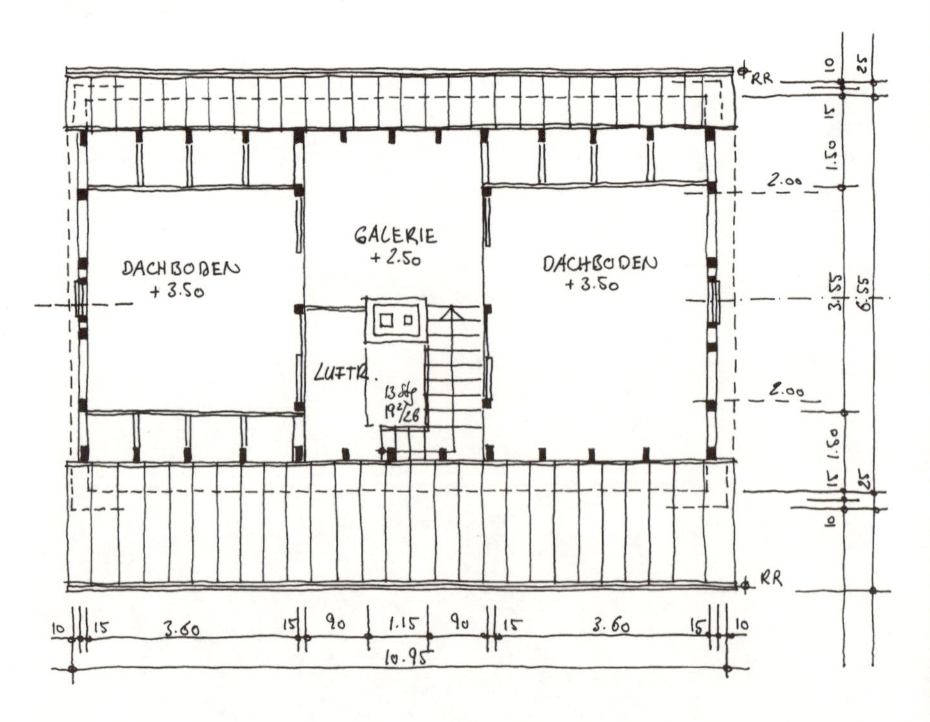

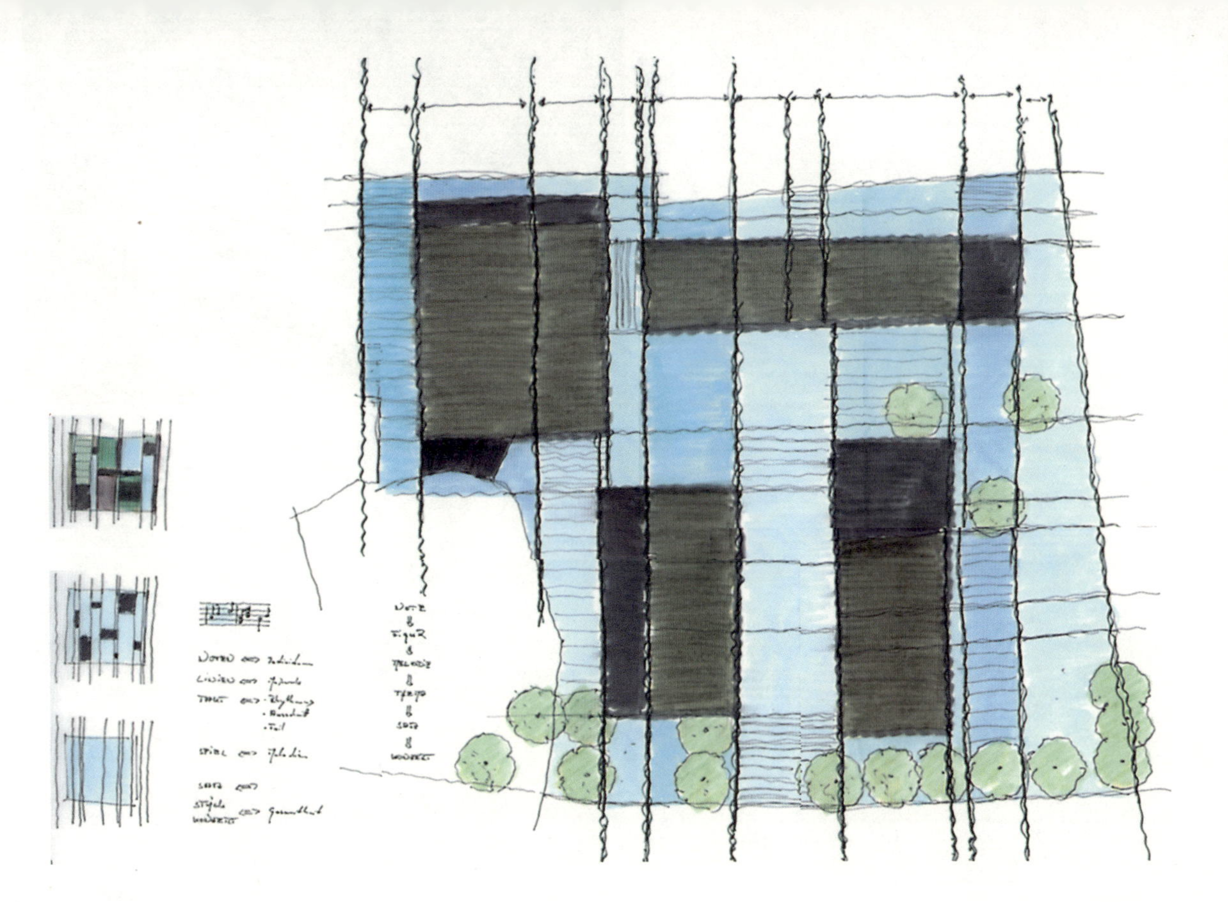

杜塞尔多夫，犹太人学校，区域规划

毡尖笔

描图纸

42cm × 30cm

2000年

画家：约阿希姆·海恩

杜塞尔多夫，犹太人学校，区域规划

毡尖笔

描图纸

42cm × 30cm

2000年

画家：约阿希姆·海恩

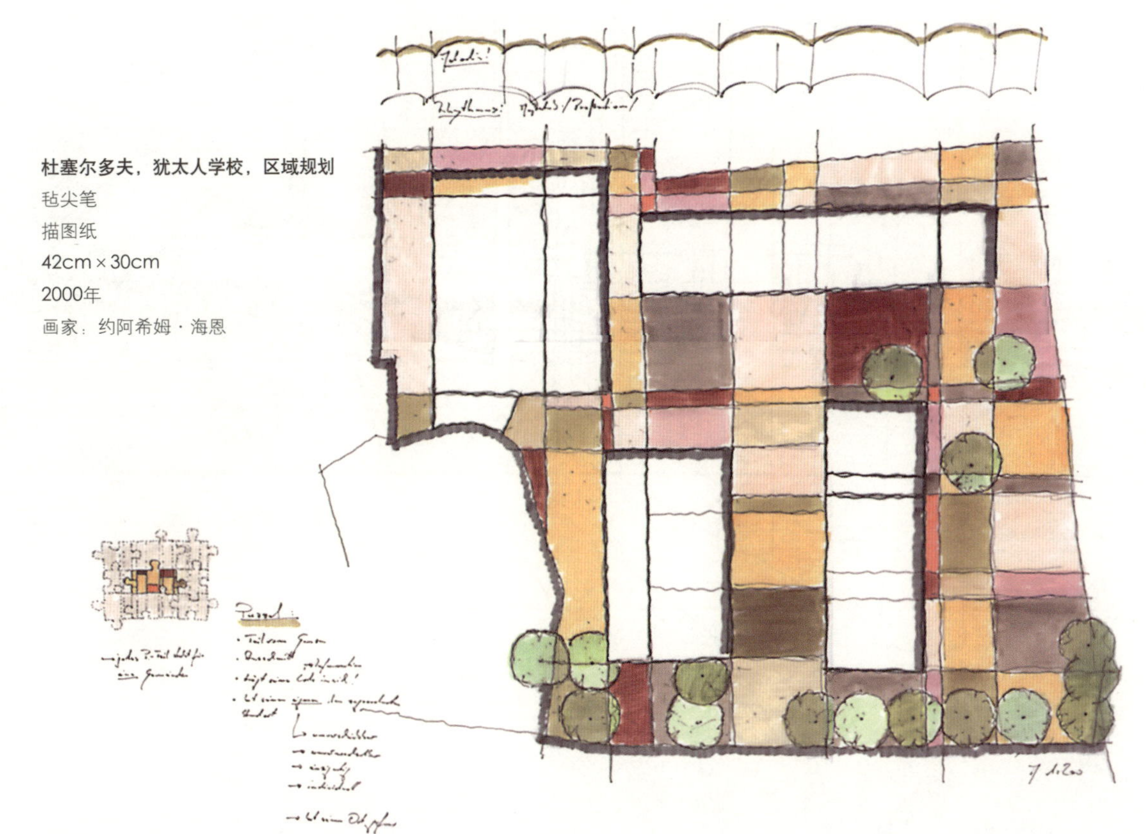

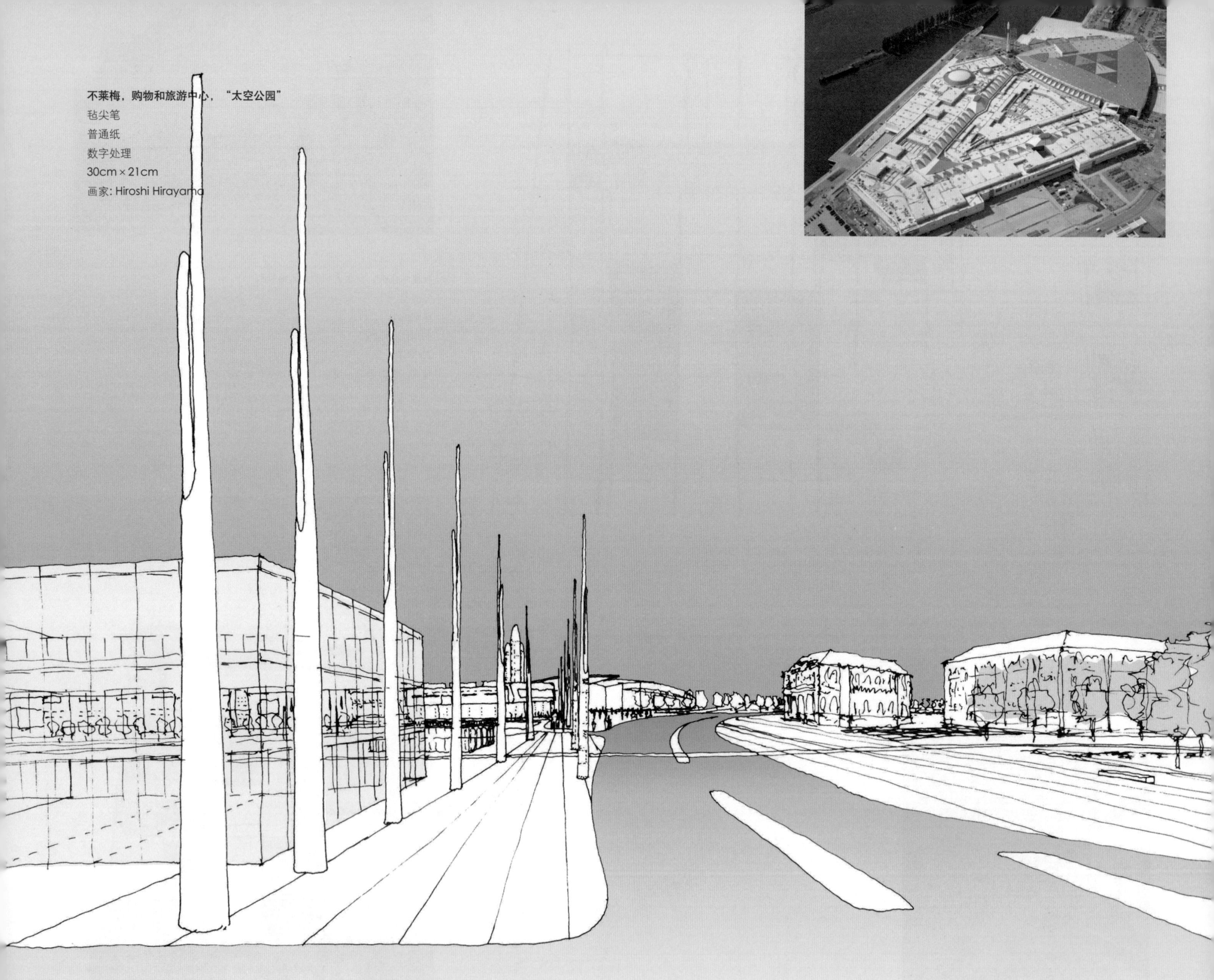

不莱梅，购物和旅游中心，“太空公园”
毡尖笔
普通纸
数字处理
30cm × 21cm
画家: Hiroshi Hirayama

不莱梅，购物和旅游中心，“太空公园”

毡尖笔

普通纸

数字处理

30cm × 21cm

画家：Hiroshi Hirayama

不莱梅，购物和旅游中心，
“太空公园”
毡尖笔
普通纸
数字处理
30cm × 21cm
画家: Hirshi Hirayama

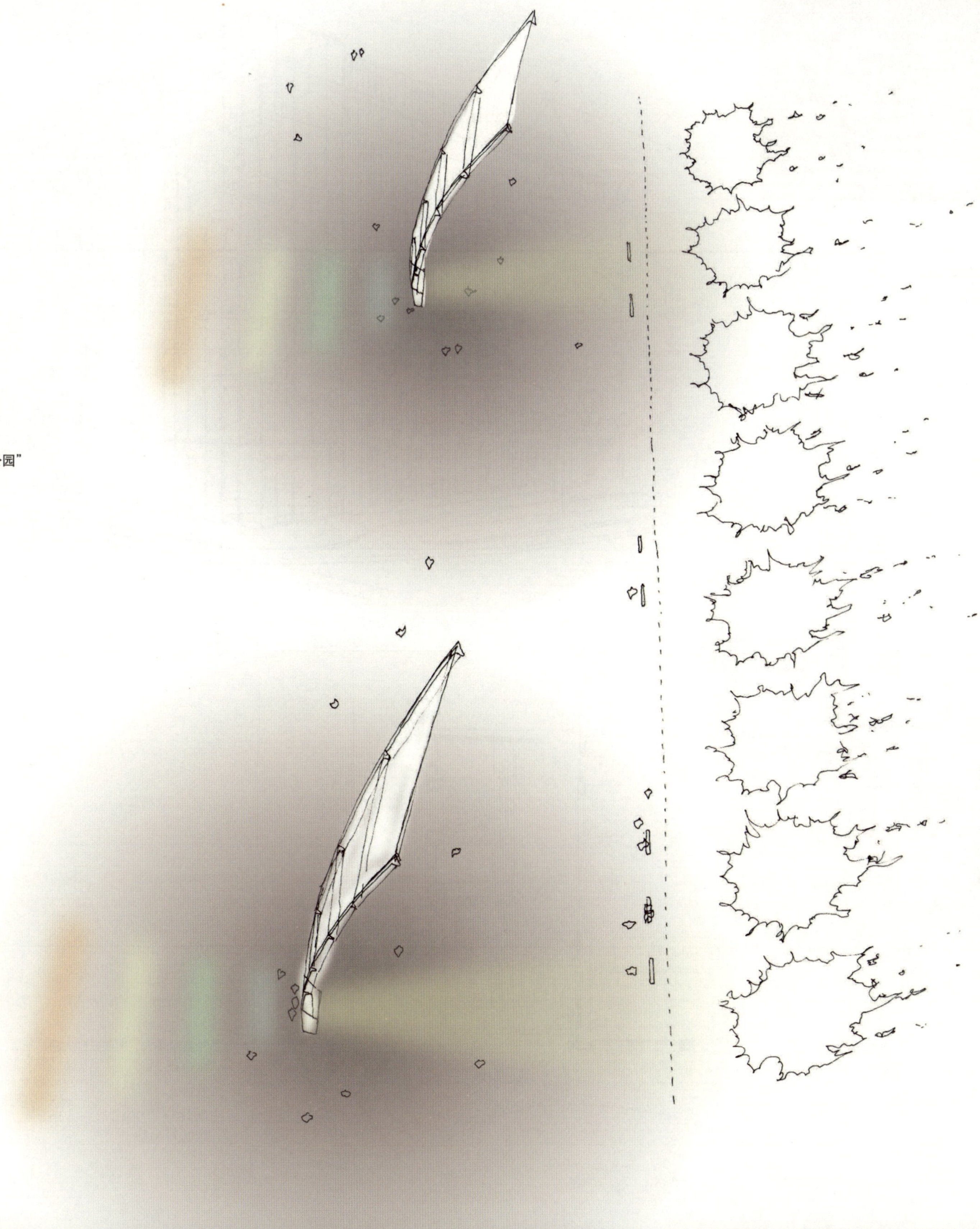

不莱梅，购物和旅游中心，“太空公园”

毡尖笔

普通纸

数字处理

30cm × 21cm

画家: Hirshi Hirayama

杜塞尔多夫，安联办公大楼
毡尖笔
普通纸
30cm × 21cm
2002/2003年
画家: Christian Kaldeway

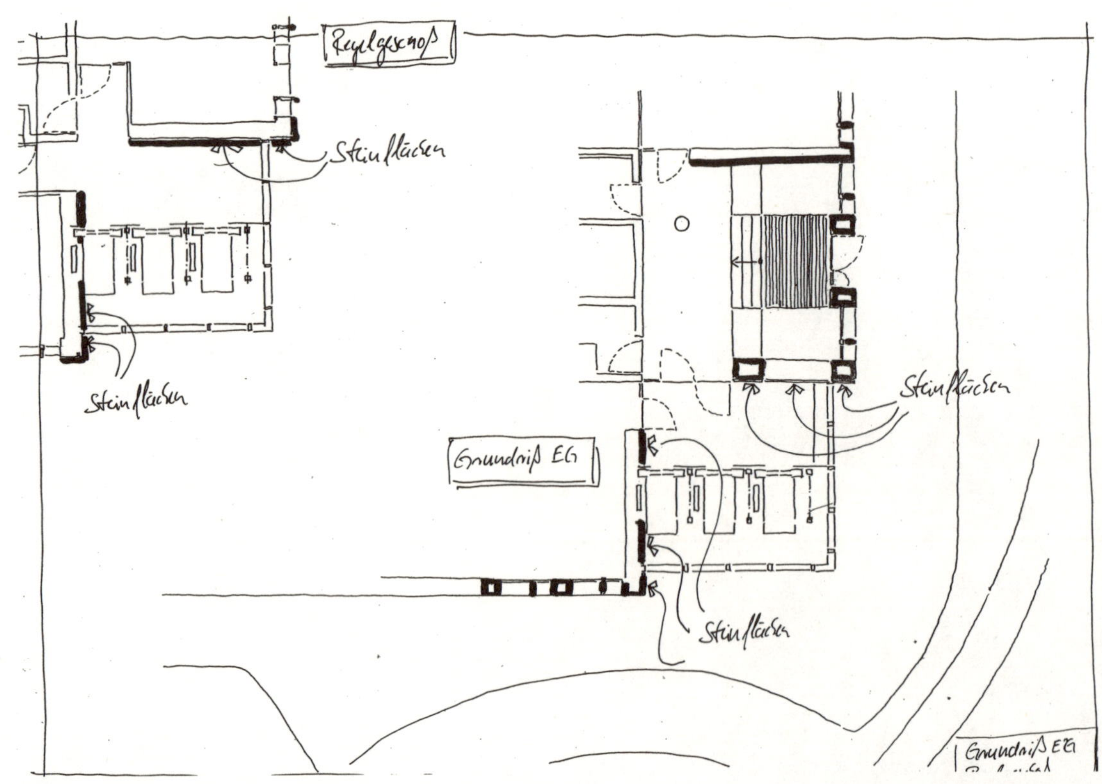

杜塞尔多夫，安联办公大楼，一层
毡尖笔
普通纸
30cm × 21cm
2002/2003年

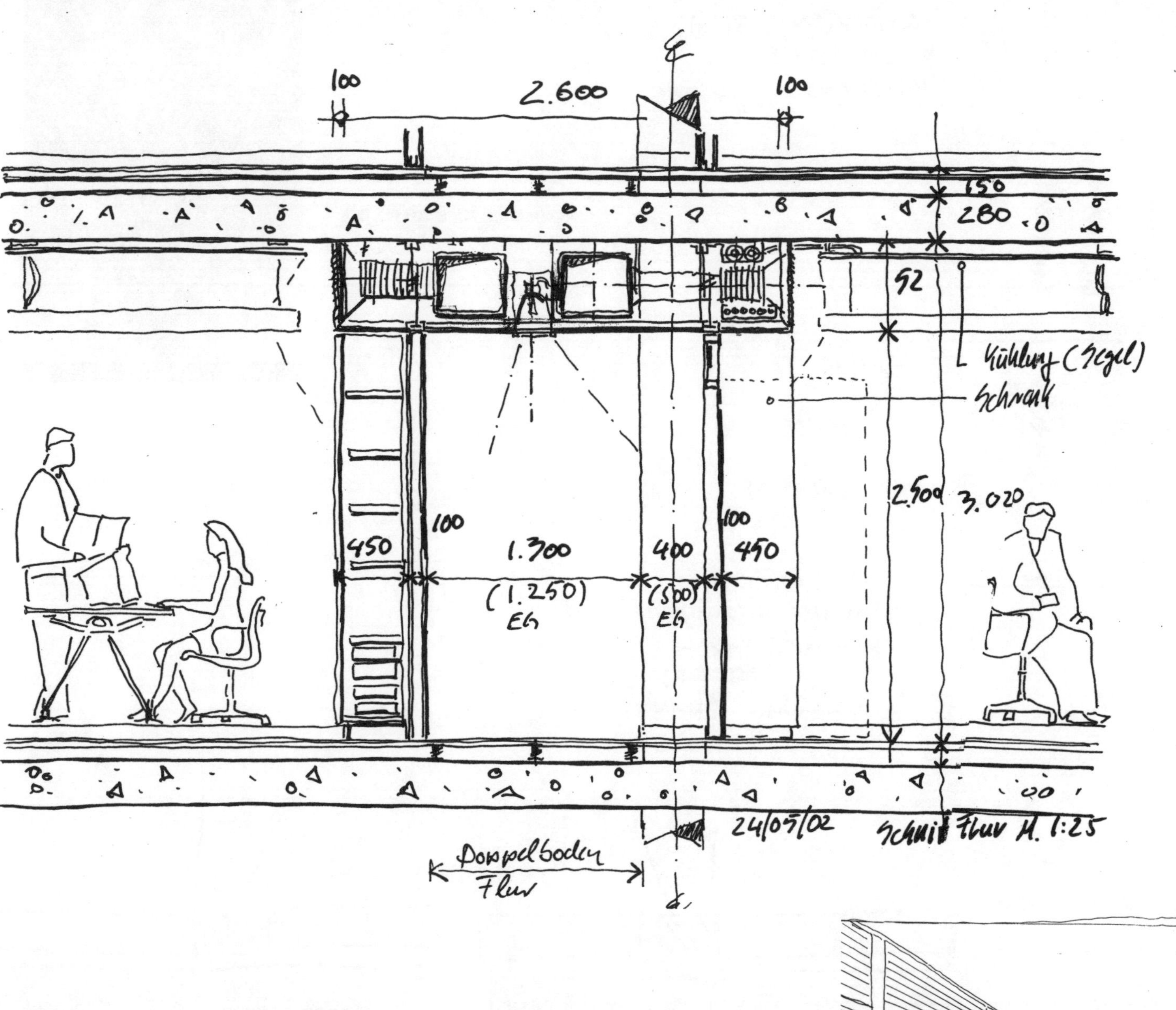

杜塞尔多夫，安联办公大楼，门厅

毡尖笔

普通纸

画家: Christian Kaldeway

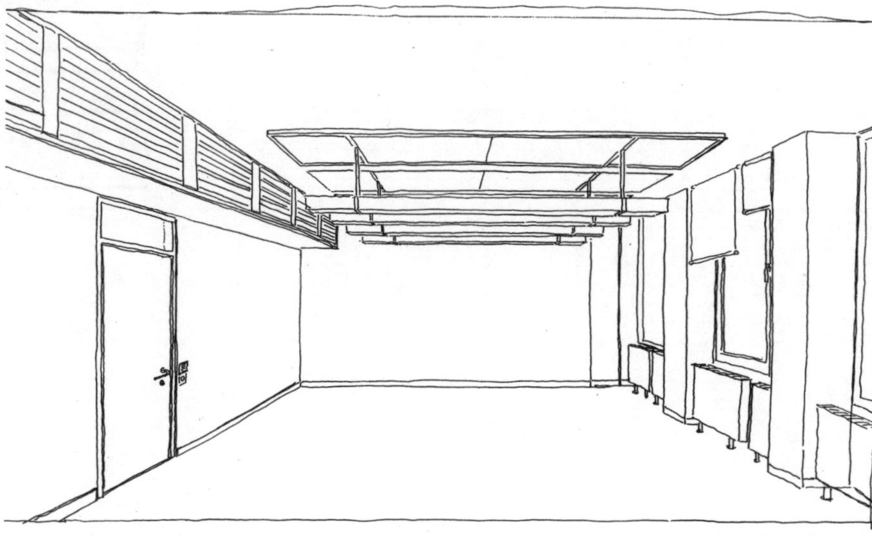

杜塞尔多夫，安联办公大楼，室内透视

毡尖笔

普通纸

30cm × 21cm

2002/2003年

ARCHITEKTEN RKW
HOCHHAUSSTUDIE
MÜNSTERSTR. JAN 98

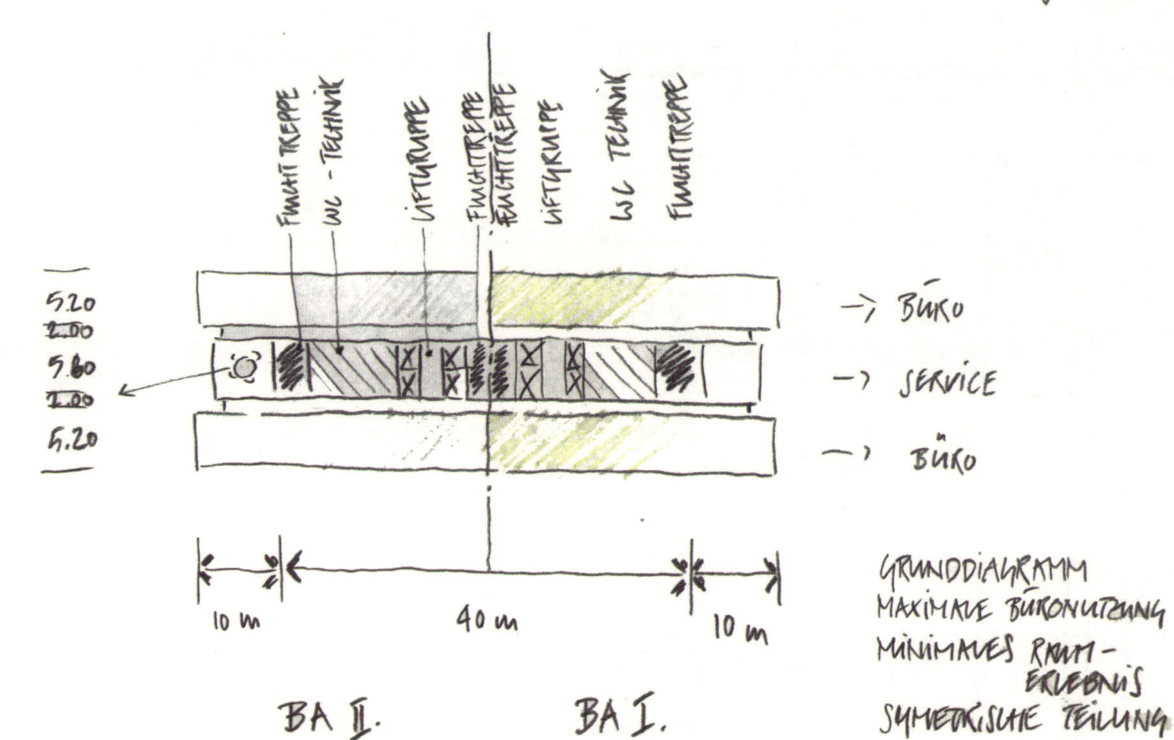

梅塞德斯街，高层建筑研究，概念
铅笔与彩铅
普通纸
28cm × 22cm
1998年
绘图：拉尔斯 · 克拉特

梅塞德斯街，高层建筑研究，室内空间
铅笔与彩铅
普通纸
33cm × 20cm
1998年
绘图：拉尔斯 · 克拉特

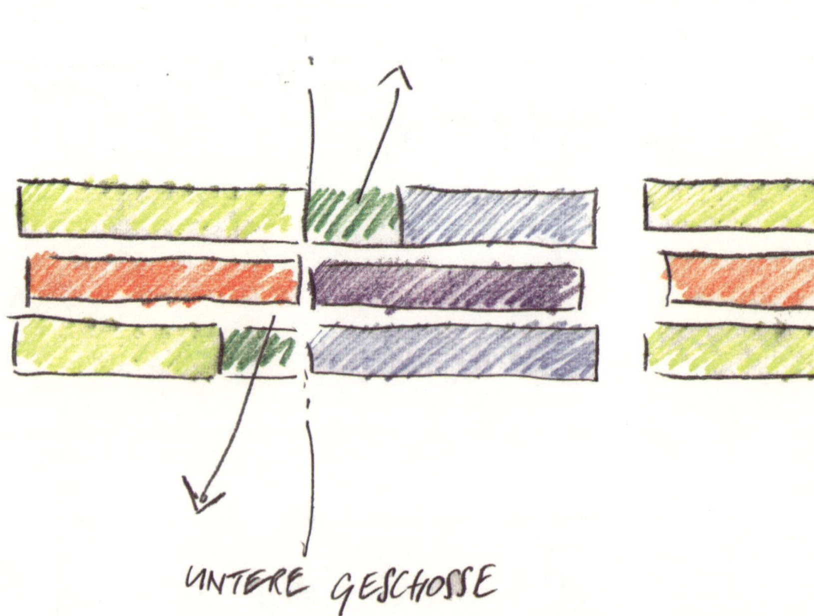

DIAGRAMM WANDERNDE INNENRÄUME / ATRIUM / GÄRTE

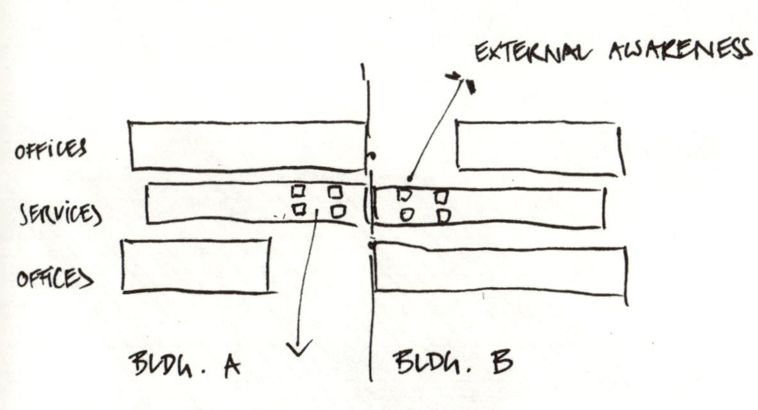

FLOOR PLAN DIAGRAMM

梅塞德斯街，高层建筑研究
毡尖笔
普通纸
18cm × 12cm
1998年
绘图：拉尔斯 · 克拉特

FAX TO NICOLAS
FROM LARS

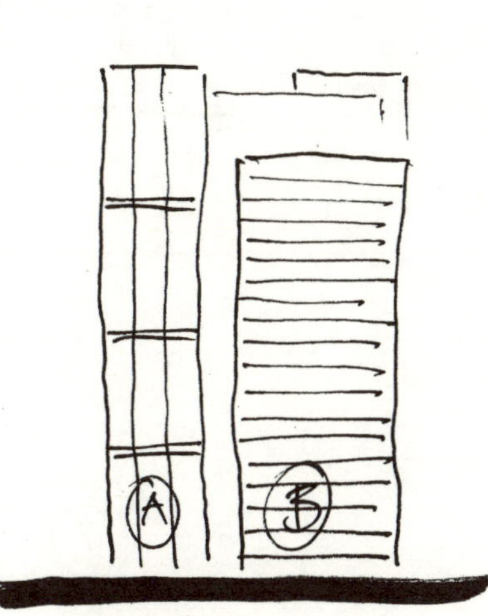

ELEVATION
BUILDINGS A + B
SHOULD HAVE VERY
DIFFERENT FASSADES

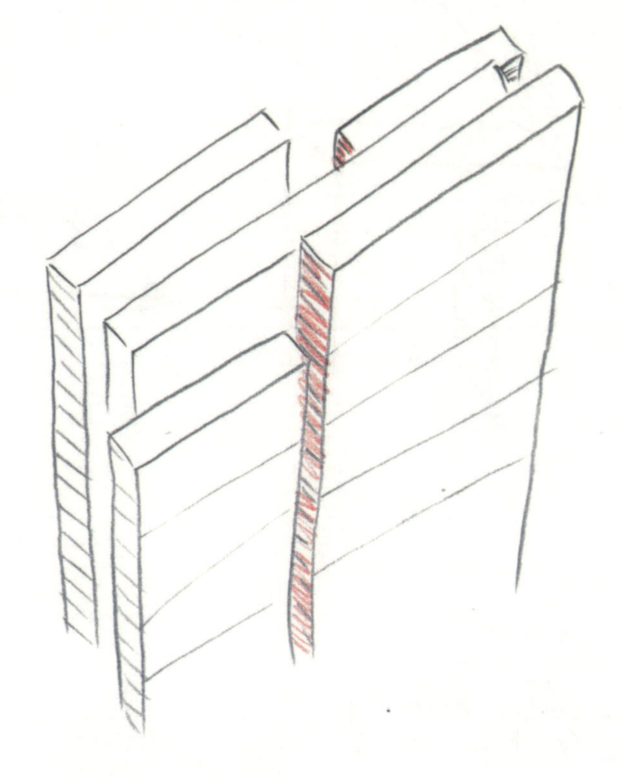

GEBÄUDE SÄTZE

梅塞德斯街，高层建筑研究
铅笔与水彩笔
普通纸
24cm × 20cm
1998年
绘图：拉尔斯 · 克拉特

-2-

ARCHITEKTONISCHE IDEE

URBAN IDEA

梅塞德斯街，高层建筑研究，天际线
铅笔
普通纸
33cm × 18cm
1998年
绘图：拉尔斯 · 克拉特

SKY LINE

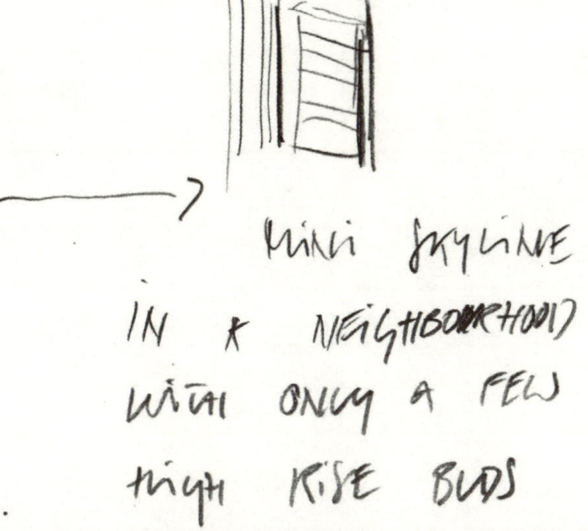

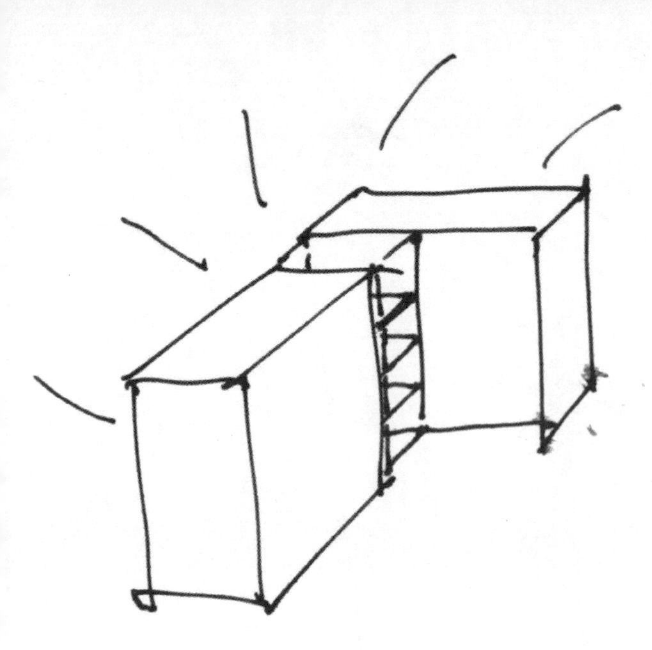

Gegensatzpaar

Gegensatzpaar

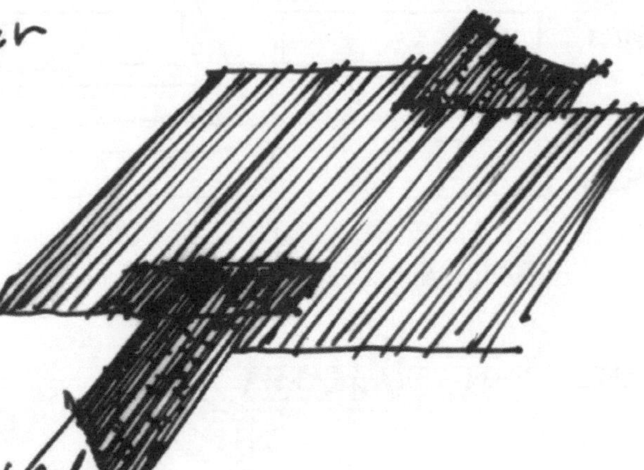

① Häuser:

- hell, silbrig
- leicht
- Offenheit
- Vielschichtig
- abstrakt
- Eleganz/Athmosphärisch

② Spielfeld

- natürliche Materialien
- dunkel bis mittelhell
- erdig, anthrazit, mittelbraun

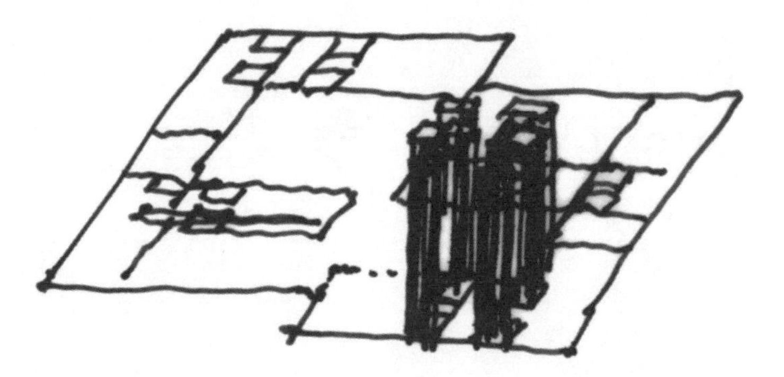

③ Kerne

- wachsen aus dem Boden nach oben
- Verbinden warme Haptik-Spielfeld mit Bürowelt
- Schaffen Emotionalität dadurch IDENTITÄT
- Akzentuieren die neutralen Büro~~welt~~ ebenen

杜塞尔多夫，医生协会之家，材料概念

墨水

普通纸

30cm × 21cm

1999/2000年

绘图：丹尼尔·卡斯

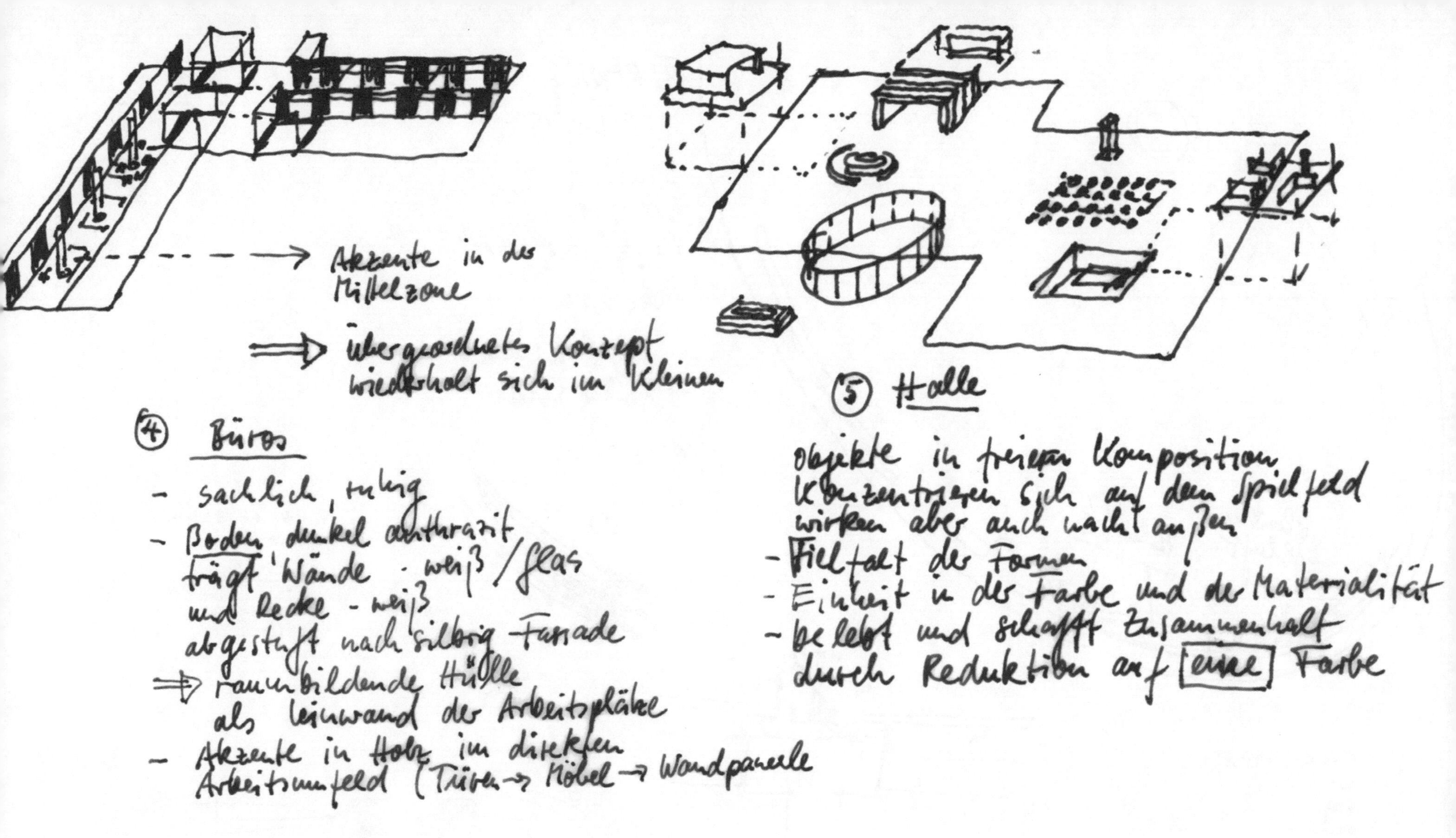

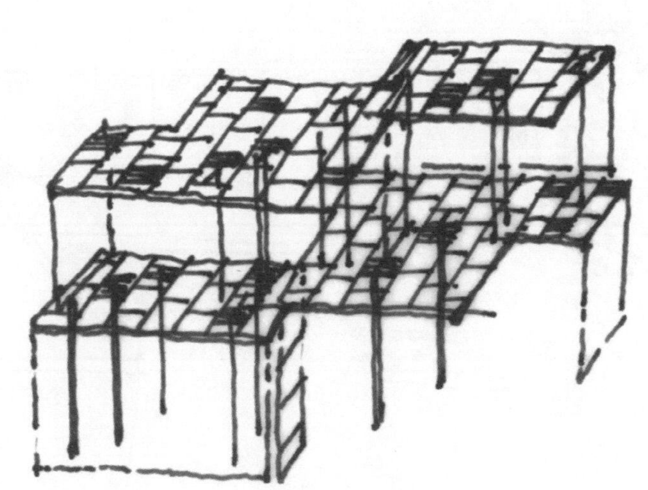

⑤ Dach

faßt zusammen - bildet die EINHEIT
Material - Glas / Stahl / Streckmetall
Athmosphärische Farbpalette -
farbige Grautöne variieren je nach Reflexion der Umgebung
⟹ Miteinbeziehen, Offenheit, Spiritualität durch leichte 'Kontraste'

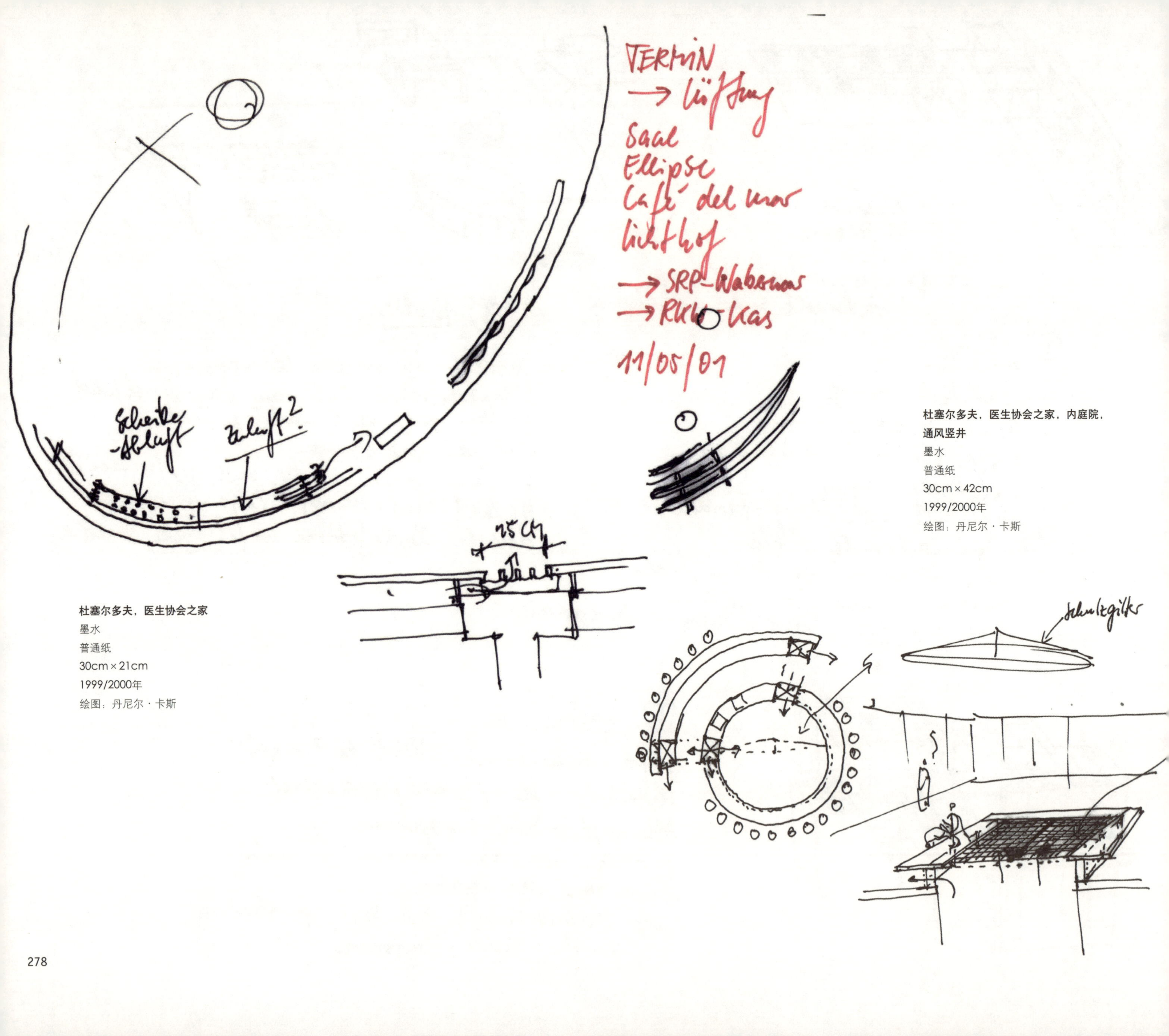

杜塞尔多夫，医生协会之家，内庭院，通风竖井
墨水
普通纸
30cm × 42cm
1999/2000年
绘图：丹尼尔・卡斯

杜塞尔多夫，医生协会之家
墨水
普通纸
30cm × 21cm
1999/2000年
绘图：丹尼尔・卡斯

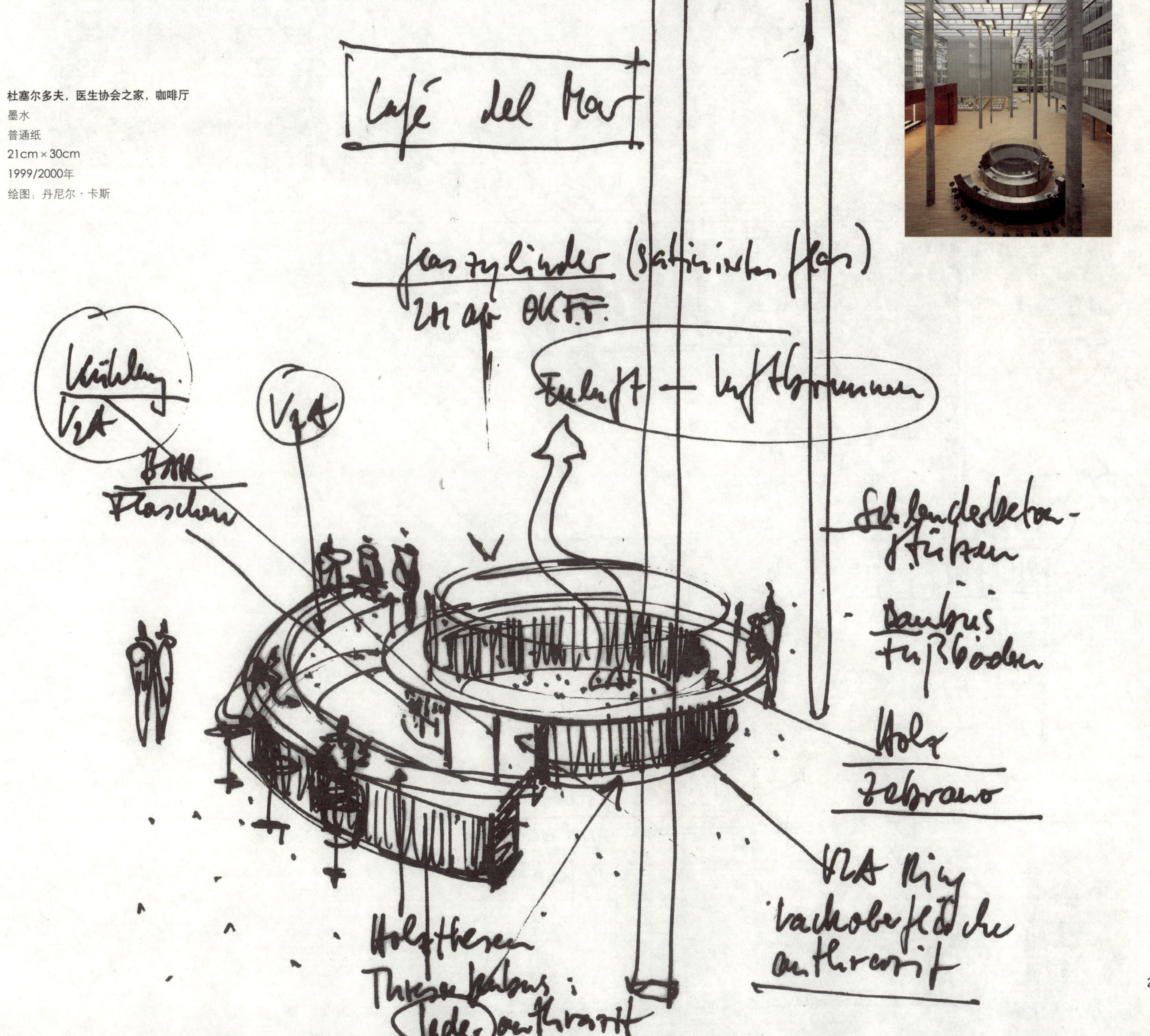

杜塞尔多夫，医生协会之家，咖啡厅

墨水

普通纸

21cm×30cm

1999/2000年

绘图：丹尼尔·卡斯

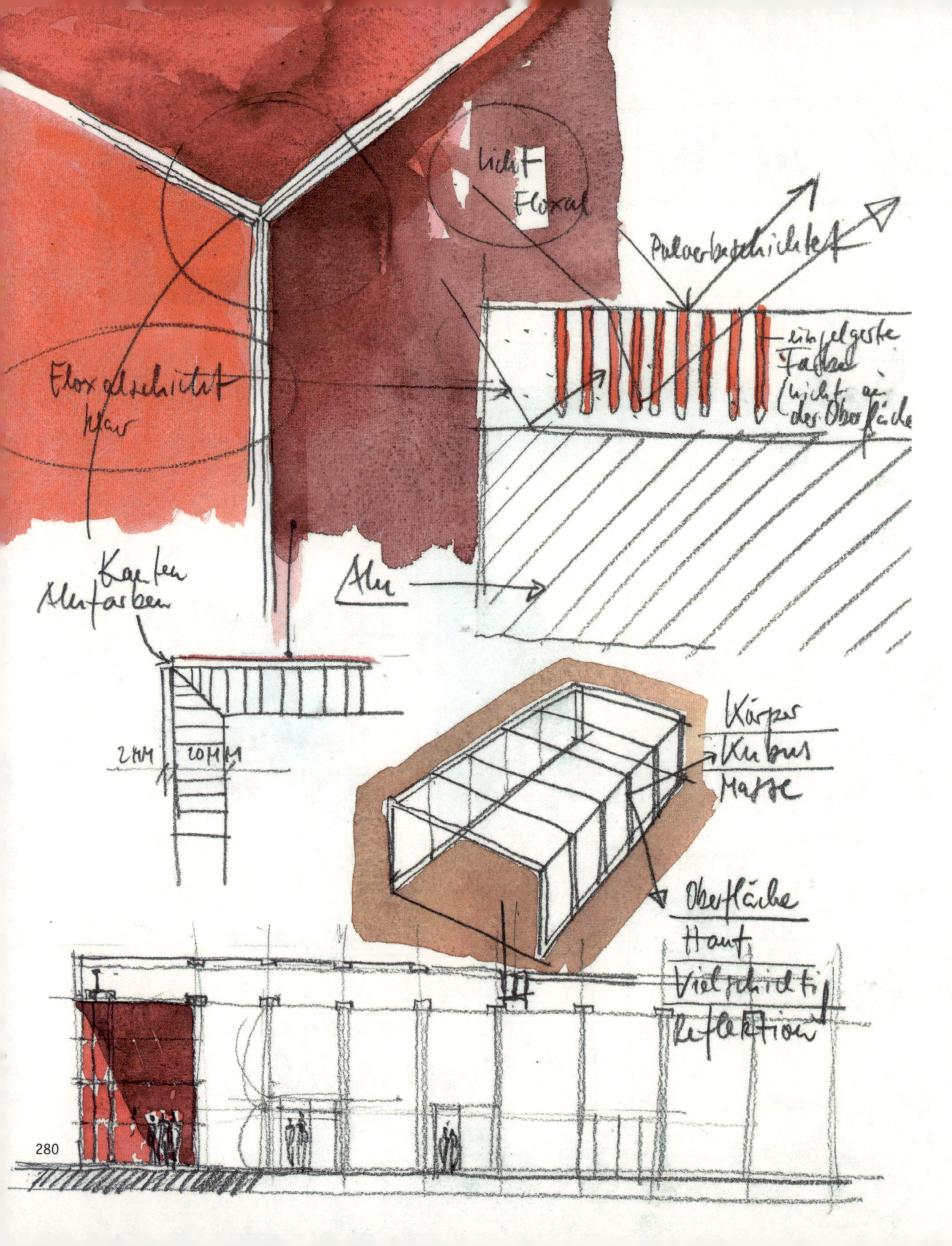

杜塞尔多夫，医生协会之家，活动大厅“红盒子”

铅笔与水彩

普通纸

42cm × 30cm

1999/2000年

绘图：丹尼尔 · 卡斯

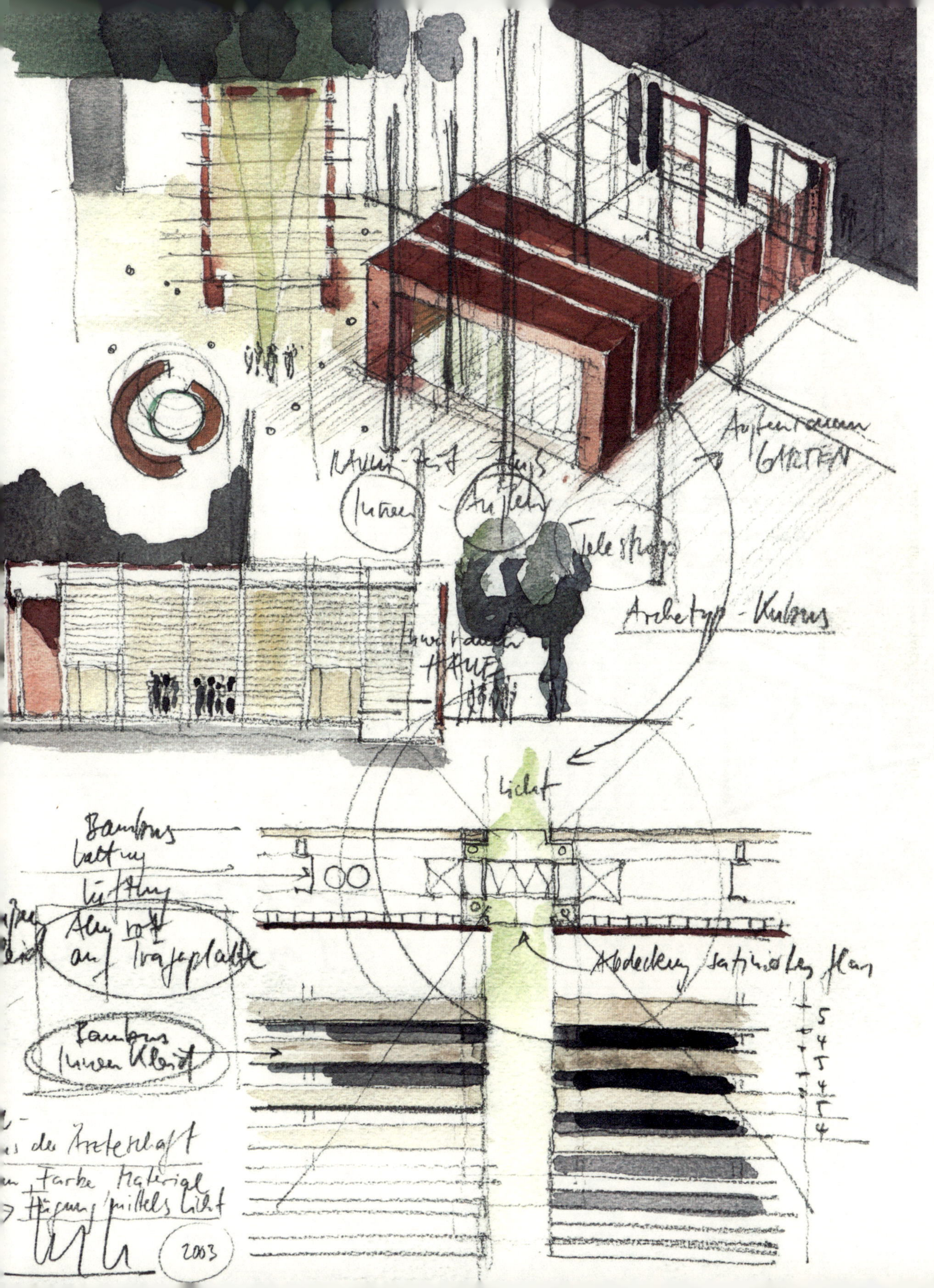

杜塞尔多夫，医生协会之家，活动大厅“红盒子”

铅笔与水彩

普通纸

42cm × 30cm

1999/2000年

绘图：丹尼尔 · 卡斯

绍尔布鲁赫·哈顿

1989年，路易莎·哈顿和马蒂亚斯·绍尔布鲁赫合伙成立了绍尔布鲁赫·哈顿建筑师事务所，分别在伦敦和巴黎设立公司。路易莎·哈顿（1957年生于英格兰的诺维奇）就读于布里斯托尔大学和伦敦建筑联盟学院，并于1985年获得学士学位，1990年获得硕士学位。她借着作为众多国际名校的客座讲师的机会周游各地。马蒂亚斯·绍尔布鲁赫（1955年生于康斯坦斯）一开始就读于柏林美术学院，然后进入伦敦建筑协会。从2001年到2007年，绍尔布鲁赫一直在斯图加特的国家美术学院执教。

柏林，施潘道，Maselakekanal南岸发展计划，林荫大道

墨水笔与丙烯酸涂料

箔纸

47cm × 28cm

1994年

柏林，施潘道，Maselakekanal南岸发展计划，广场

墨水笔与丙烯酸涂料

箔纸

47cm × 28cm

1994年

柏林，施潘道，Maselakekanal发展计划，花园
墨水笔与丙烯酸涂料
箔纸
47cm × 28cm
1994年

柏林，施潘道，Maselakekanal发展计划，桥

墨水笔与丙烯酸涂料

箔纸

37cm×23cm

1994年

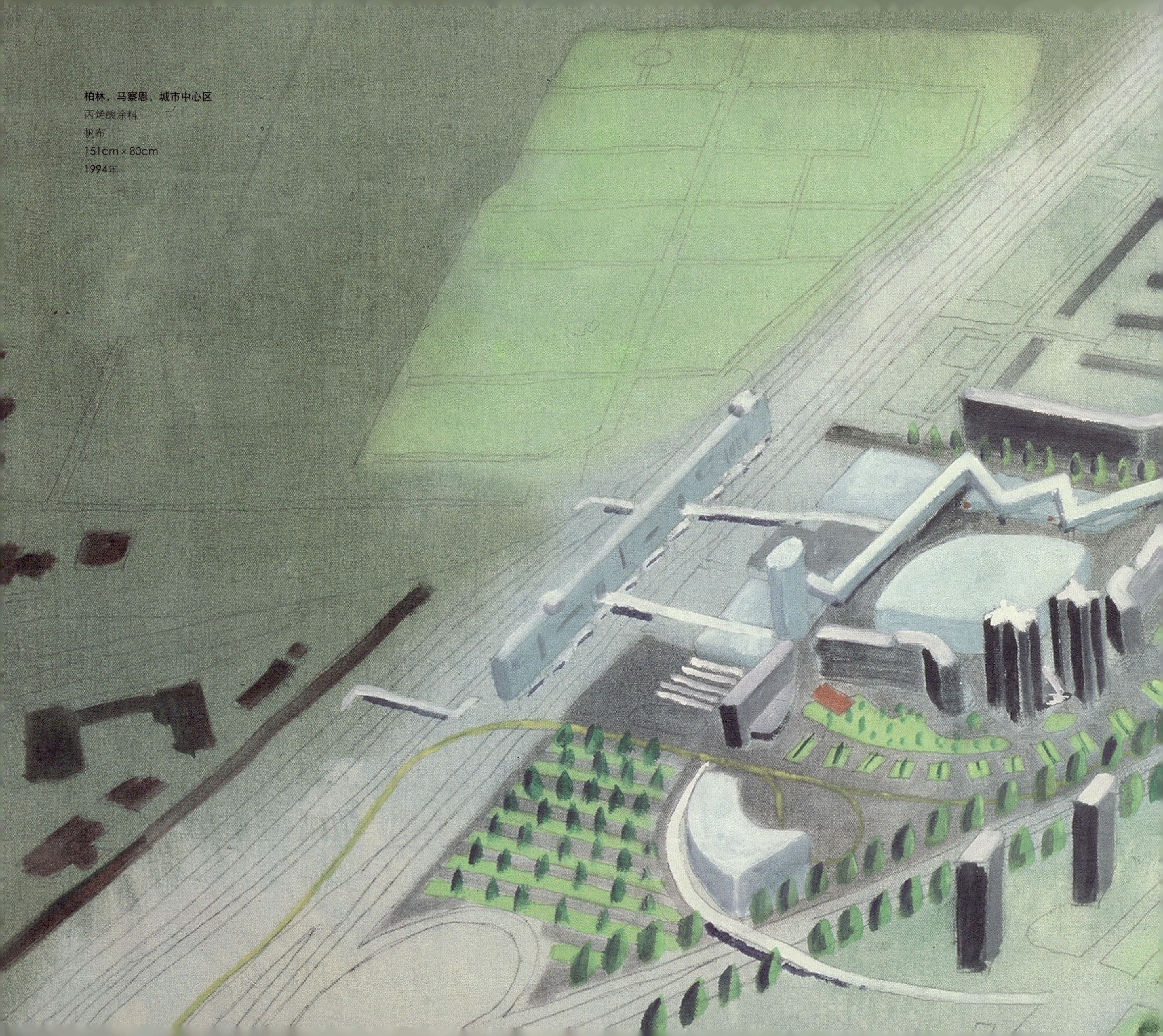

柏林，马察恩，城市中心区

丙烯酸涂料

帆布

151cm × 80cm

1994年

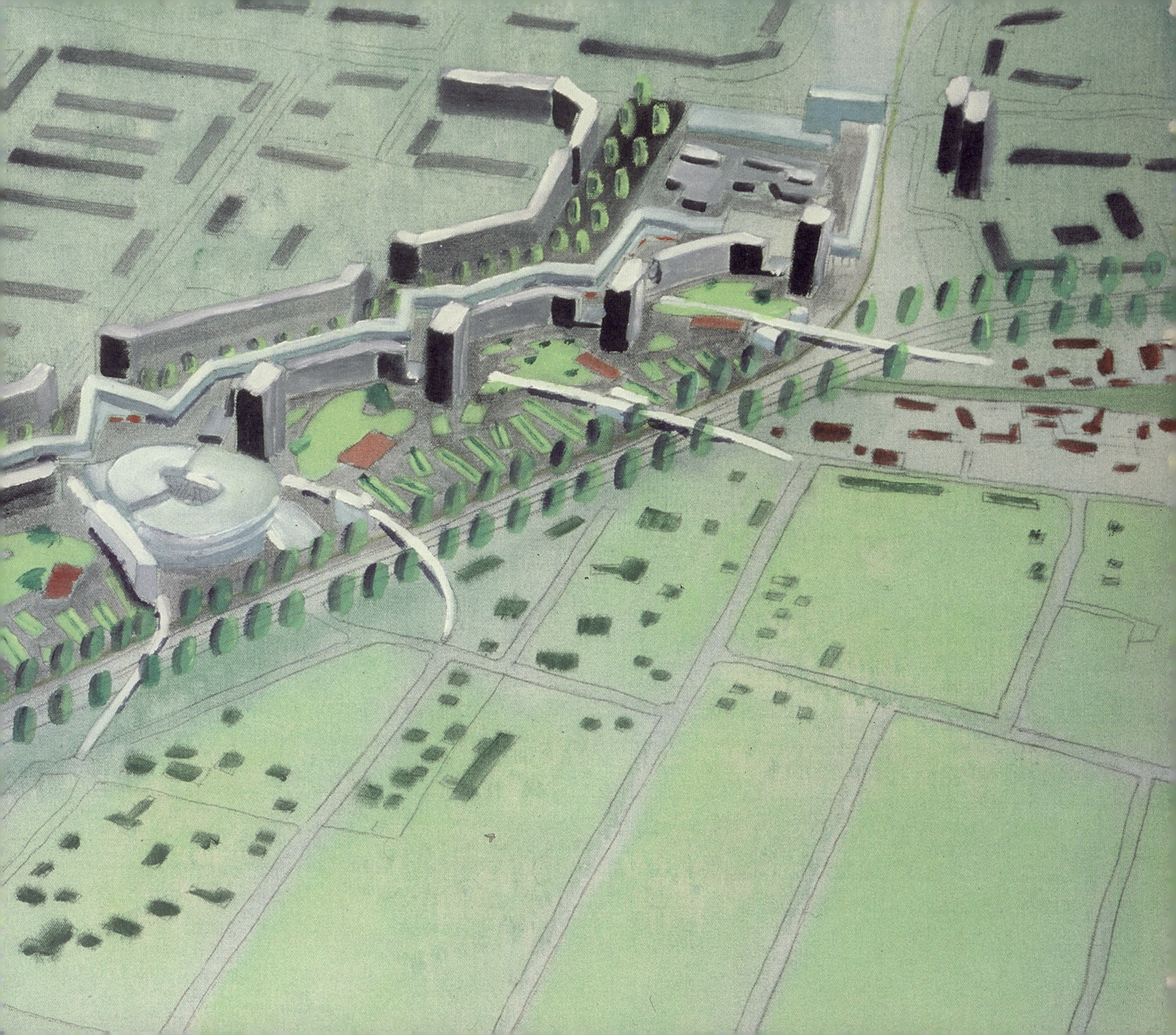

柏林，米特，海涅·斯特拉斯路，发展规划
丙烯酸涂料
帆布
151cm×80cm
1993年

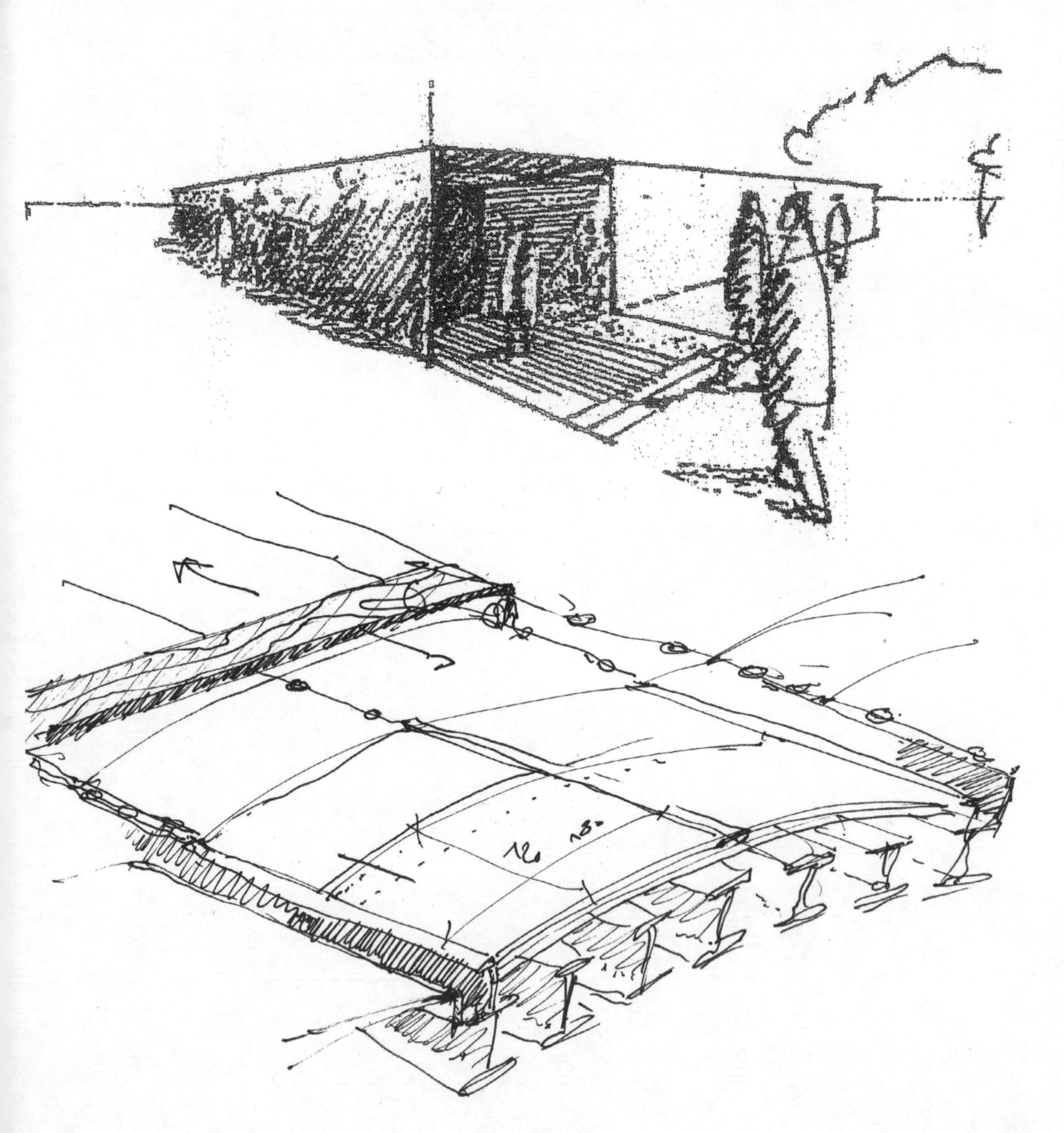

特伊洛·施耐德

在成为施耐德+舒马赫建筑师事务所的合伙人之前，特伊洛·施耐德（1959年生于科布伦茨）曾经是一名自由职业者，为达姆施塔特的泽莱+弗里茨和罗伯特米尔布工作。与他的合伙人迈克尔·舒马赫一样，特伊洛·施耐德曾在凯泽斯劳滕大学学习建筑，1986年毕业于达姆拖塔特的技术学院。然后在法兰克福国立艺术学院，彼得·库克的门下继续攻读硕士学位。

Till Schneider

萨克森豪森，奥拉宁堡，苏联特训营博物馆

毡尖笔

素描纸

15cm×21cm

2000年

莱比锡，毕马威会计师事务所
毡尖笔与拼贴
描图纸
42cm × 30cm
1995年

莱茵瑙，布伦纳展览馆和办公建筑

毡尖笔

素描纸

42cm×30cm

2003年

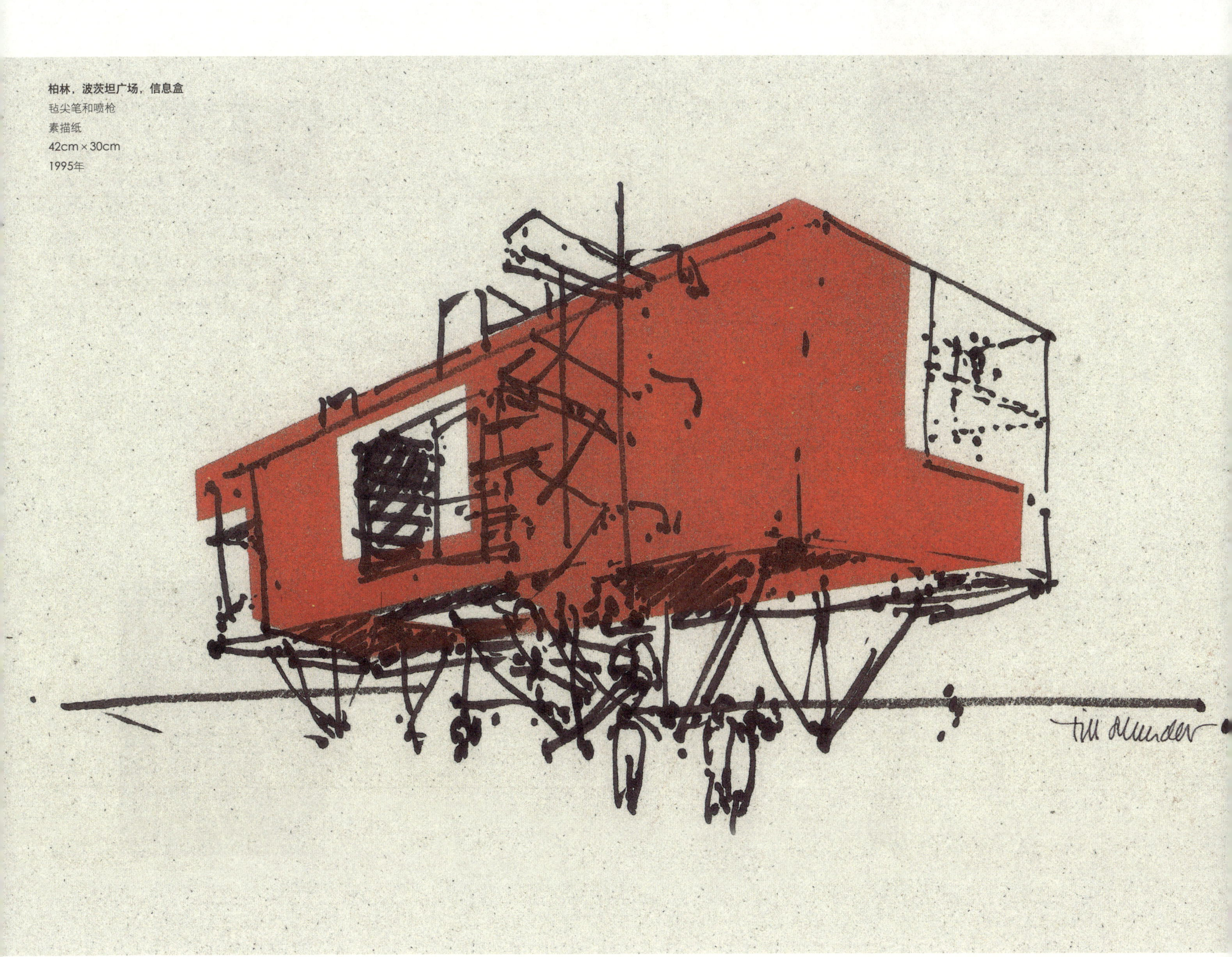

柏林，波茨坦广场，信息盒

毡尖笔和喷枪

素描纸

42cm×30cm

1995年

柏林，波茨坦广场，信息盒
毡尖笔
普通纸
21cm × 15cm
1994年

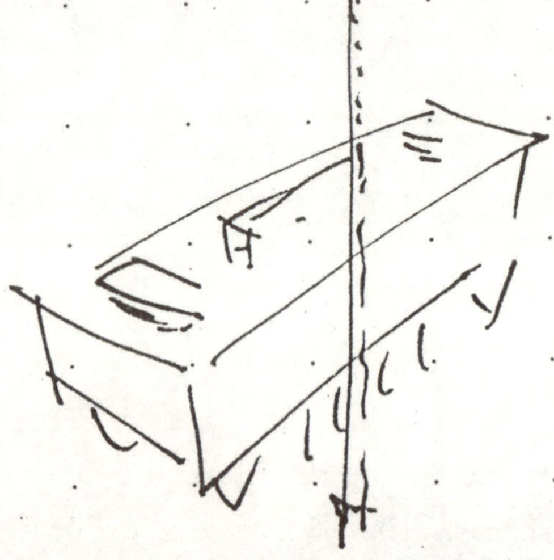

迈克尔·舒马赫

迈克尔·舒马赫（1957年生于克雷费尔德）在凯泽斯劳滕大学获得建筑学学位，然后在法兰克福国立艺术学院的彼得·库克门下继续攻读硕士学位。他最初在诺曼·福斯特的伦敦事务所和法兰克福的布劳恩和施罗克曼事务所工作。从1999年到2000年，他以客座教授的身份回到法兰克福国立艺术学院。

法兰克福，Westhafen塔，立面
毡尖笔
普通纸
21cm × 30cm
1999年

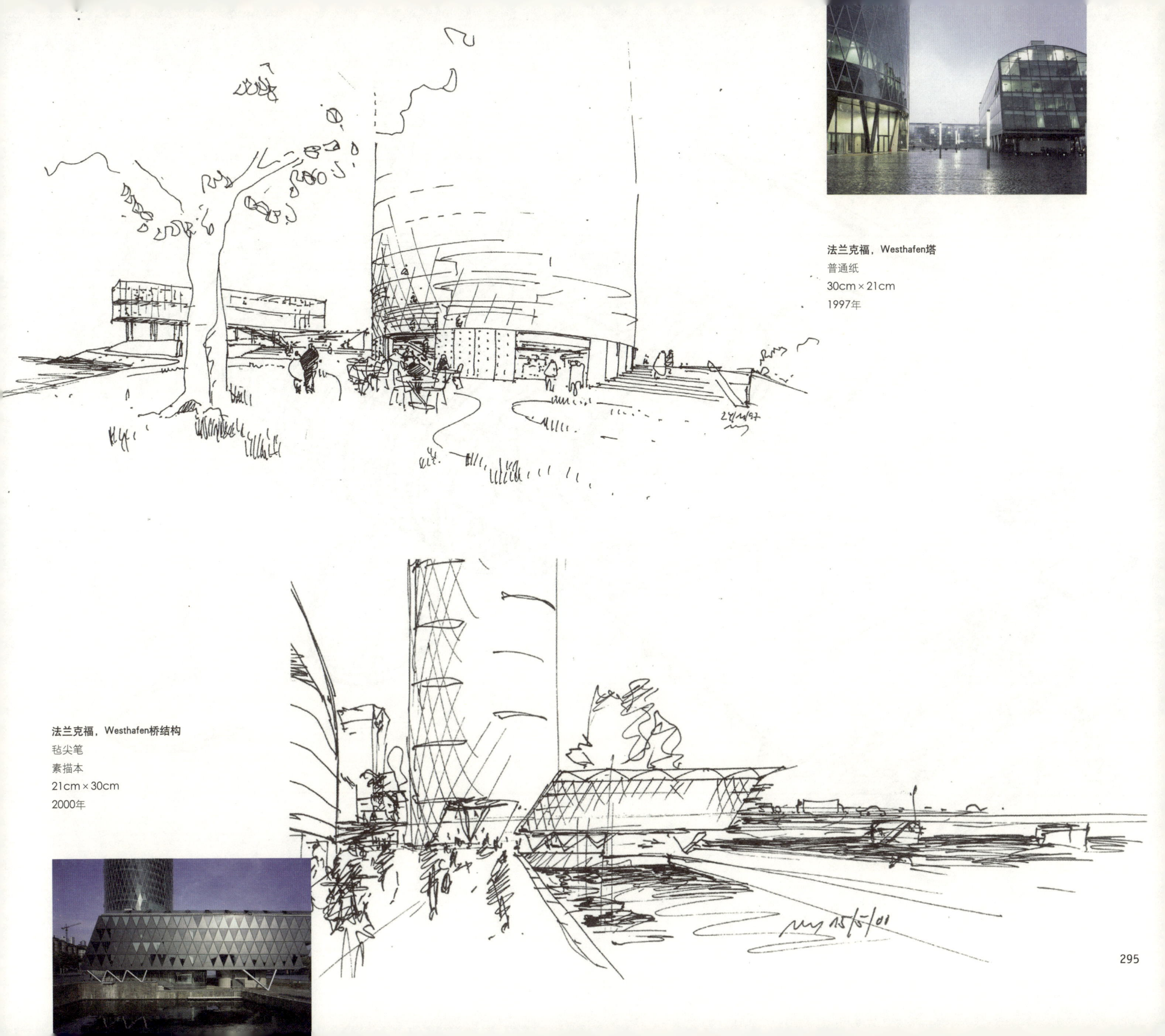

法兰克福，Westhafen塔
普通纸
30cm × 21cm
1997年

法兰克福，Westhafen桥结构
毡尖笔
素描本
21cm × 30cm
2000年

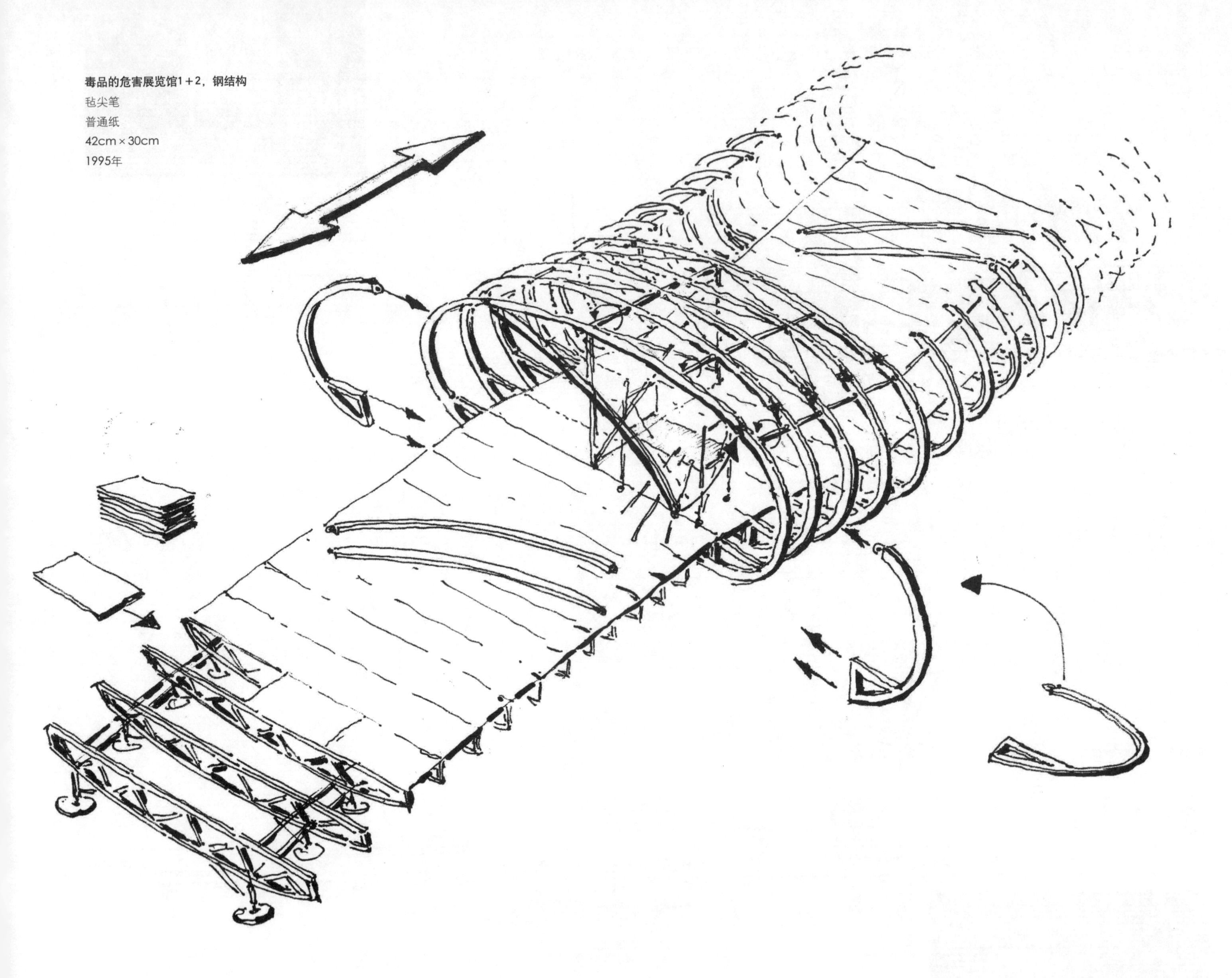

毒品的危害展览馆1+2，钢结构

毡尖笔

普通纸

42cm×30cm

1995年

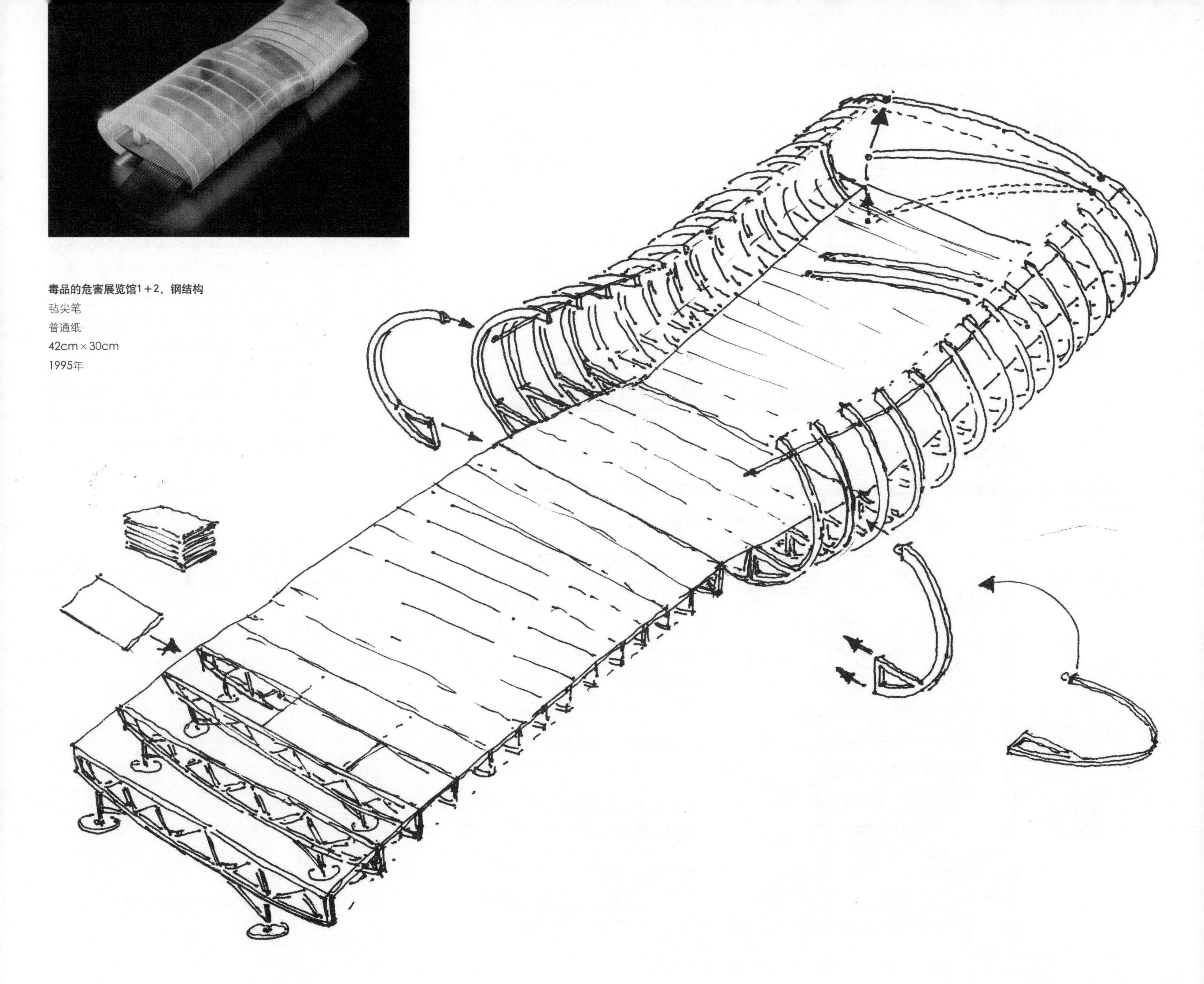

毒品的危害展览馆1＋2，钢结构

毡尖笔

普通纸

42cm × 30cm

1995年

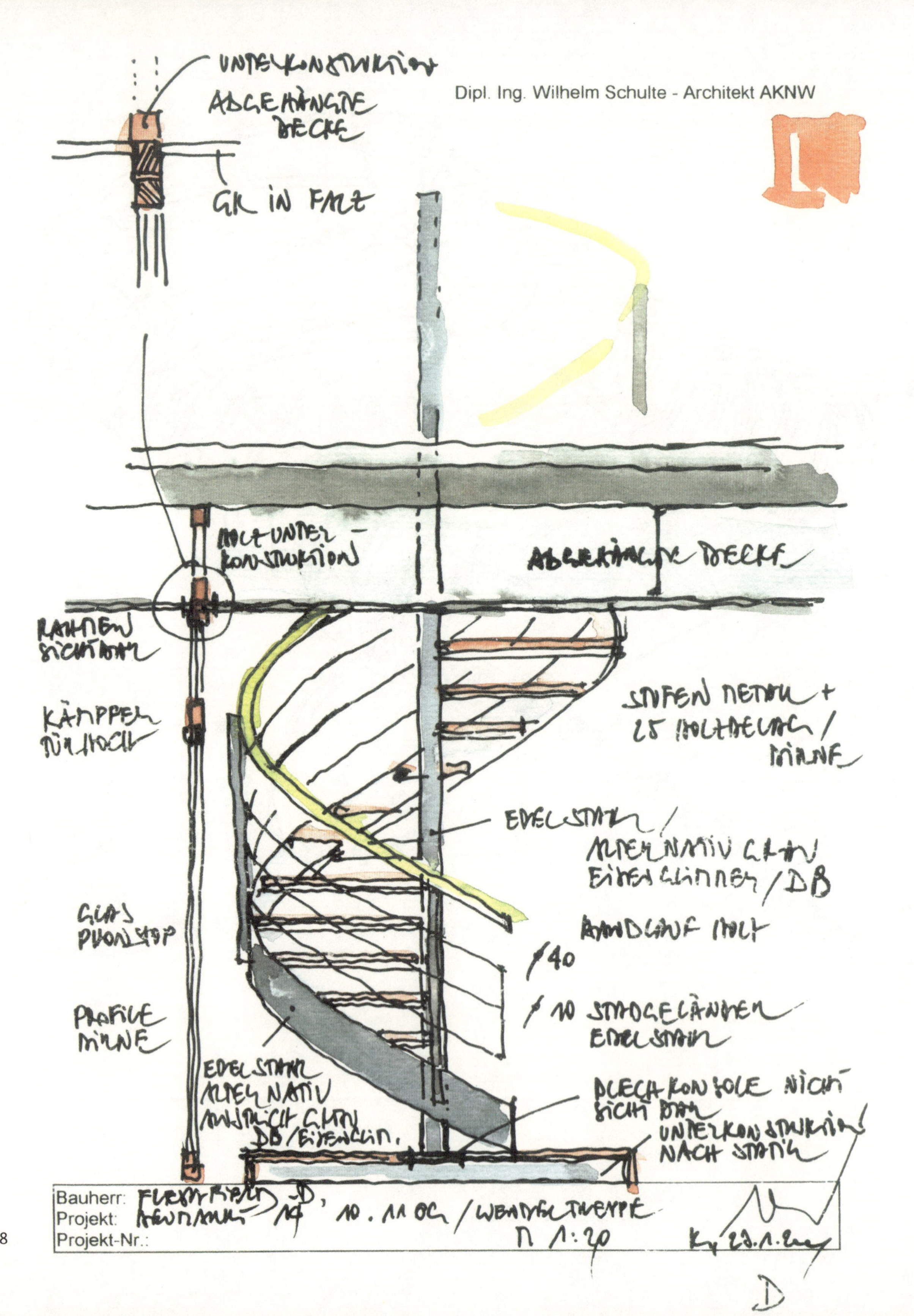

威廉·舒尔特

“传达想法、情绪和联想，向别人阐明关于设计的一切”是威廉·舒尔特（1954年生于恩瑟–不莱梅）经常用手绘图汇报方案的最主要原因。自2000年以来，舒尔特一直是舒尔特建筑师事务所科隆分公司的拥有者，在那里他准备自己的手绘作品。从1976年到1984年，他在亚琛威斯特伐利亚技术学院学习建筑。随后他与多家建筑师事务所一起合作，包括埃里希·施耐德–韦斯林、克拉伊默、西弗茨与其合伙人事务所。

弱伟时律师事务所办公楼结构改建，楼梯

墨水，铅笔与水彩

普通纸

85cm × 85cm

2000年

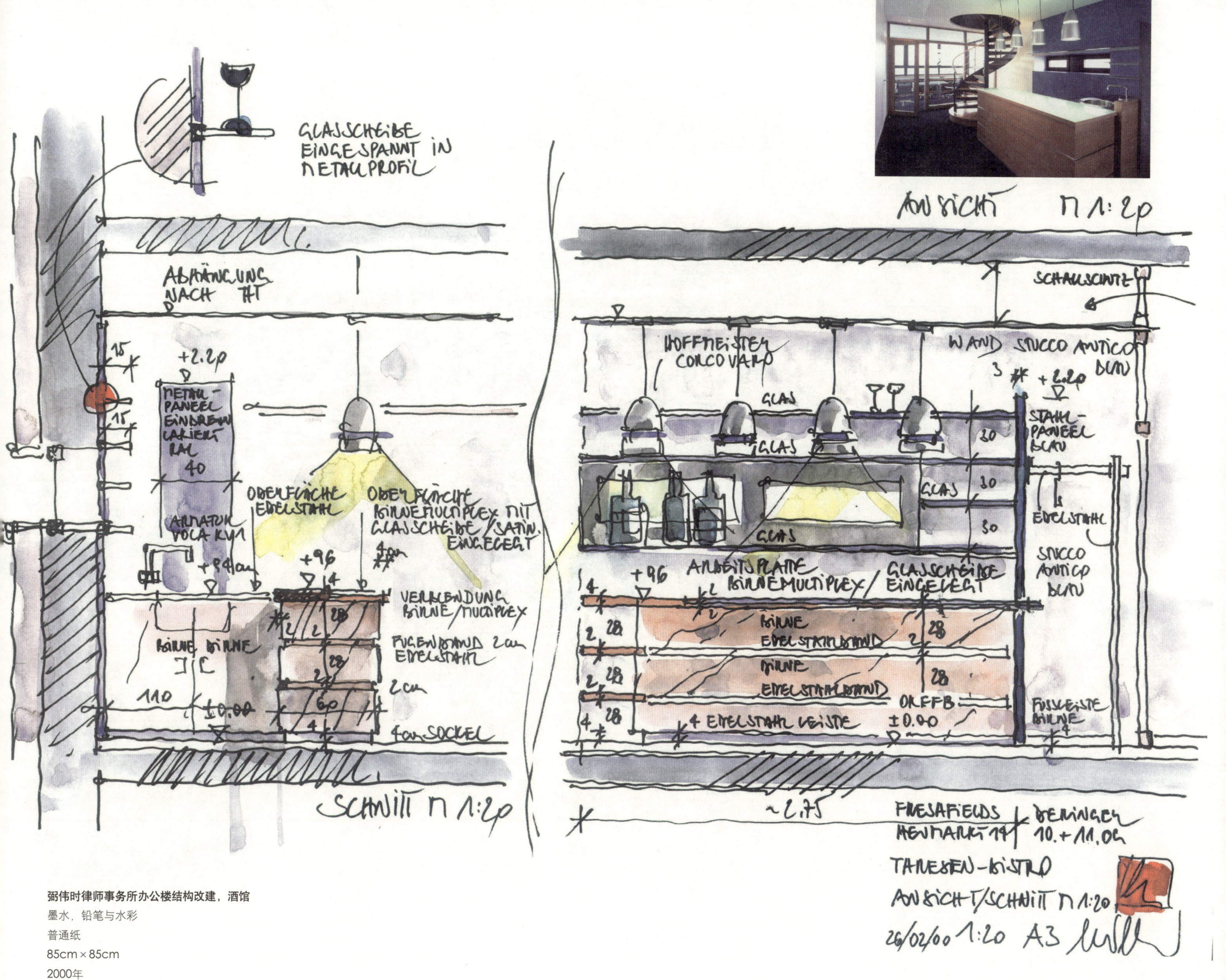

弼伟时律师事务所办公楼结构改建，酒馆

墨水，铅笔与水彩

普通纸

85cm × 85cm

2000年

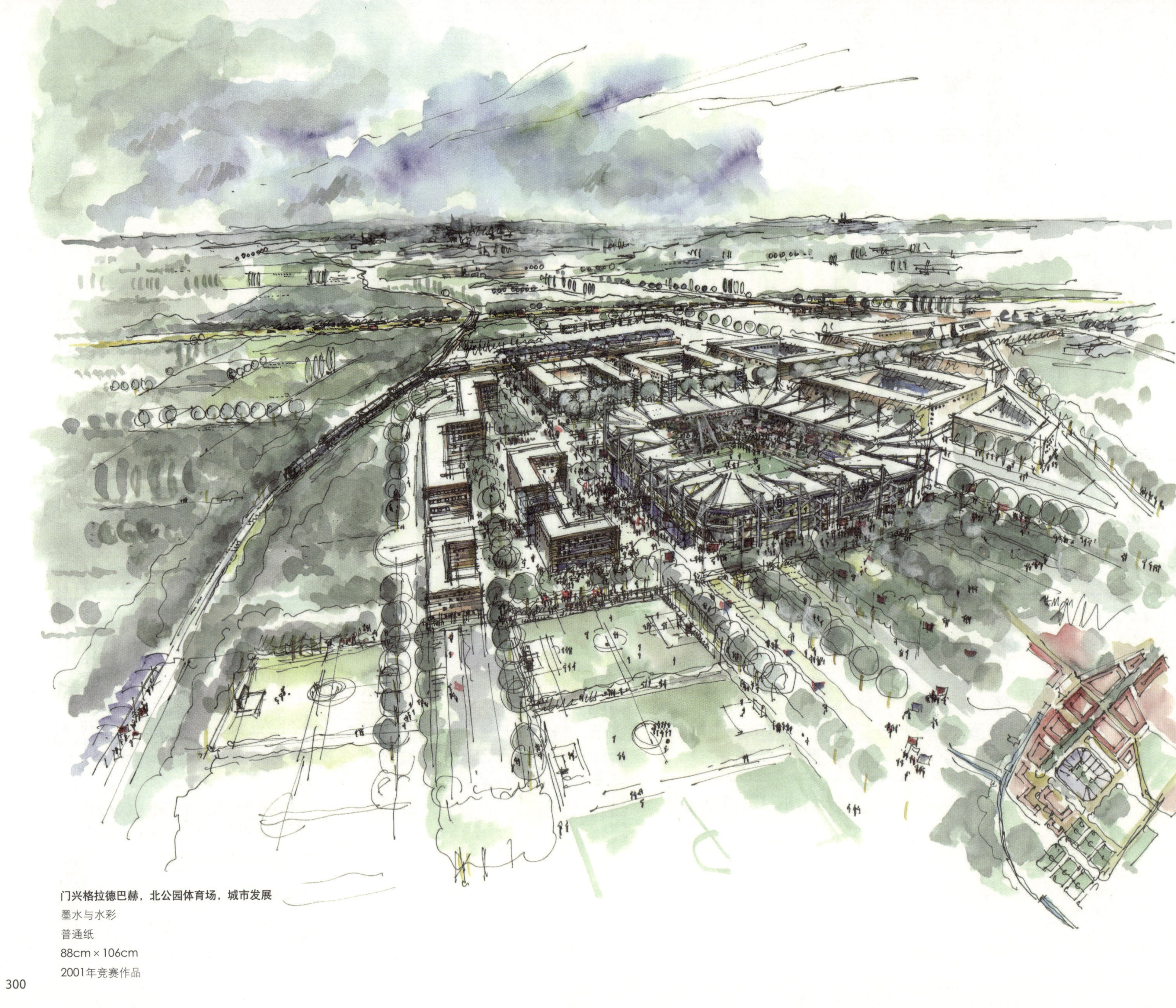

门兴格拉德巴赫，北公园体育场，城市发展

墨水与水彩

普通纸

88cm × 106cm

2001年竞赛作品

科隆，道依茨港，城市发展

墨水与水彩

手抄纸

104cm × 84cm

2002年

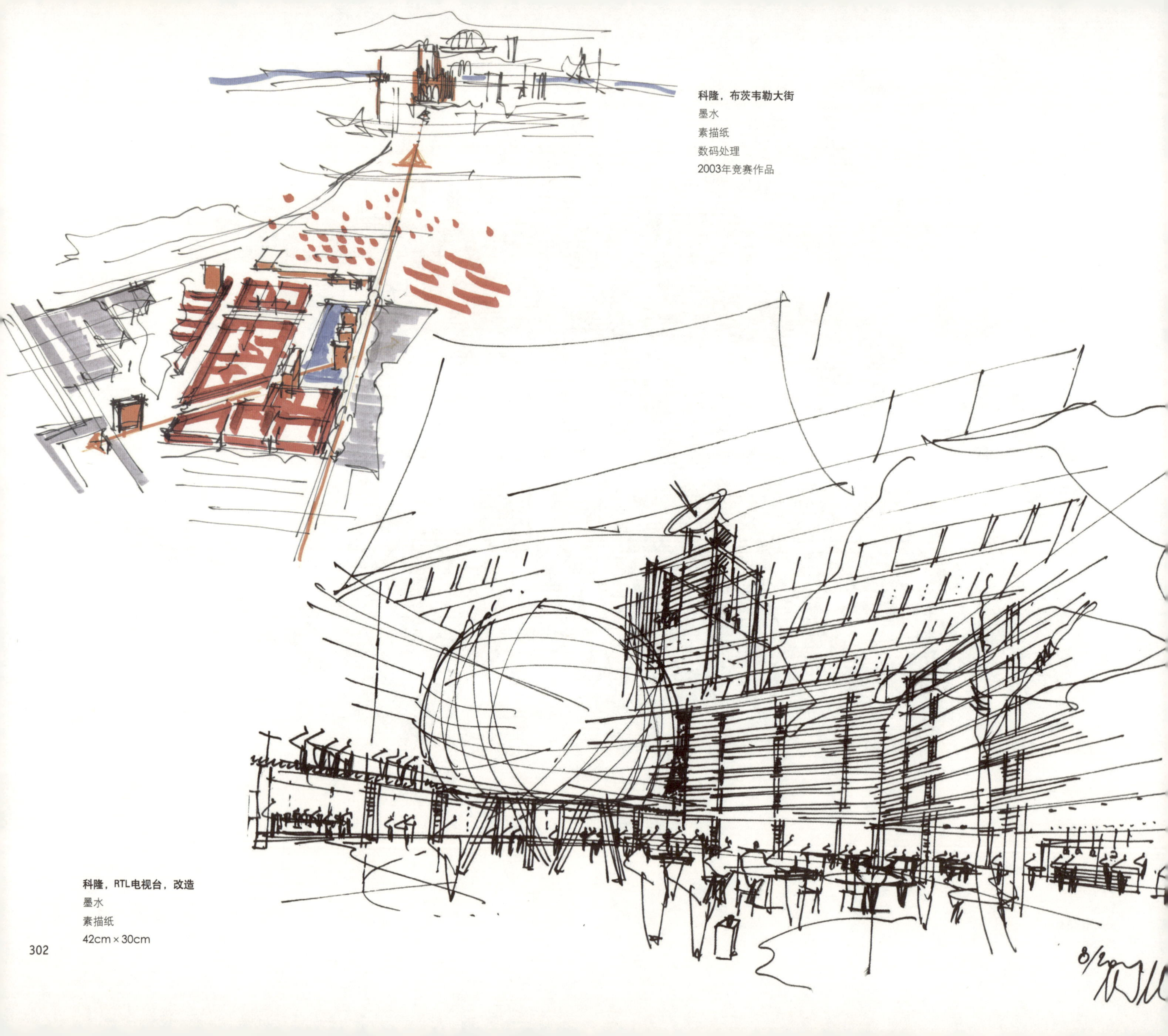

科隆，布茨韦勒大街

墨水

素描纸

数码处理

2003年竞赛作品

科隆，RTL电视台，改造

墨水

素描纸

42cm × 30cm

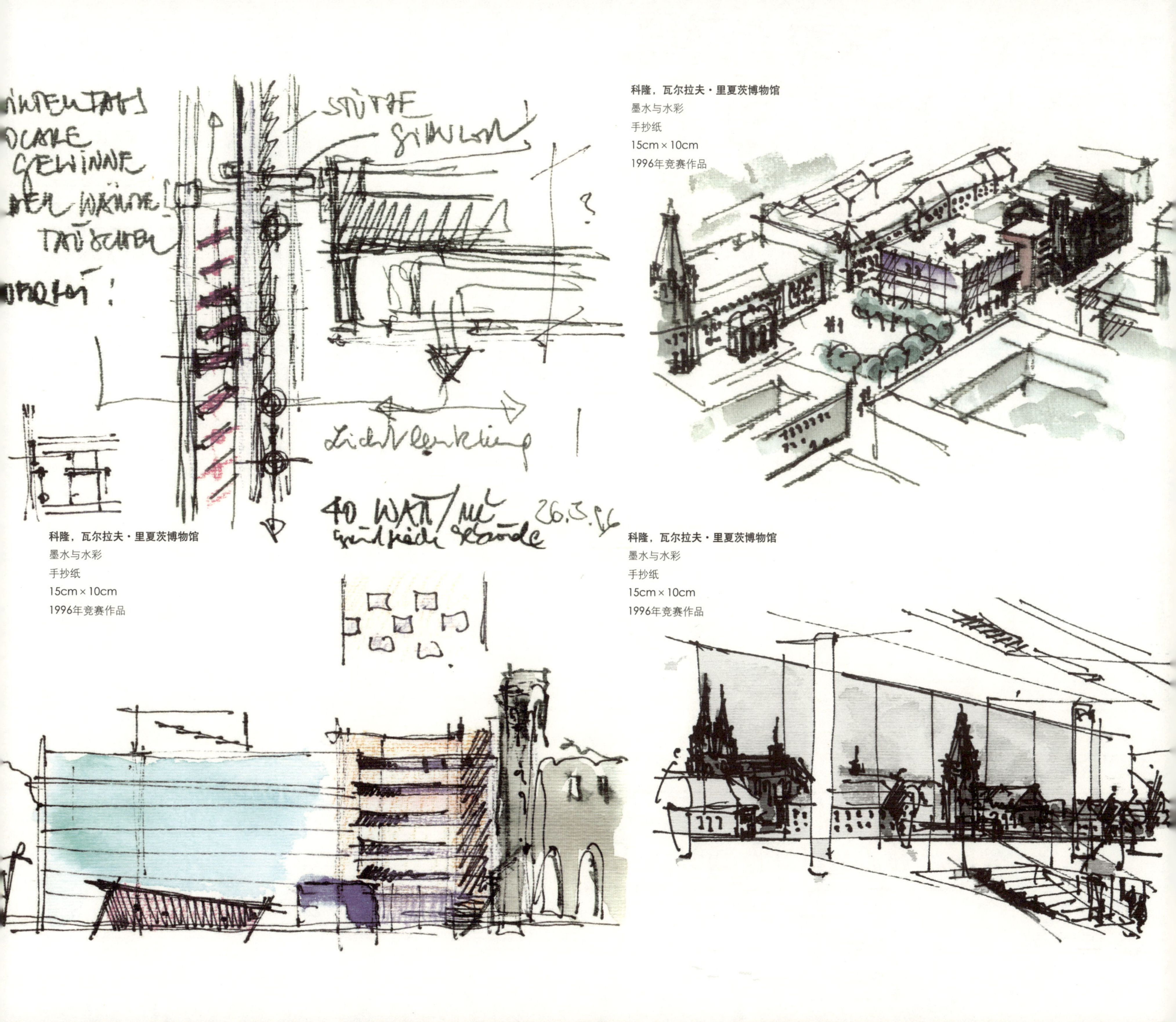

科隆，瓦尔拉夫·里夏茨博物馆
墨水与水彩
手抄纸
15cm × 10cm
1996年竞赛作品

科隆，瓦尔拉夫·里夏茨博物馆
墨水与水彩
手抄纸
15cm × 10cm
1996年竞赛作品

科隆，瓦尔拉夫·里夏茨博物馆
墨水与水彩
手抄纸
15cm × 10cm
1996年竞赛作品

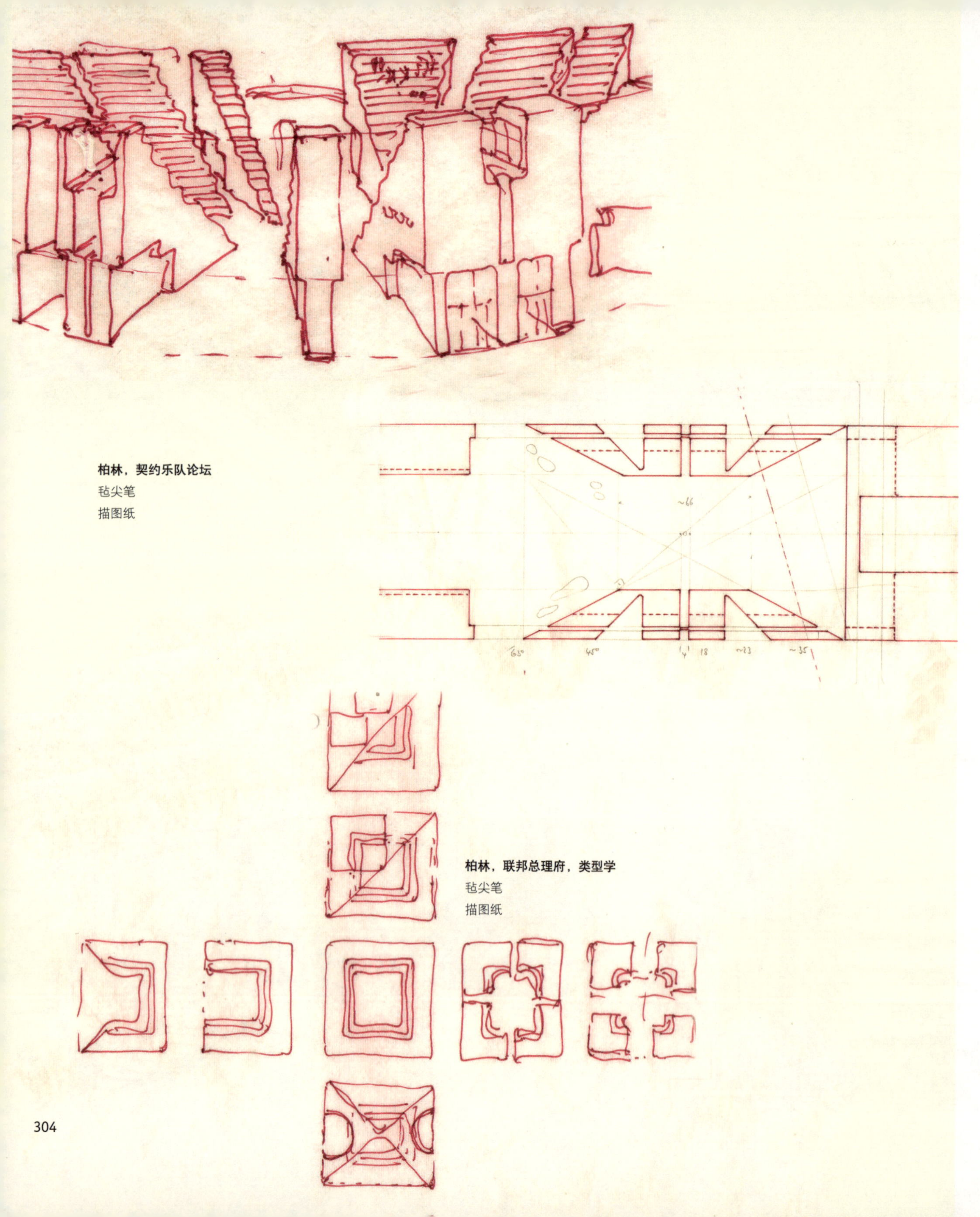

柏林，契约乐队论坛

毡尖笔

描图纸

柏林，联邦总理府，类型学

毡尖笔

描图纸

阿克塞尔·舒尔茨

阿克塞尔·舒尔茨（1943年生于德累斯顿）是城市重建项目中联邦政府大楼和联邦总理府新建筑的项目负责人。从2003年开始，他一直以教授身份在杜塞尔多夫美术学院任教，并担任纽约雪城大学的客座教授。在柏林工业大学获得建筑学学位后，他最初与约瑟夫·保罗·克莱许斯共事。从1972年到1991年，与班格特、詹森和斯科尔茨（BJSS）合作，并自1992年起加入阿克塞尔·舒尔茨建筑师事务所（自2006年改名为舒尔茨·弗兰克建筑师事务所），与夏洛特·弗兰克和克里斯托夫·威特一起共事。

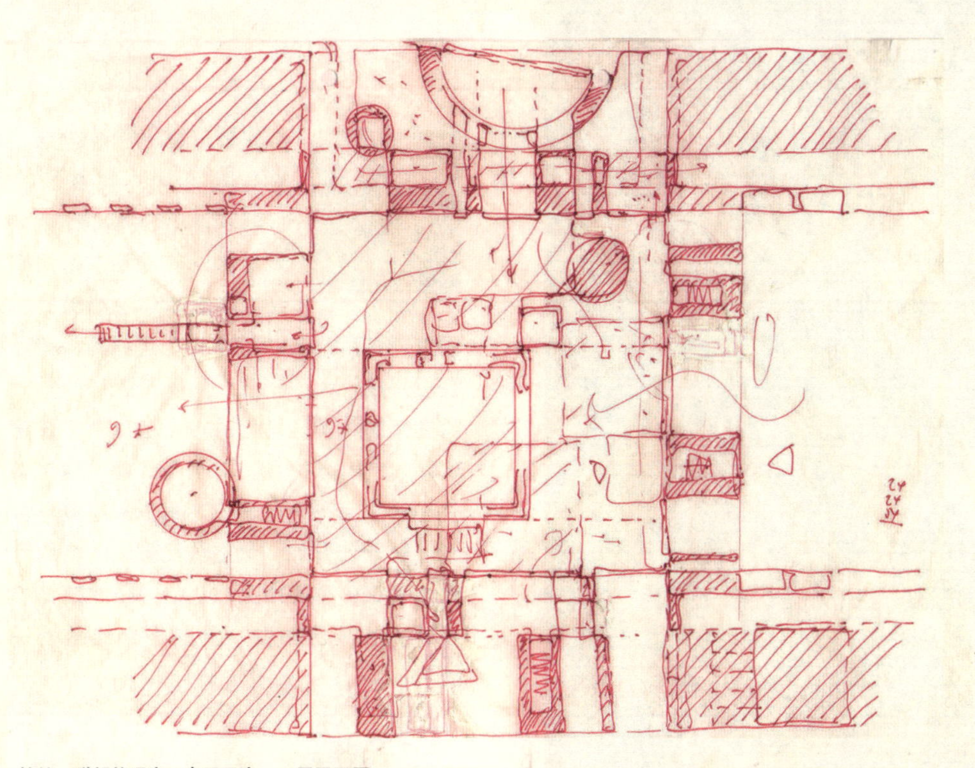

柏林，联邦总理府，布局示意，一层平面图

毡尖笔

描图纸

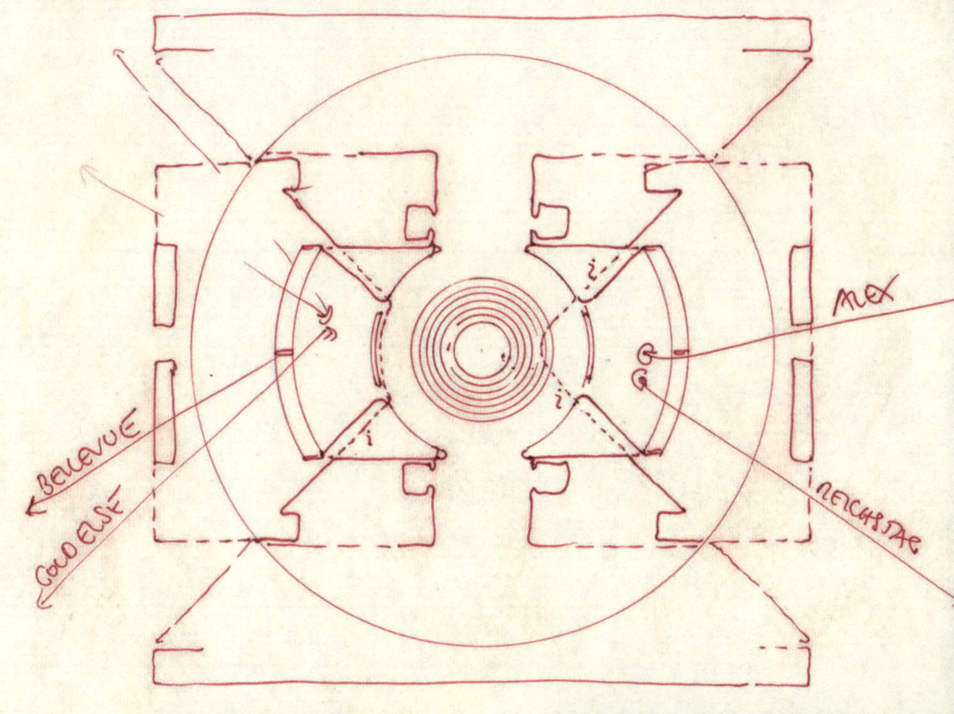

柏林，联邦总理府，底层平面图

毡尖笔

描图纸

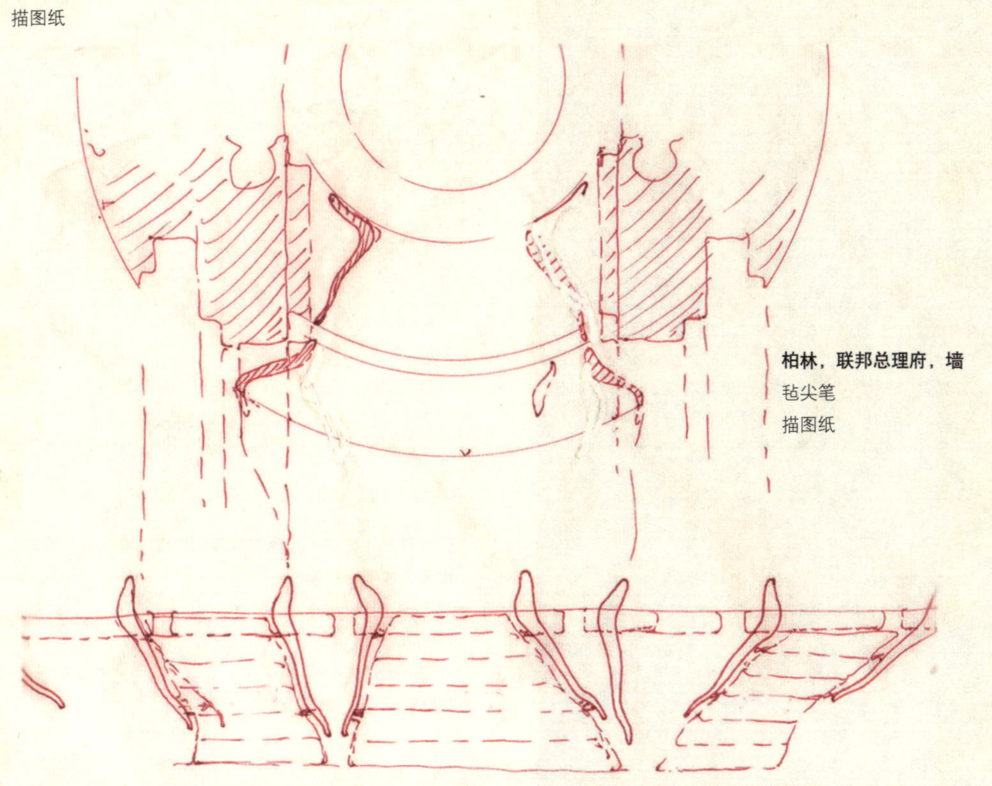

柏林，联邦总理府，墙

毡尖笔

描图纸

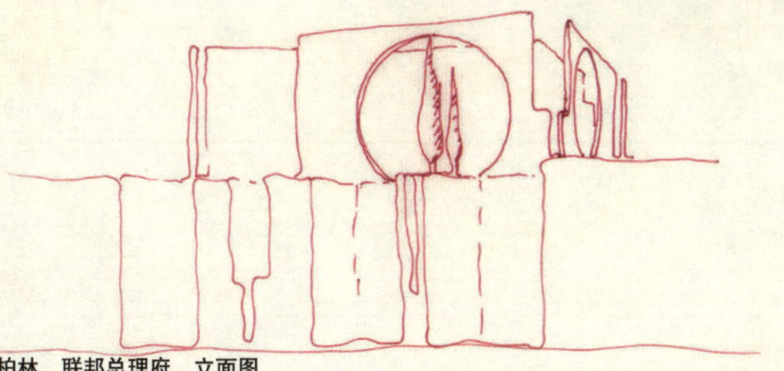

柏林，联邦总理府，立面图

毡尖笔

描图纸

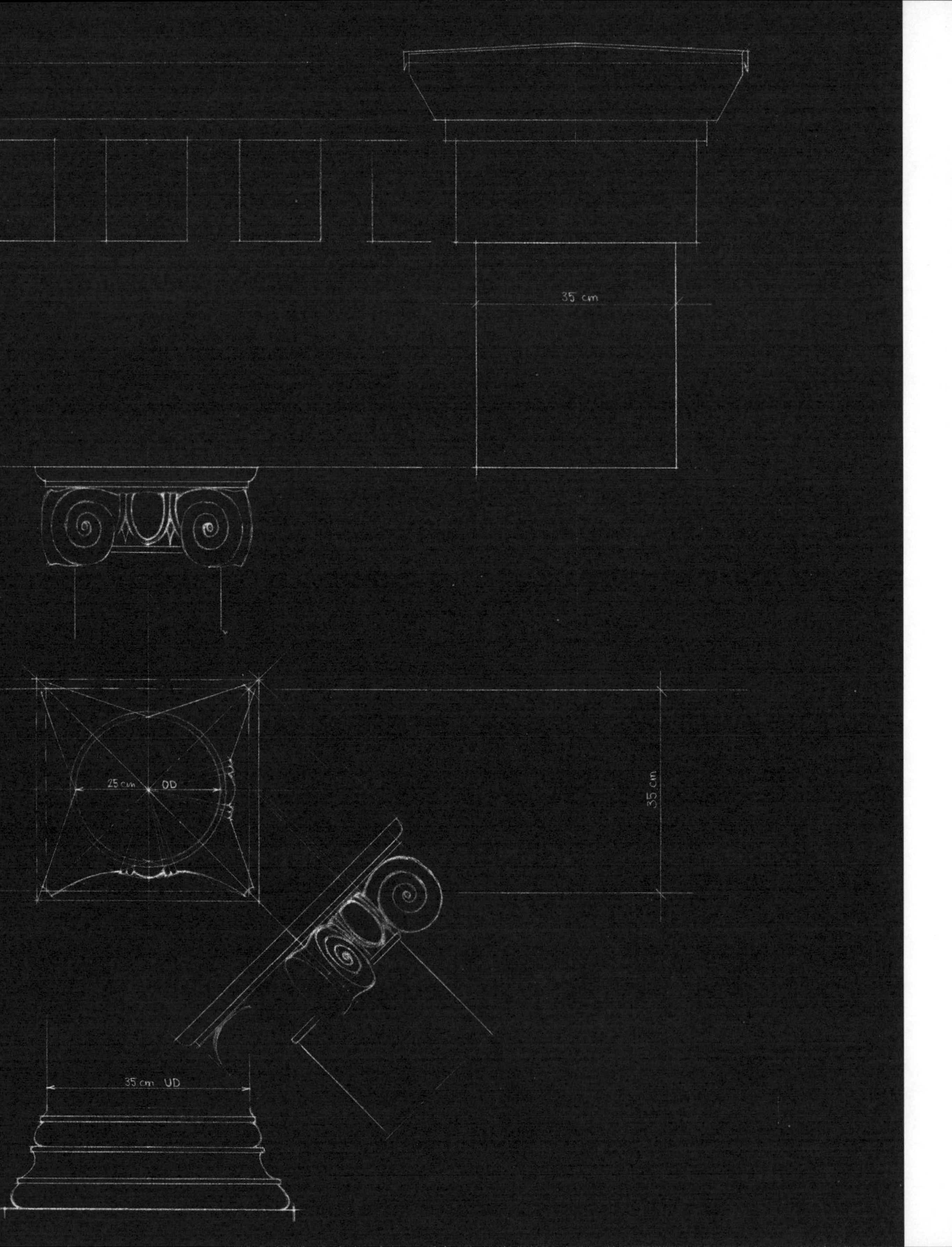

克里斯汀娜·魏兹切克

克里斯汀娜·魏兹切克（1948年生于图林根州卢伊森塔尔）在施瓦本格明德经过了三年建筑绘图员的职业训练后，于1977年作为工程师从美因茨应用技术大学毕业。从1977到1983年，她在莱茵－美因地区的多个工作室担任建筑师。1983年开始，克里斯汀娜·魏兹切克在法兰克福大学学习艺术史和经典考古学。1986年开始，她在施瓦岑贝·格约阿希姆建筑师事务所工作，专注于建筑细节设计。在业余时间，她是一个绘画爱好者。

Christine Wanitschek

巴特洪堡，克纳·坦嫩瓦尔德的柱廊神庙改造，檐口细节，柱头，基础
铅笔
描图纸
42.0cm × 29.7cm
2006年

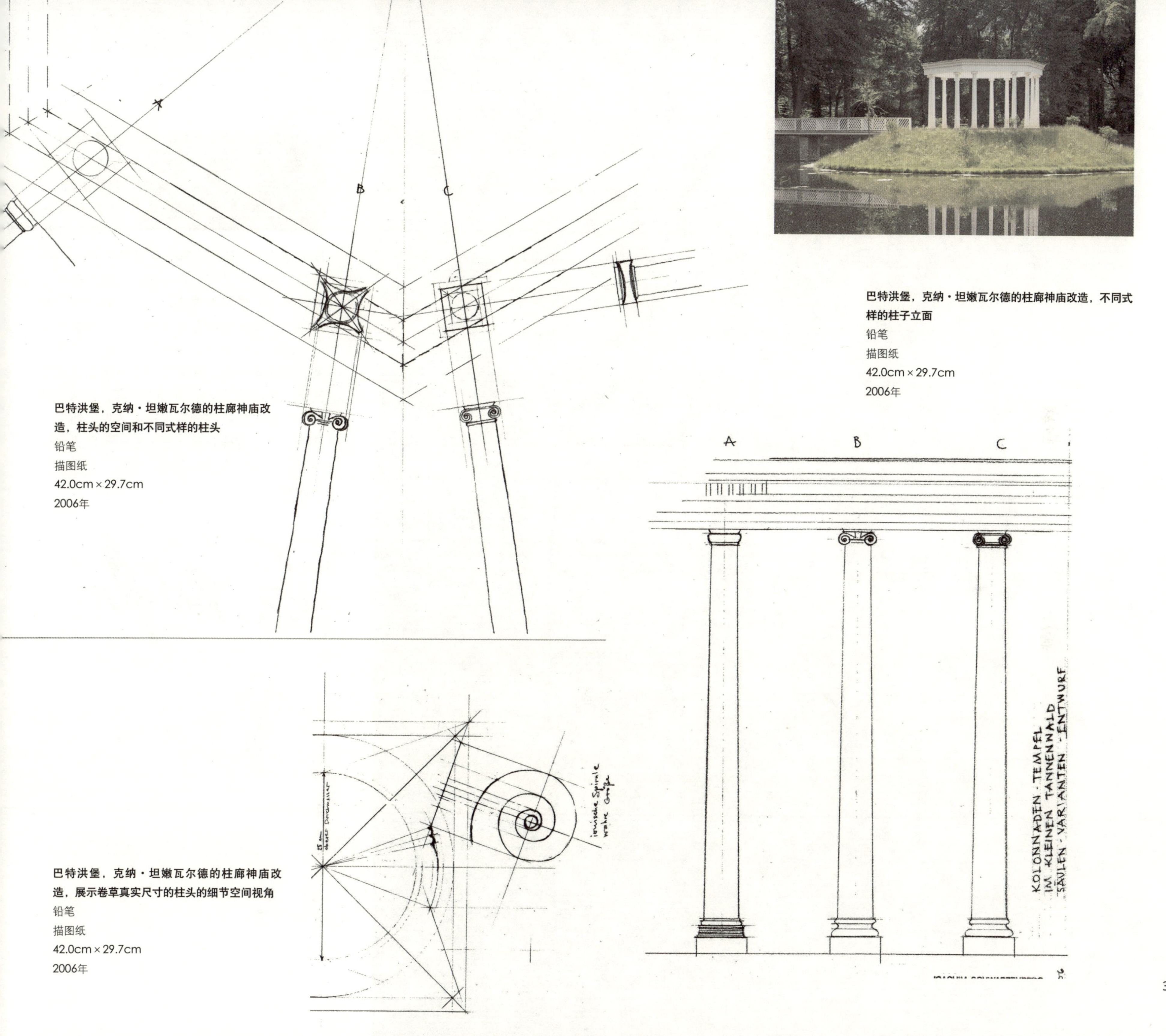

巴特洪堡，克纳·坦嫩瓦尔德的柱廊神庙改造，柱头的空间和不同式样的柱头
铅笔
描图纸
42.0cm × 29.7cm
2006年

巴特洪堡，克纳·坦嫩瓦尔德的柱廊神庙改造，不同式样的柱子立面
铅笔
描图纸
42.0cm × 29.7cm
2006年

巴特洪堡，克纳·坦嫩瓦尔德的柱廊神庙改造，展示卷草真实尺寸的柱头的细节空间视角
铅笔
描图纸
42.0cm × 29.7cm
2006年

塞夫尔特·斯托克曼@弗莫豪特

弗莫豪特在25年前开始建造建筑物。他们在1984年因与Ottmar Hörl合作的即时牛计划而声名鹊起。他们在中世纪城镇盖尔恩豪森建造的那个充满激情的住宅客厅，成为2004年双年展上“德国农村”的一部分，并获得了2005年的密斯·凡德罗奖。加布里埃拉·塞夫特（1954年生于法兰克福）和Götz Stöckmann（1953年生于法兰克福）研究从空间中分离出空间边界。他们从建筑出发，排除功能而研究空间本身。他们穿越了思维和图像的边界，尝试定位空间中发出的美。

盖尔恩豪森客厅，立面

铅笔与毡尖笔

素描纸

20cm×30cm

1996年

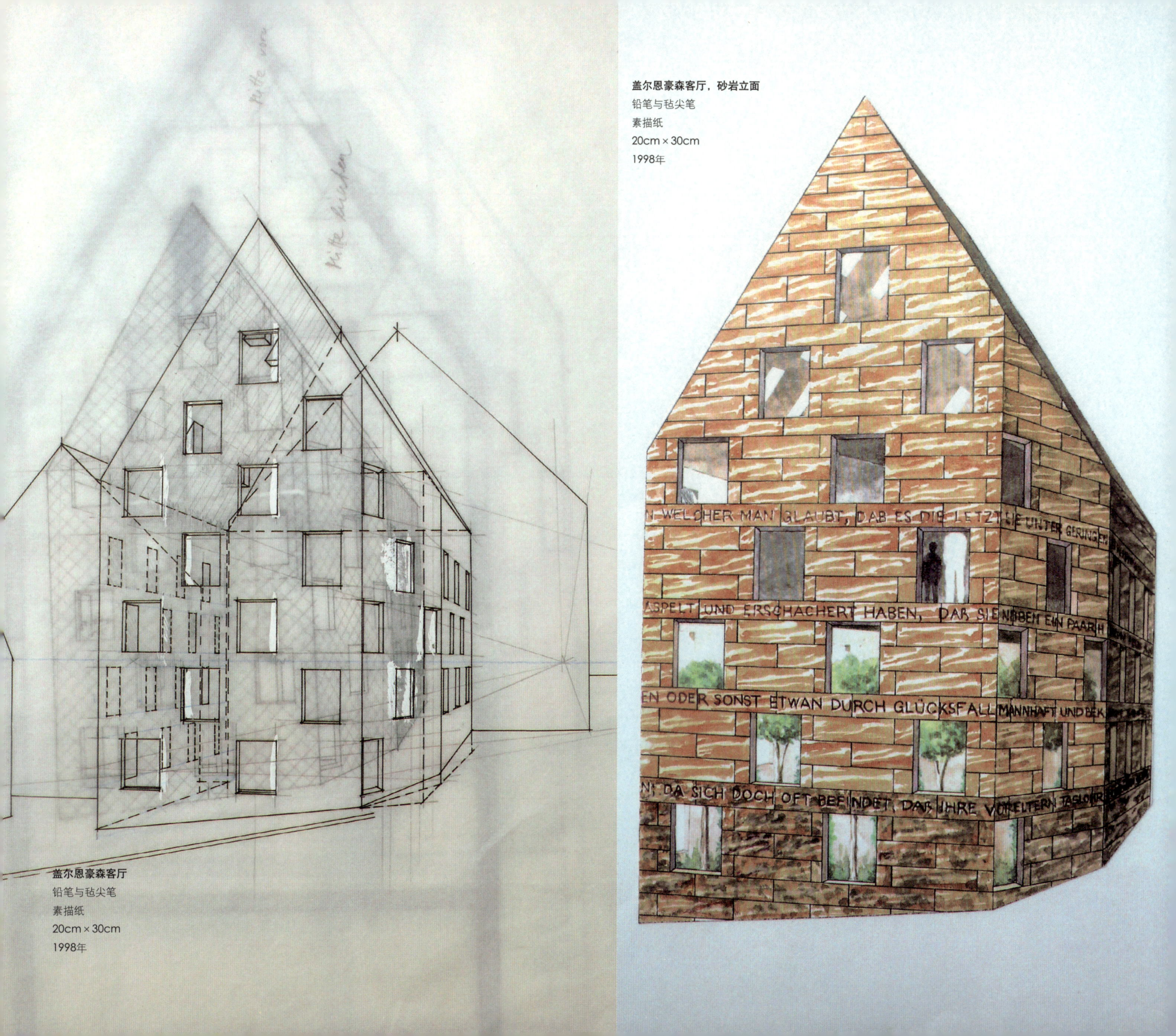

盖尔恩豪森客厅
铅笔与毡尖笔
素描纸
20cm × 30cm
1998年

盖尔恩豪森客厅，砂岩立面
铅笔与毡尖笔
素描纸
20cm × 30cm
1998年

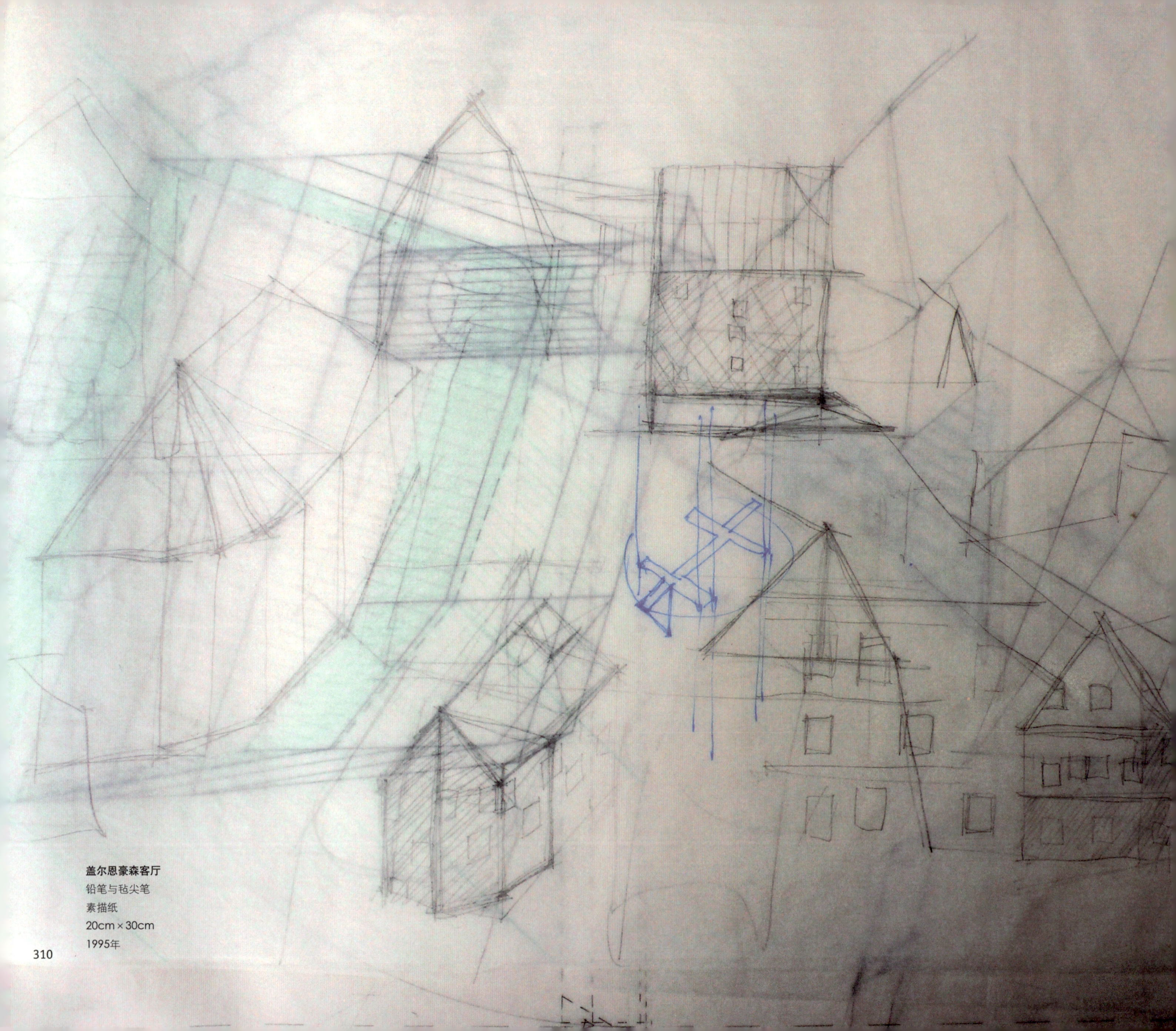

盖尔恩豪森客厅
铅笔与毡尖笔
素描纸
20cm × 30cm
1995年

盖尔恩豪森客厅

铅笔与毡尖笔

素描纸

20cm × 30cm

1999年

彼得·塞茨

建筑师和插图画家彼得·塞茨(1950年生于贝格施特拉瑟的Jugen heim)。在他的公司里为知名建筑师事务所画建筑画。1994年，他根据Boullée的作品在威斯巴登展览“向E.L.Boullée学习”中展出，与Foster，Botta和Ungers的建设项目并列展示。塞茨同时也是一个独立艺术家。在接受了混凝土施工人员的职业培训后，他在达姆斯塔特应用技术大学和斯图加特工业大学学习建筑学，于1978年获得学位。从1993年到1996年，塞茨在威斯巴登应用技术大学设计系担任讲师。

法兰克福，法兰克福储蓄银行，符腾堡抵押银行股份公司
墨水与喷枪
纸板
118cm×84cm
2000年
建筑师：埃尔建筑师，法兰克福

法兰克福，法兰克福储蓄银行，符腾堡抵押银行股份公司
墨线与喷枪
纸板
42cm×59cm
2000年
建筑师：埃尔建筑师，法兰克福

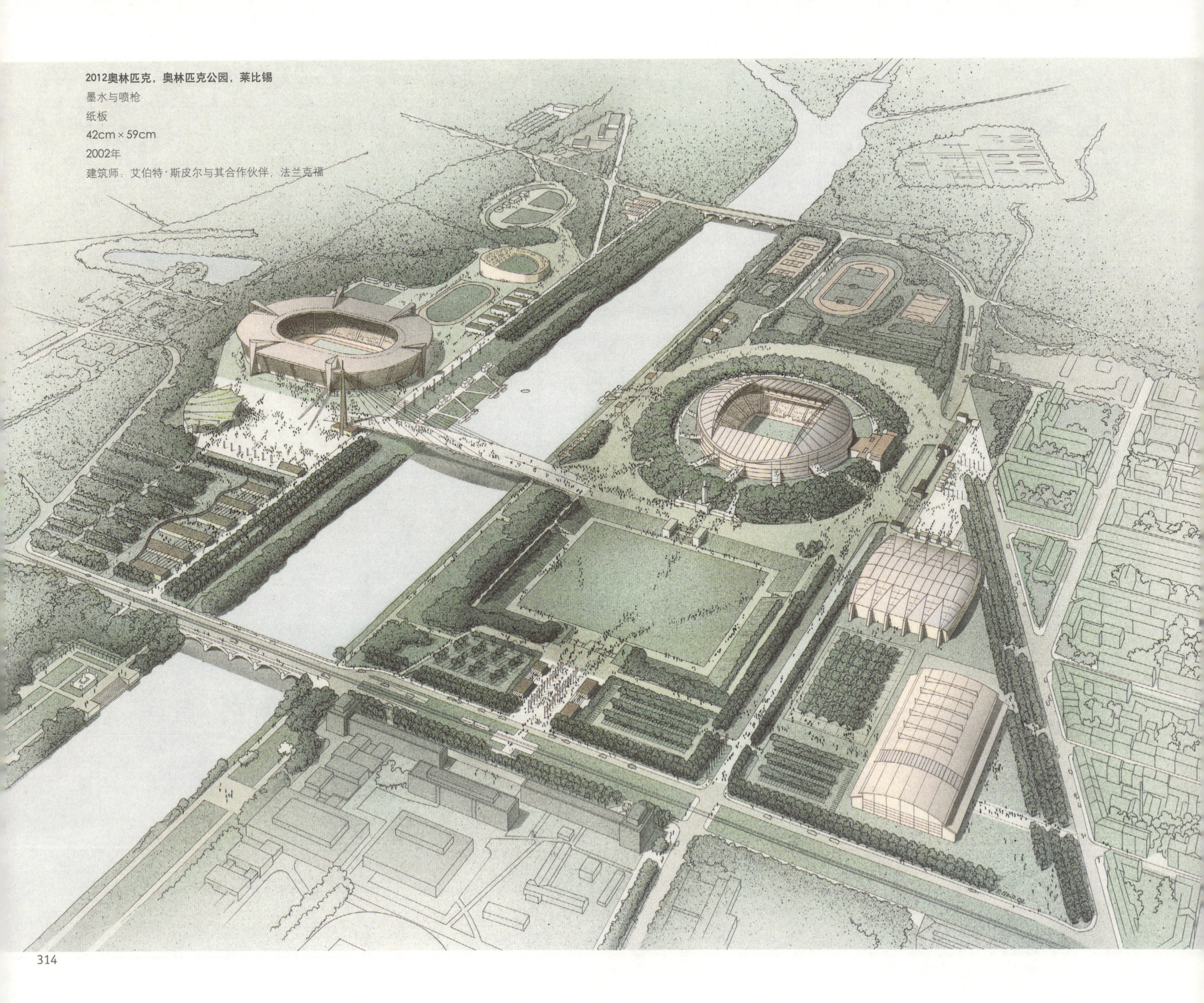

2012奥林匹克，奥林匹克公园，莱比锡

墨水与喷枪

纸板

42cm × 59cm

2002年

建筑师：艾伯特·斯皮尔与其合作伙伴，法兰克福

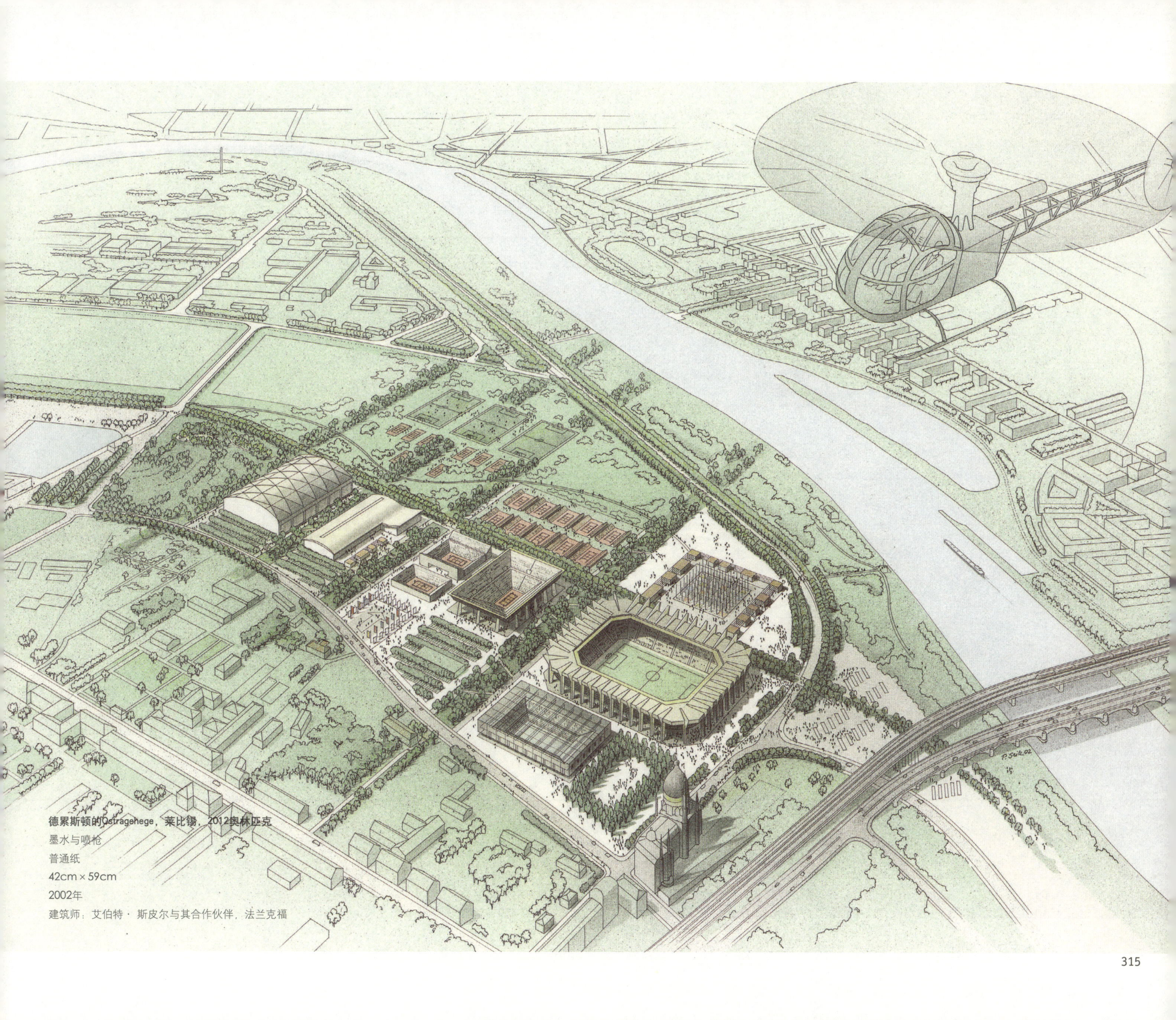

德累斯顿的Ostragehege，莱比锡，2012奥林匹克

墨水与喷枪

普通纸

42cm × 59cm

2002年

建筑师：艾伯特·斯皮尔与其合作伙伴，法兰克福

中国，上海，2010世博会

墨水与喷枪　纸板　57cm×91cm　2001年　建筑师：艾伯特·斯皮尔与其合作伙伴，法兰克福

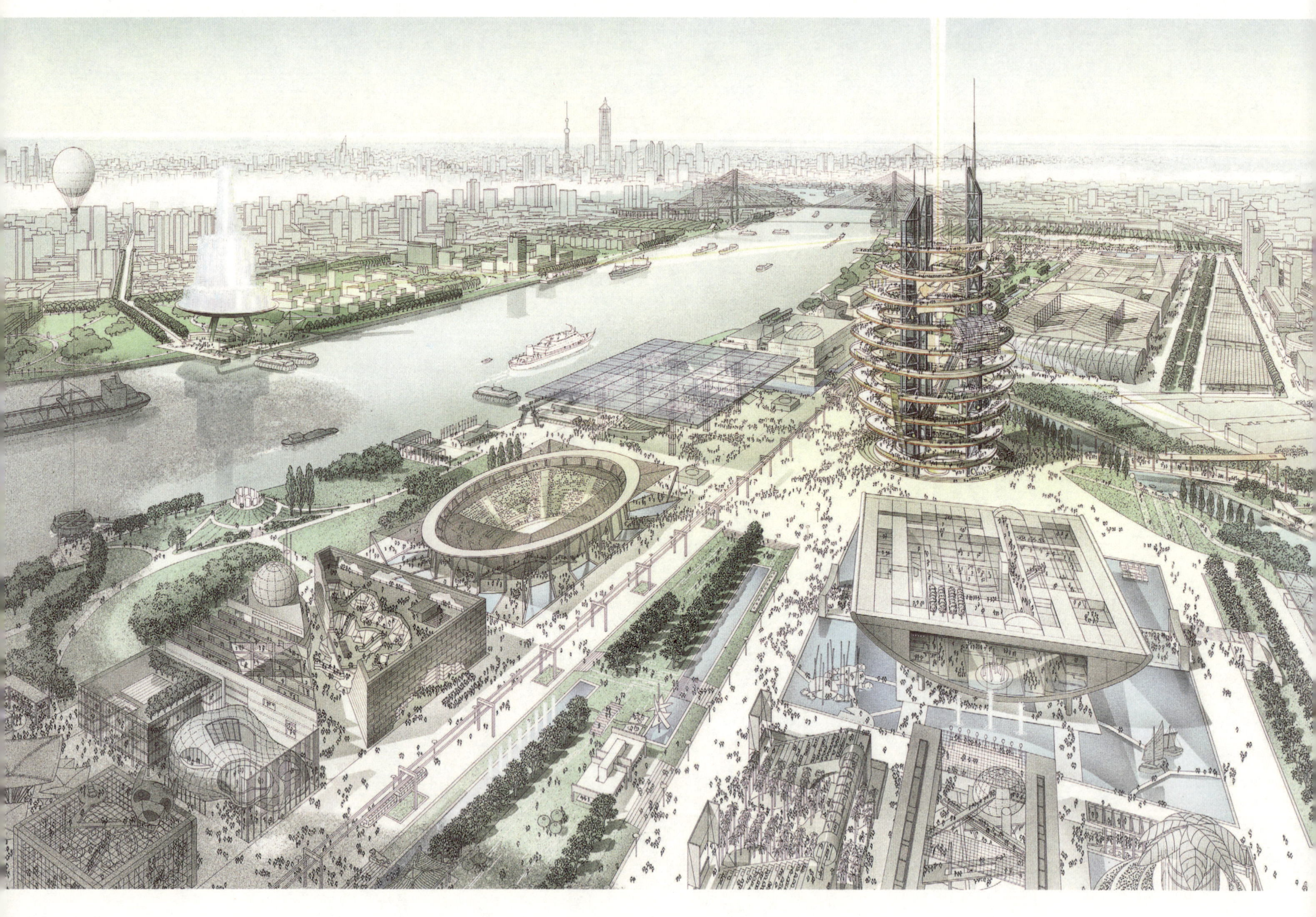

中国，杭州，市民中心
墨水与喷枪
纸板
92cm×92cm
2002年
建筑师：ABB建筑师事务所，法兰克福

柏林，米特区，DBB论坛
墨水与喷枪
纸板
50cm×70cm
1997年
建筑师：卡尔-海因茨·施默，柏林

柏林，米特区，DBB论坛

墨水与喷枪

纸板

50cm×70cm

1997年

建筑师：卡尔-海因茨·施勒，柏林

索利达生产商赫希斯特股份公司

墨水和喷枪

纸板

60cm × 125cm

1994年

建筑师：格哈 · 德由 + 彼得 · 塞茨，柏林，斯图加特

柏林，LTTC 红白网球场，改扩建

墨水和喷枪

纸板

148cm × 84cm

1995年

建筑师：彼得A.赫姆斯，柏林，斯图加特

中国，上海，交通银行金融大厦
墨水和喷枪
纸板
148cm × 70cm
1997年
建筑师：ABB公司施德施密特及合伙人建筑师事务所，法兰克福，柏林

柏林，法兰克福，商住写字楼大厦
墨水和喷枪
纸板
100cm × 65cm
1997年
建筑师：诺沃提 · 尼马纳+Assoziierte，奥芬巴赫，柏林；博尔扎诺，意大利

法兰克福，商住写字楼， 综合素描
铅笔
描图纸
14cm × 10cm
1997年
建筑师：诺沃提 · 尼马纳 + Assoziierte，奥芬巴赫，柏林；博尔扎诺，意大利

简·莱维仑兹

从1993年起，简·莱维仑兹（1962年生于瑟诺）开始管理慕尼黑SSP（Schmidt—Schicketanz und Partner）建筑师事务所的子公司。同时，他也是位独立建筑师。从1988到1989年间，他作为慕尼黑工业大学设计部的实习生，并举办了写意画研讨会。1988年，他获得德国教育基金会的奖学金，两年后取得建筑学学位。在1990年加入SSP之前，他为慕尼黑的理查德·布赫埃克建筑师事务所工作。

JAN LEWERENZ

莱比锡，诺瓦利斯，商业建筑群

铅笔

普通纸

21cm×30cm

1992年

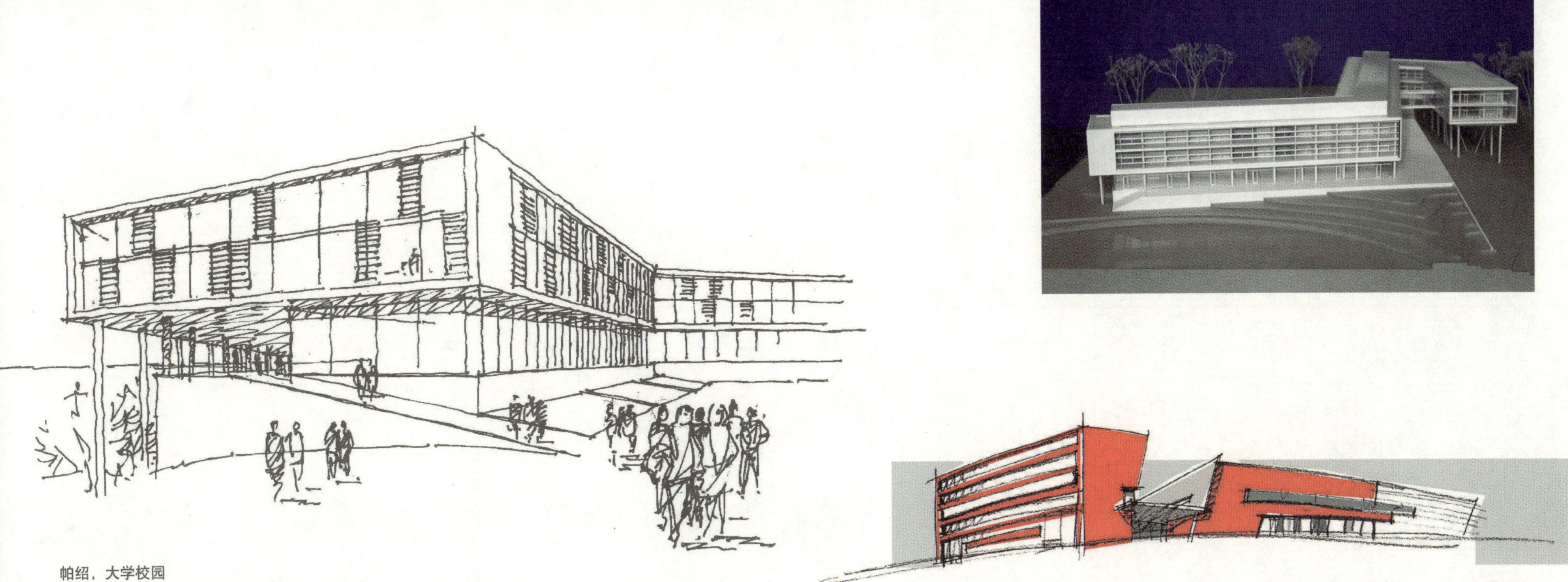

帕绍，大学校园

毡尖笔

素描纸

30cm×21cm

2001年

TZB办公大楼和产品大厅，亨利希斯多夫，柏林周边

铅笔草图

素描纸

数字处理

30cm×21cm

2002年

法兰克福，高等地方法院

铅笔与彩铅

普通纸

30cm × 21cm

1998年

法兰克福，高等地方法院
铅笔与彩铅
普通纸
30cm×21cm
1998年

柏林，第一法院，Conversion Movimento Fabrica，旧厂

铅笔和彩铅

普通纸，

21cm×30cm

1996年

柏林，邻水区，Conversion Movimento Fabrica，旧厂

墨水和彩铅

普通纸

21cm×30cm

1996年

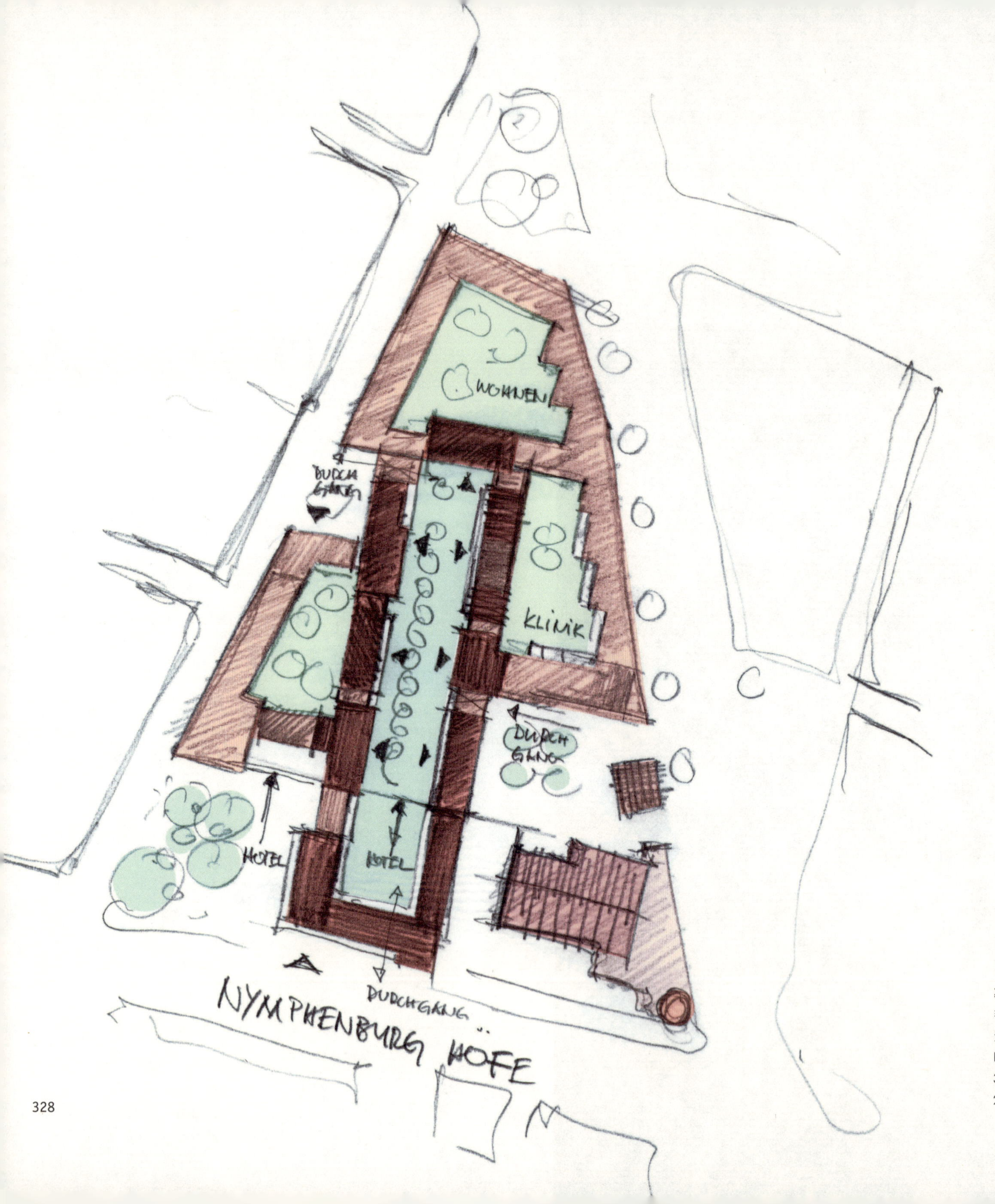

约翰·斯宾格勒

约翰·斯宾格勒（1962年生于奥格斯堡）1981年到1985年在奥格斯堡应用技术大学学习建筑；1985年到1987年在慕尼黑美因茨大学学习建筑。1985年，他在奥格斯堡创办了Rohr Spengler Steigleder建筑公司。他曾为慕尼黑斯泰德尔与合伙人建筑公司工作。从1988到1995年，他成为奥托·斯泰德尔的成员。2005年，他与汉斯·科尔，约翰内斯·恩斯特，马丁克莱恩和韦雷·冯·加格恩，斯泰德尔共同成立了Steidle建筑公司并在奥格斯堡应用技术大学讲授设计课程。

慕尼黑，宁芬堡农场，地形

毡尖笔

素描纸

Photoshop上色

30cm×21cm

2005年

慕尼黑，宁芬堡法院，西立面图

毡尖笔和彩铅

素描纸

21cm × 30cm

2006年

慕尼黑，宁芬堡法院，东立面图

毡尖笔和彩铅

素描纸

21cm × 30cm

2006年

乔恩·瓦格纳

乔恩·瓦格纳（1959年生于普里茨）2003年获得柏林应用技术大学的博士学位，1983到1988年他在柏林学习景观规划，此后在多家规划公司工作，其中包括在美国奥兰多的罗纳德C.戴尔公司。1993年，他在基尔、罗斯托克和柏林建立了自己的公司。瓦格纳是德国景观建筑师协会在石勒苏益格·荷尔斯泰因分部的副主席，同时他也是罗斯托克大学的副讲师。

Jörn Wagner

罗斯托克的新市场，红环

彩铅和毡尖笔

普通纸

1998年

绘画者：瓦格纳 /朱杰曼

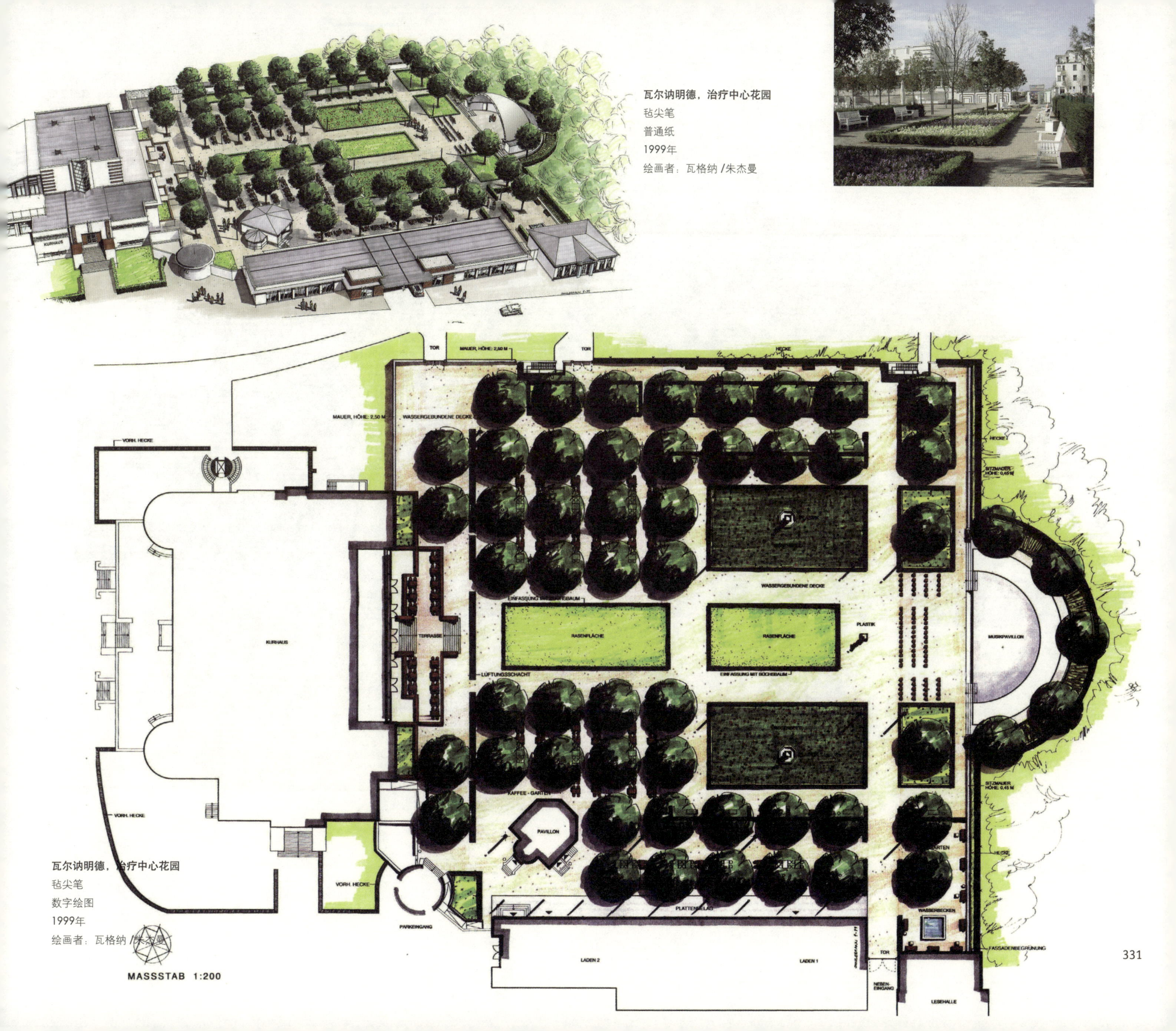

瓦尔讷明德，治疗中心花园
毡尖笔
普通纸
1999年
绘画者：瓦格纳 /朱杰曼

瓦尔讷明德，治疗中心花园
毡尖笔
数字绘图
1999年
绘画者：瓦格纳 /朱杰曼

伦茨堡—比德尔斯多夫，Obereider梯田，夜间景观

铅笔

普通纸

数字处理

绘图：瓦格纳 /朱杰曼

伦茨堡—比德尔斯多夫，Obereider梯田，白天景观

铅笔

普通纸

数字处理

绘图：瓦格纳 /朱杰曼

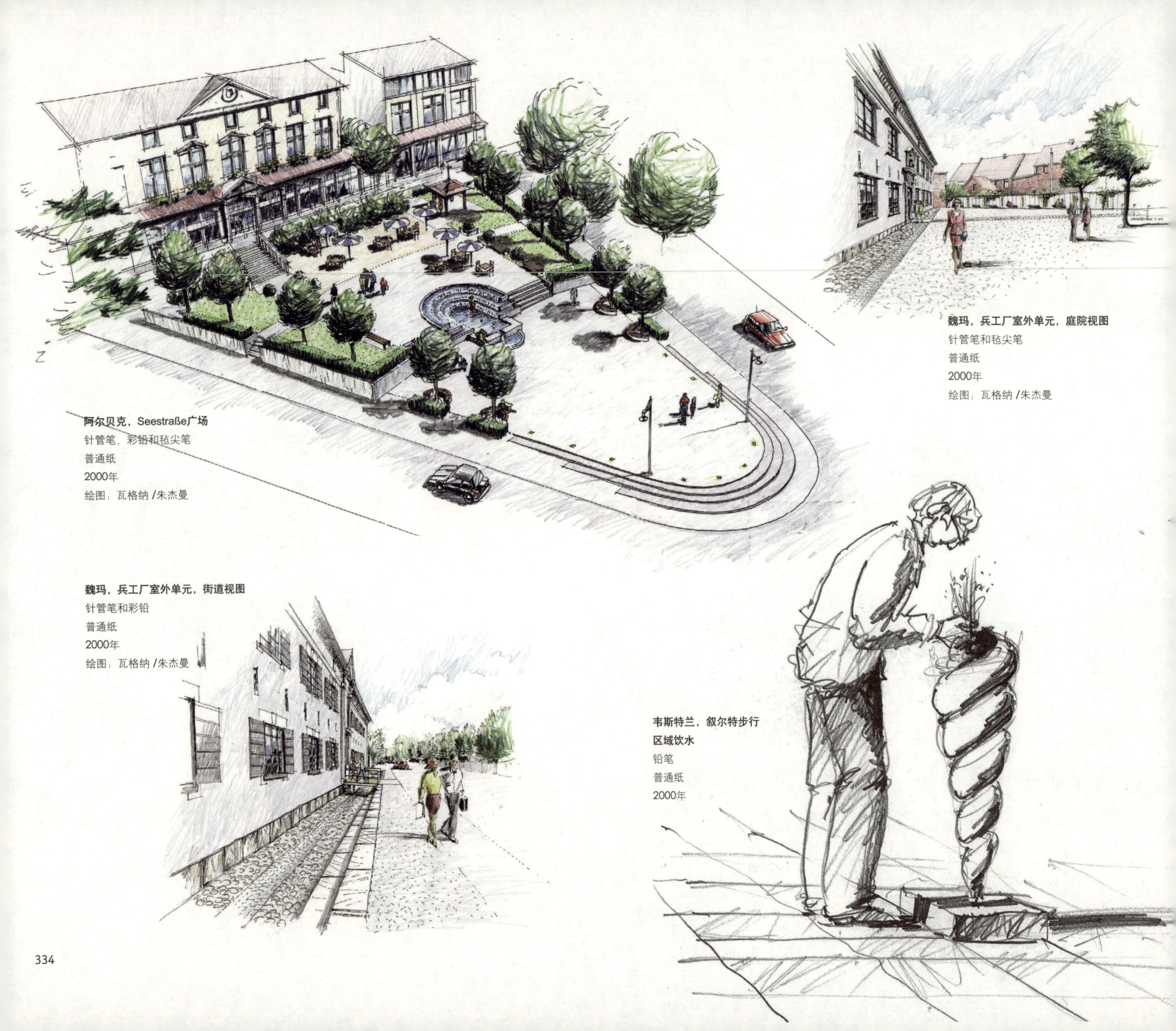

阿尔贝克，Seestraße广场
针管笔，彩铅和毡尖笔
普通纸
2000年
绘图：瓦格纳 /朱杰曼

魏玛，兵工厂室外单元，庭院视图
针管笔和毡尖笔
普通纸
2000年
绘图：瓦格纳 /朱杰曼

魏玛，兵工厂室外单元，街道视图
针管笔和彩铅
普通纸
2000年
绘图：瓦格纳 /朱杰曼

韦斯特兰，叙尔特步行区域饮水
铅笔
普通纸
2000年

汉堡，“孔托尔豪斯”（写字楼）

针管笔和毡尖笔

普通纸

1994年

绘图：乔恩·瓦格纳

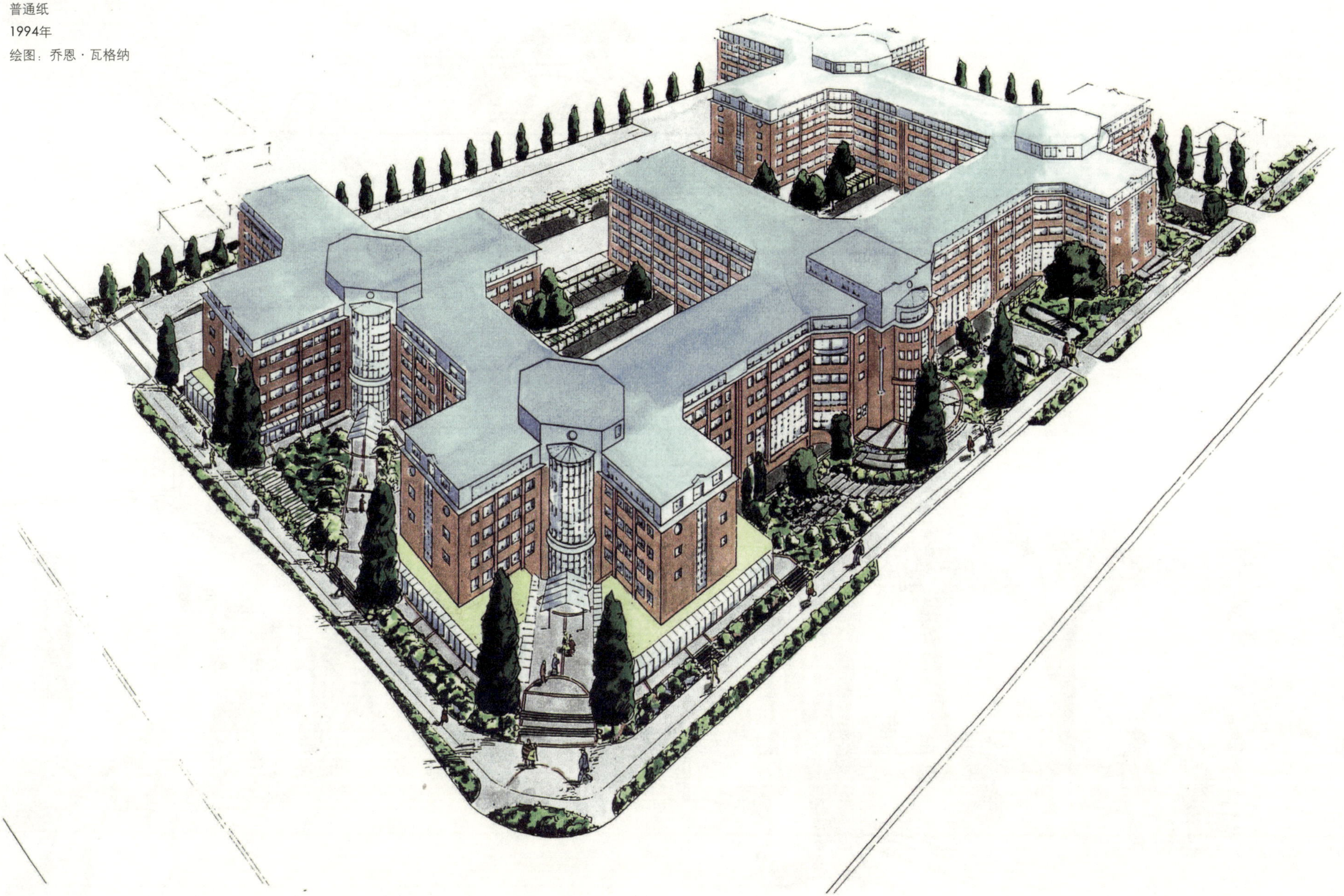

韦斯特兰，叙尔特，步行区域，夜景

铅笔

普通纸

数字处理

2000年

绘图：瓦格纳 / 朱杰曼

基尔，议会大楼，户外单元

铅笔

普通纸

数字处理

28cm × 38cm

2001年

绘图：瓦格纳 / 朱杰曼

APOTHEK

安德烈·旺德尔

安德烈·旺德尔（1963年生于萨尔布吕克）1983年到1990年在凯泽斯劳滕工业大学学习建筑，并在达姆施塔特工业大学获得学位。她是旺德尔·霍弗·洛奇事务所的合伙人，该事务所是萨尔布吕肯的建筑与城市规划公司。从1994年起，她作为独立建筑师在公司工作。她与沃尔夫冈·洛奇教授，尼科·赫希教授，雷纳·旺德尔·霍弗博士和安德烈亚斯·霍弗一起多次获得了各类奖项，如德累斯顿的犹太教堂获得了2002世界建筑奖。她也因此闻名世界。

德累斯顿，犹太教堂

炭笔

普通纸

40cm×29cm

2001年

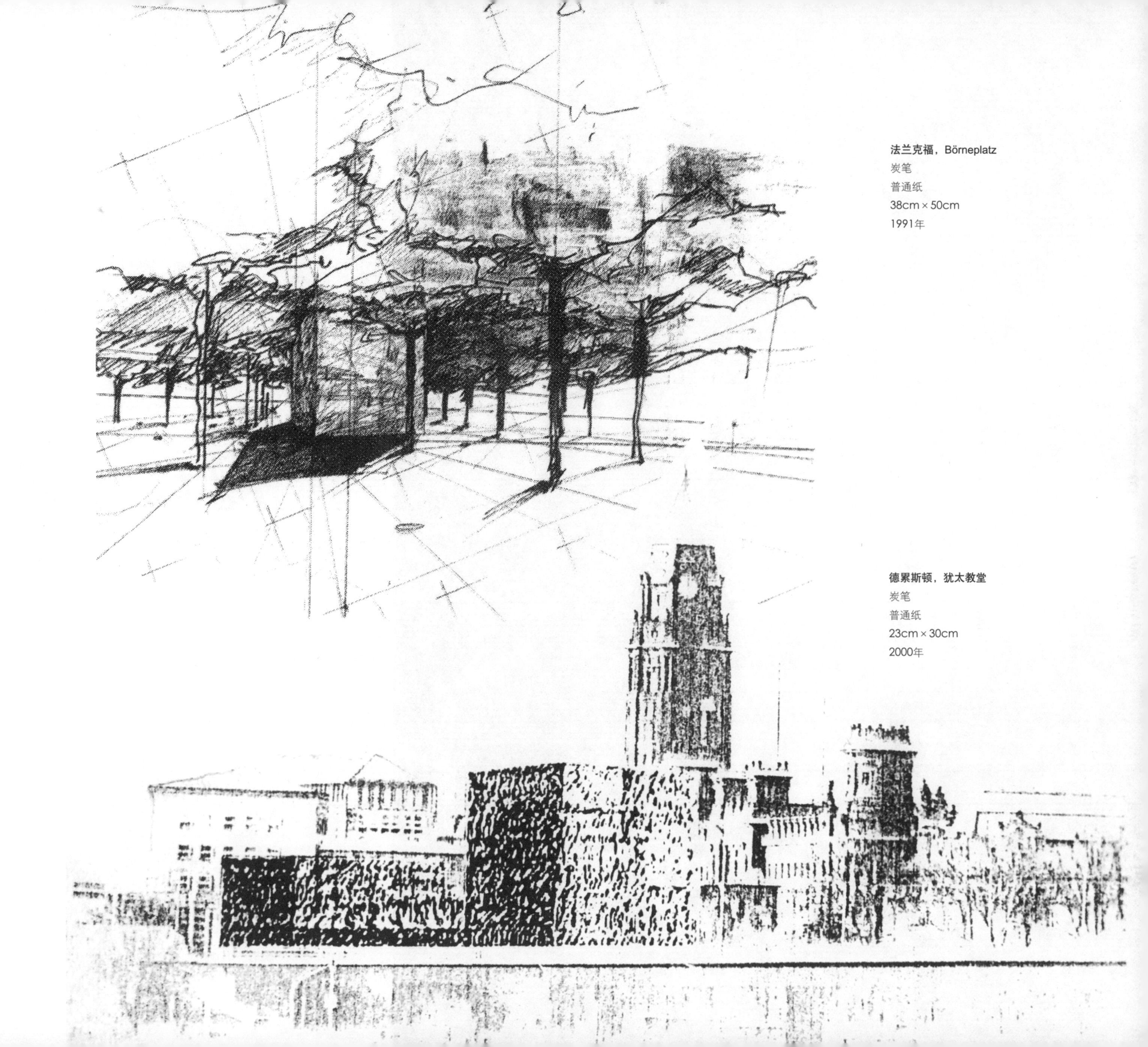

法兰克福，Börneplatz
炭笔
普通纸
38cm × 50cm
1991年

德累斯顿，犹太教堂
炭笔
普通纸
23cm × 30cm
2000年

彼得·韦尔斯

1981年，彼得·韦尔斯（1946年生于新维德）在汉堡成立了自己的建筑师事务所，并为许多建筑和规划公司制作专业建筑图。1991年，他在纽约获得了美国社会建筑透视奖。在开始专业建筑绘画生涯之前，他于1964年到1968年在克雷费尔德的工艺美术学院学习建筑，并作为建筑师工作到1980年。

Peter Wels

杜塞尔多夫，格拉夫·阿道夫广场

铅笔

水彩纸板

数字处理

2002年

建筑师：英根霍芬·奥弗迪克及合伙人，杜塞尔多夫

中国，芦潮湾城

铅笔

水彩纸板

数字处理

2002年

建筑师：冯·格康，玛格及合伙人，汉堡

意大利，米兰交易中心

铅笔

水彩纸板

数字处理

2002年

建筑师：冯·格康、玛格及合伙人，汉堡

杜塞尔多夫，S.M.S
铅笔
水彩纸板
数字处理
2000年
建筑师：英根霍芬·奥弗迪克
及合伙人，杜塞尔多夫

UFHOF & KÖ

杜塞尔多夫，Jan-Wellem 广场
铅笔
水彩纸板
数字处理
2003年
建筑师：英根霍芬·奥弗迪克及合伙人，杜塞尔多夫

法兰克福，Mainzer大街
铅笔
水彩纸板
数字处理
2001年
建筑师：冯·格康、玛格及合伙人，汉堡

汉堡，圣女堤，重建
铅笔
水彩纸板
数字处理
2004年
建筑师：安德烈·普瓦捷建筑师事务所，汉堡

汉堡，圣女堤，重建
铅笔
水彩纸板
数字处理
2004年
建筑师：安德烈·普瓦捷建筑师事务所，汉堡

意大利，贝加莫医院

铅笔

水彩纸板

数字处理

2001年

建筑师：冯·格康，玛格及合伙人，汉堡

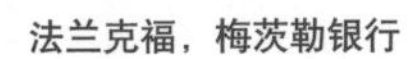

法兰克福，梅茨勒银行

铅笔

水彩纸板

数字处理

2003年

建筑师：英根霍芬·奥弗迪克及合伙人

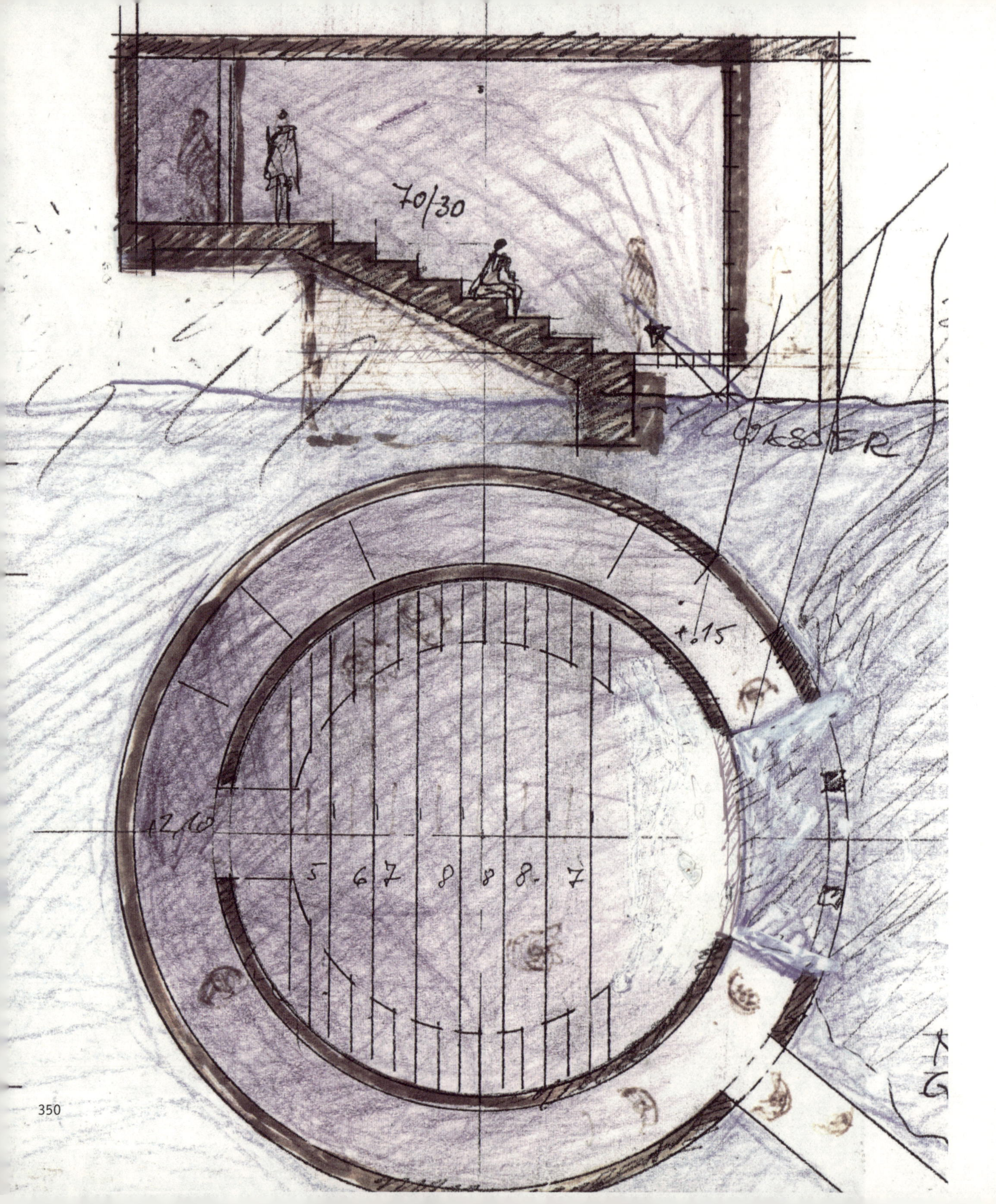

WES及合伙人景观建筑公司

WES及合伙人景观建筑公司特别注重手绘效果，以便公司的合伙人和工作人员在参加各种竞赛和报告时能充分表达自己的设计。公司创建于1969年，现在的管理人员是魏贝格（1936年出生）及其合伙人彼得·施茨（1949年出生），沃尔夫冈·贝茨（1961年出生），迈克尔·卡施克（1963年出生）。他们通常亲自绘制演示图。

新莱比锡贸易中心和本地教堂

彩铅和毡尖笔

普通纸

29cm × 27cm

绘图：魏贝格

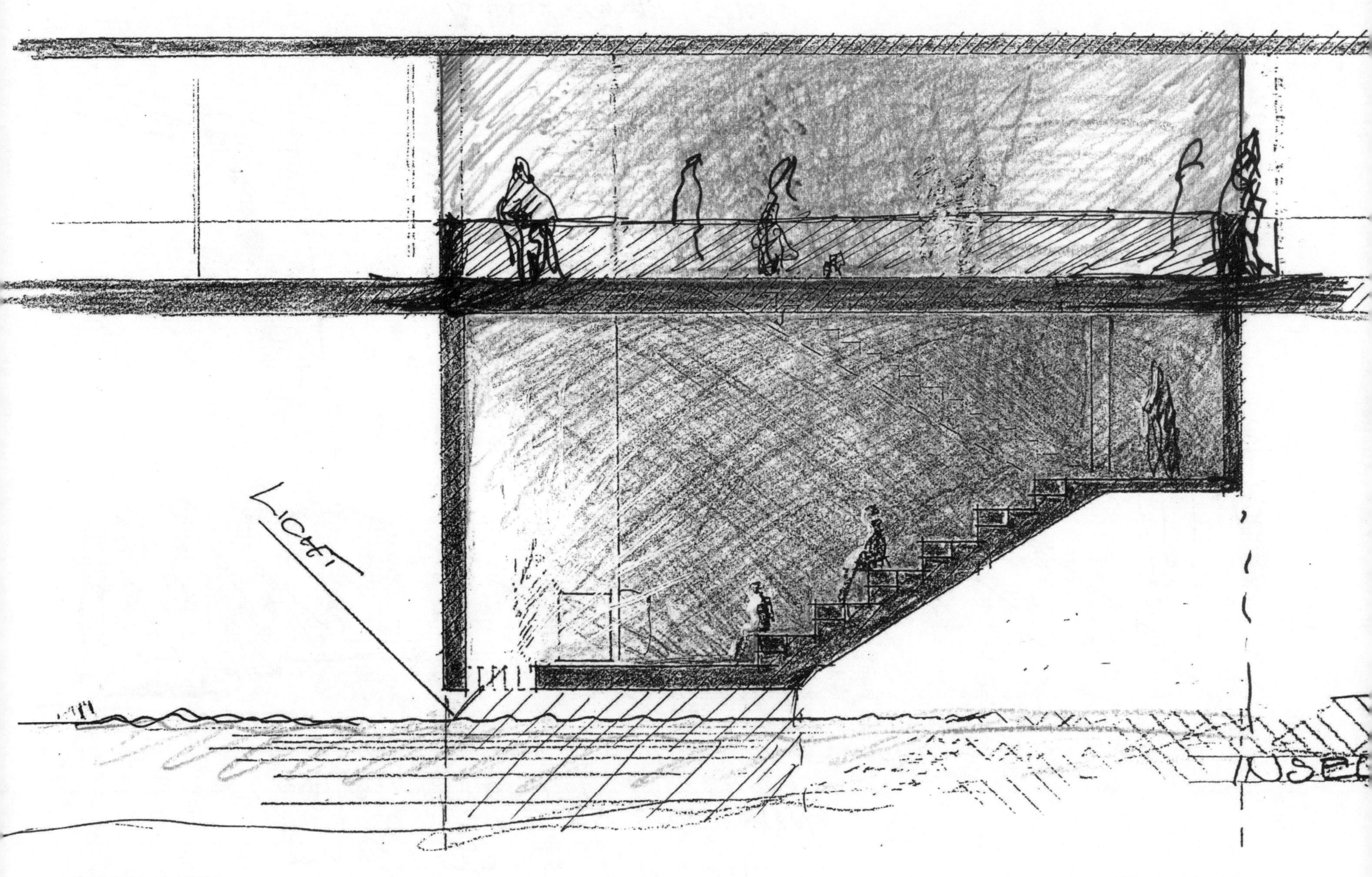

新莱比锡贸易中心和本地教堂

彩铅和毡尖笔

普通纸

27cm × 19cm

绘图：魏贝格

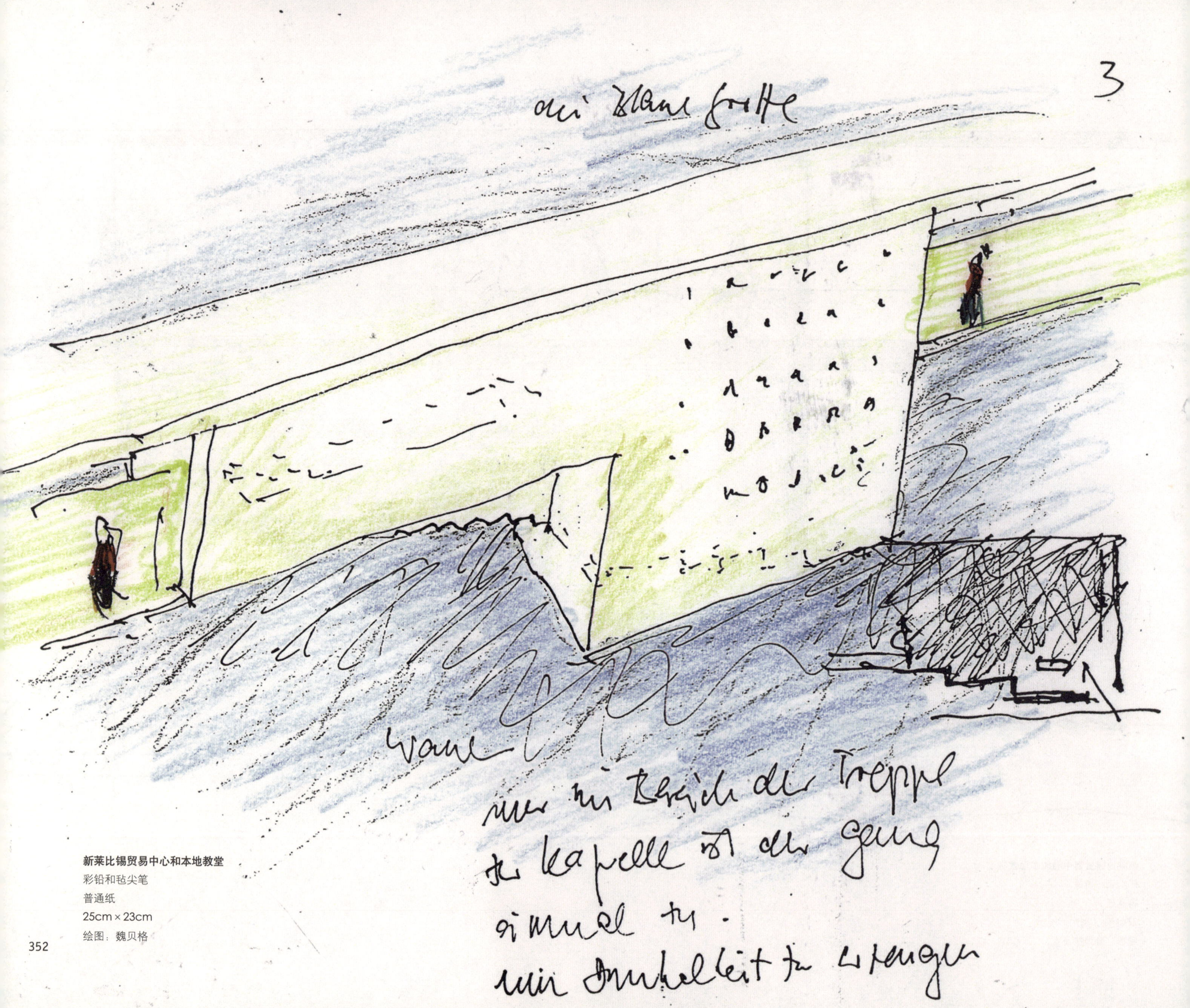

新莱比锡贸易中心和本地教堂

彩铅和毡尖笔

普通纸

25cm × 23cm

绘图：魏贝格

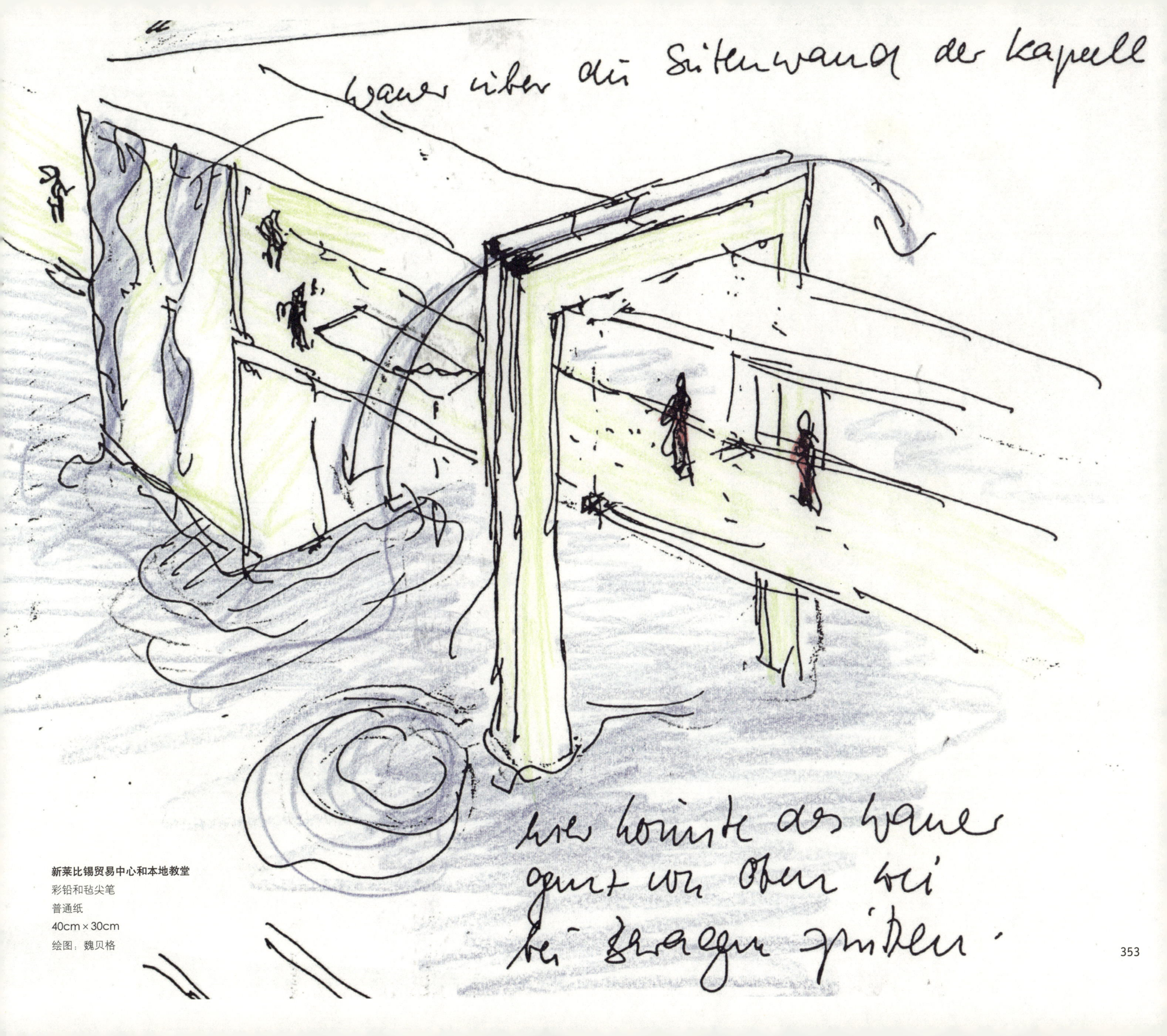

新莱比锡贸易中心和本地教堂
彩铅和毡尖笔
普通纸
40cm × 30cm
绘图：魏贝格

默尔斯，Halde Norddeutschland，平面图
铅笔
描图纸
85cm × 120cm
2002年竞赛一等奖作品
绘图：蒂姆·克拉森，Stefan Prifling，
Wolfram Gothe 和 拉尔夫·怀特

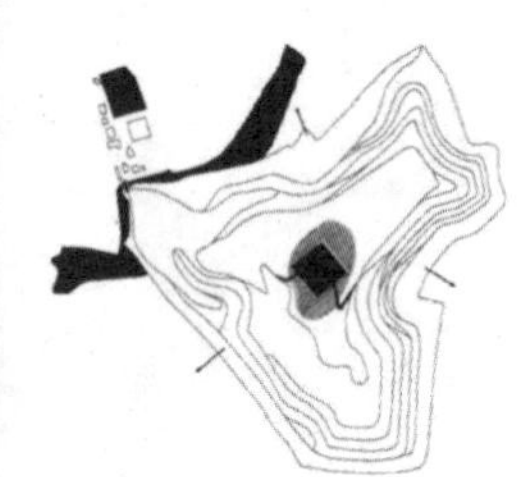

Entwicklungsstufen

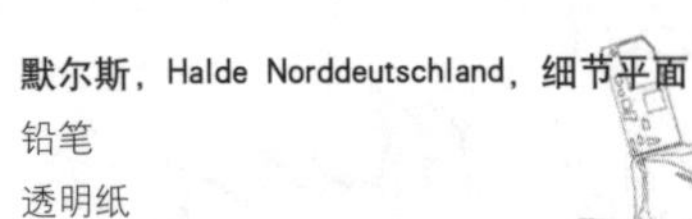

默尔斯，Halde Norddeutschland，细节平面
铅笔
透明纸
85cm × 120cm
2002年竞赛一等奖作品
绘图：蒂姆·克拉森和魏贝格

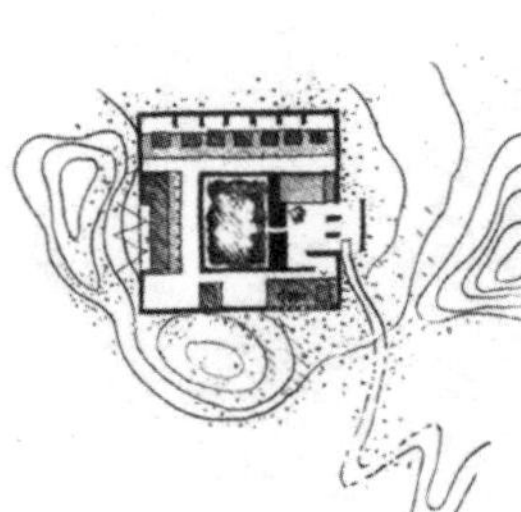

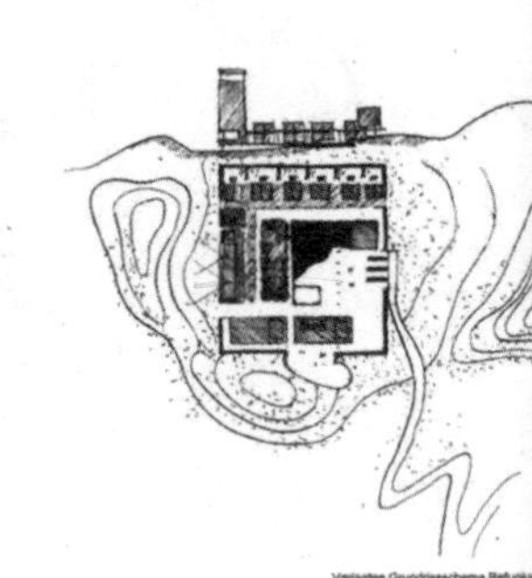

Varianten Grundrissschema Refugium

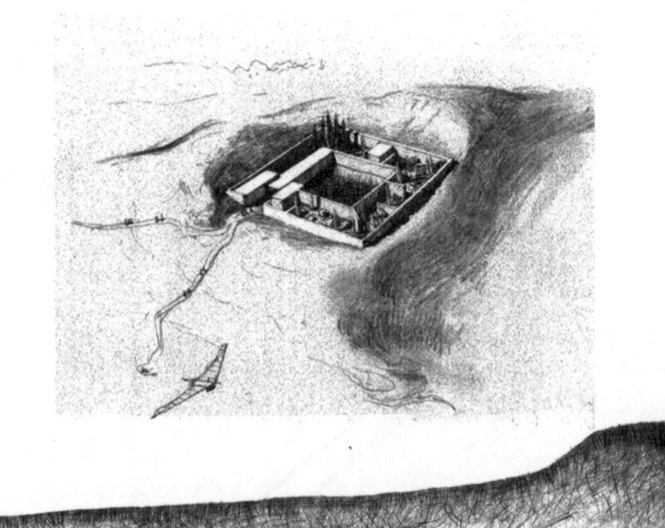

默尔斯，Halde Norddeutschland，细节平面
铅笔
透明纸
85cm × 120cm
2002年竞赛一等奖作品
绘图：蒂姆 · 克拉森，魏贝格和拉尔夫 · 怀特

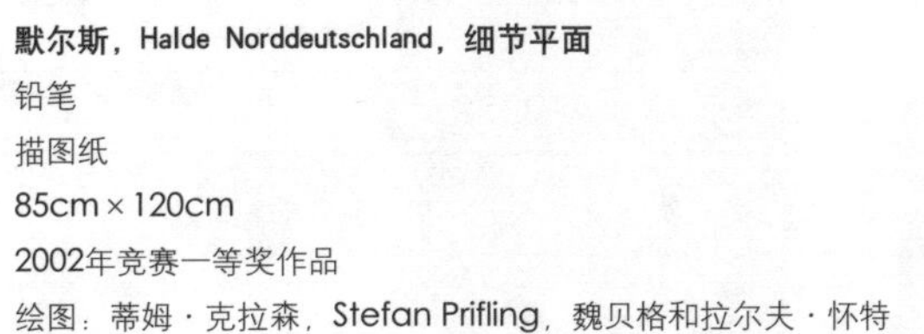

默尔斯，Halde Norddeutschland，细节平面
铅笔
描图纸
85cm × 120cm
2002年竞赛一等奖作品
绘图：蒂姆 · 克拉森，Stefan Prifling，魏贝格和拉尔夫 · 怀特

沃尔夫斯堡，大众汽车股份公司 Autostadt

铅笔

描图纸

115cm × 85cm

1997年竞赛第一名作品

绘图：魏贝格

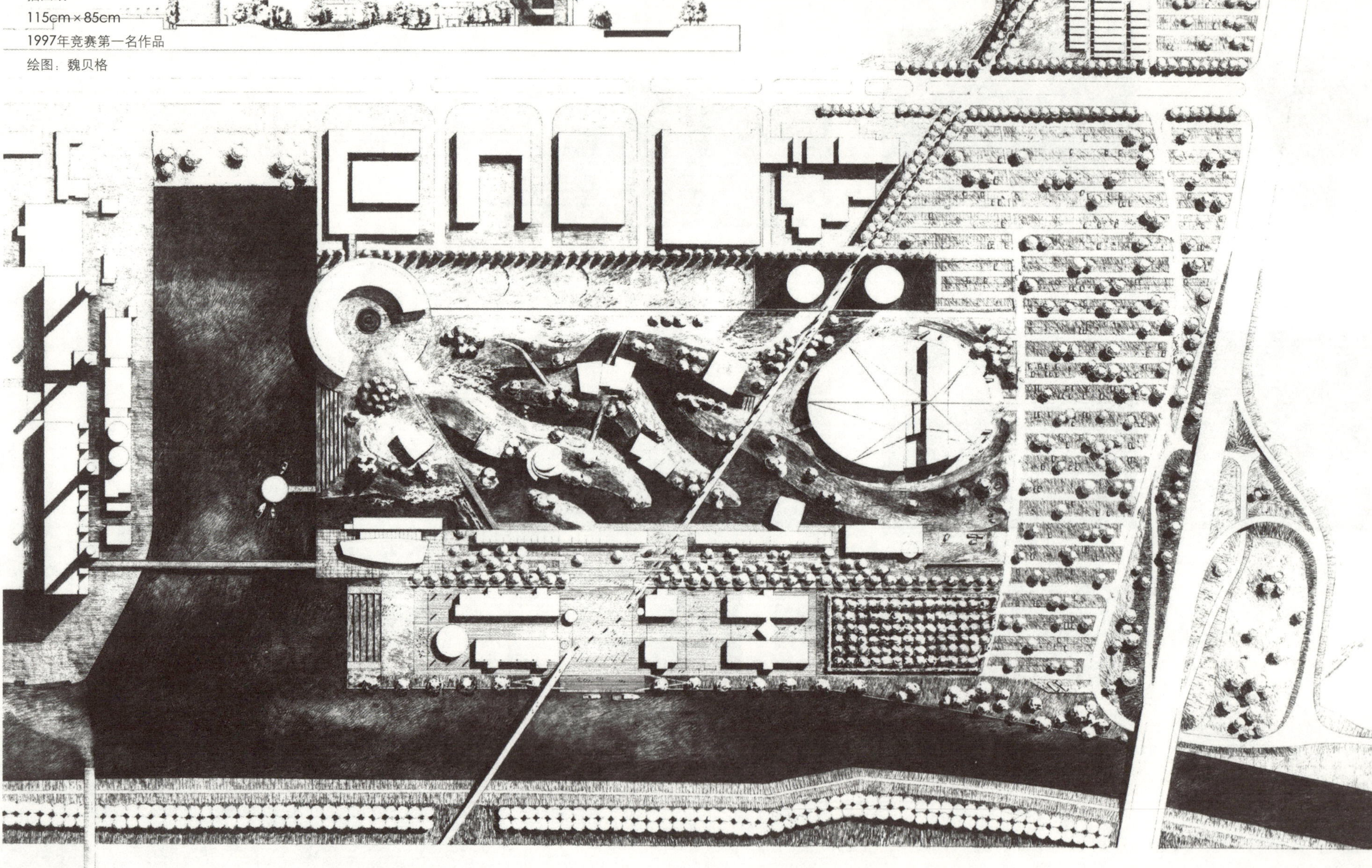

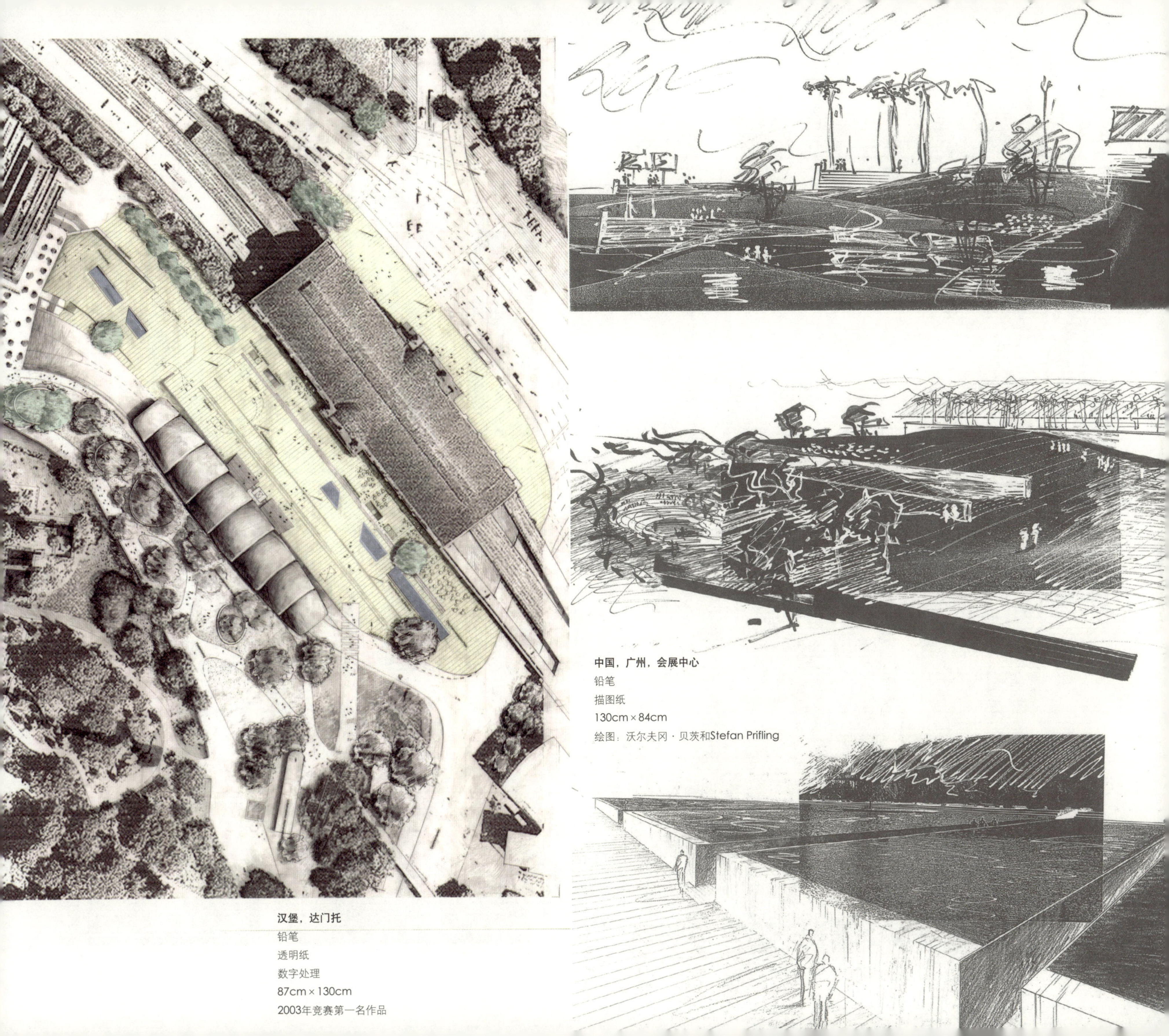

汉堡，达门托

铅笔

透明纸

数字处理

87cm × 130cm

2003年竞赛第一名作品

中国，广州，会展中心

铅笔

描图纸

130cm × 84cm

绘图：沃尔夫冈 · 贝茨和Stefan Prifling

格赖夫斯瓦尔德，集市广场
铅笔
透明纸
彩铅
影印纸
16cm × 12cm
1996年竞赛第一名作品
绘图：魏贝格

格赖夫斯瓦尔德，集市广场
铅笔
透明纸
彩铅
影印纸
80cm × 150cm
1996年竞赛第一名作品
绘图：Henrike Wehberg

格赖夫斯瓦尔德，集市广场
铅笔
透明纸
彩铅
影印纸
16cm × 12cm
1996年竞赛第一名作品
绘图：汉斯·赫尔曼·克拉夫特

柏林，给艺术百分之一
雅各布-凯瑟-豪斯
铅笔
透明纸
彩铅
影印纸
30cm×30cm
1996年
绘图：魏贝格

博哈德·温金教授

博哈德·温金（1934年生于奥斯纳布吕克）除了作为建筑师，还任教于汉堡美术学院。他在明斯特学习工程技术，后为格哈德·格劳布纳教授工作。后于汉堡美术学院学习建筑设计。1965年创建了自己的建筑师事务所，并运营至今。1972年至1988年，他在汉堡担任德国建筑师协会的董事。2001年开始，Bernhard Winking教授成为罗马Planwerk Cluj的董事会成员。

Bernhard Winking.

中国，大连，高尔夫酒店

毡尖笔

素描纸

16cm × 20cm

2002年竞赛一等奖作品

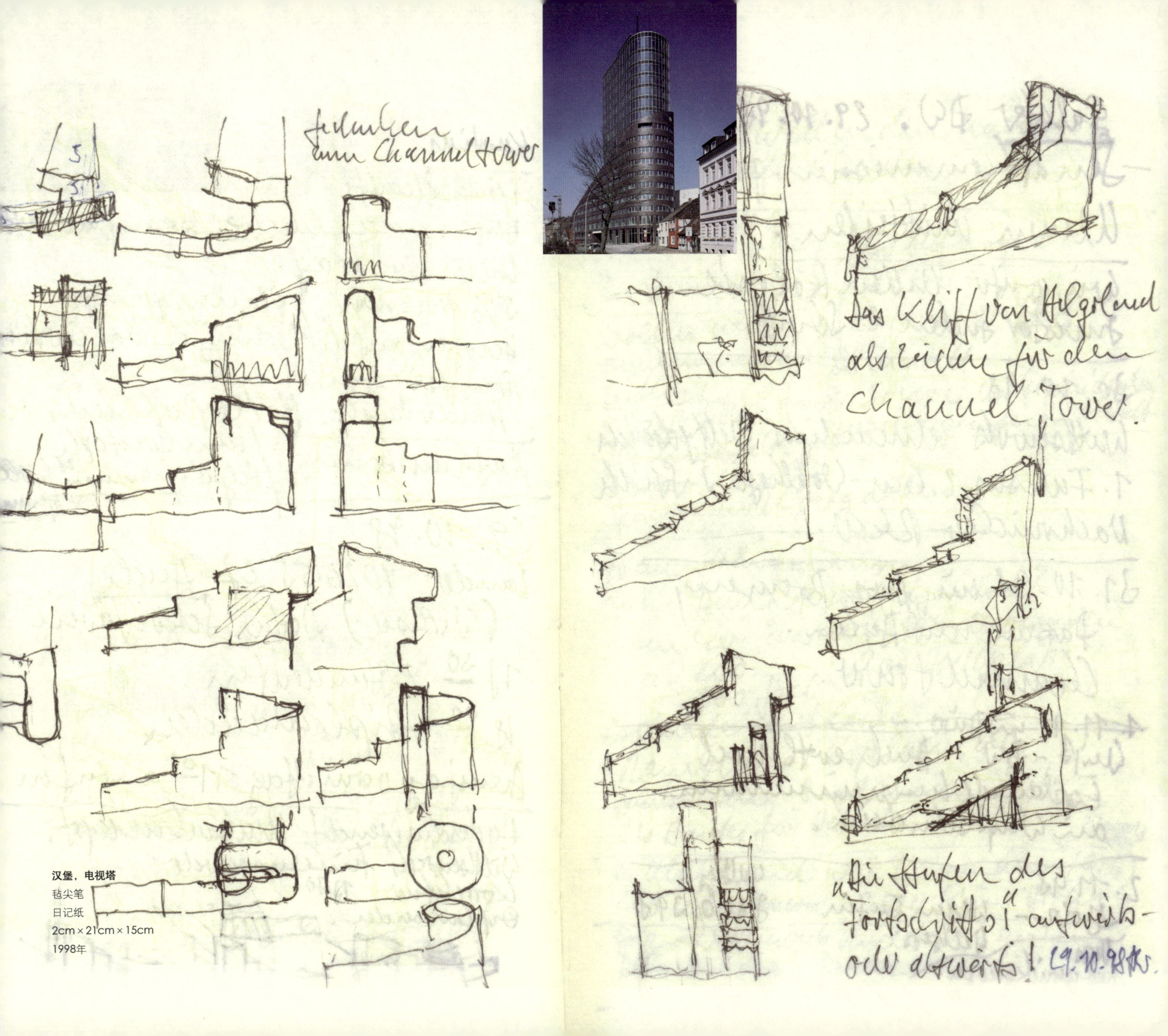

汉堡，电视塔

毡尖笔

日记纸

2cm×21cm×15cm

1998年

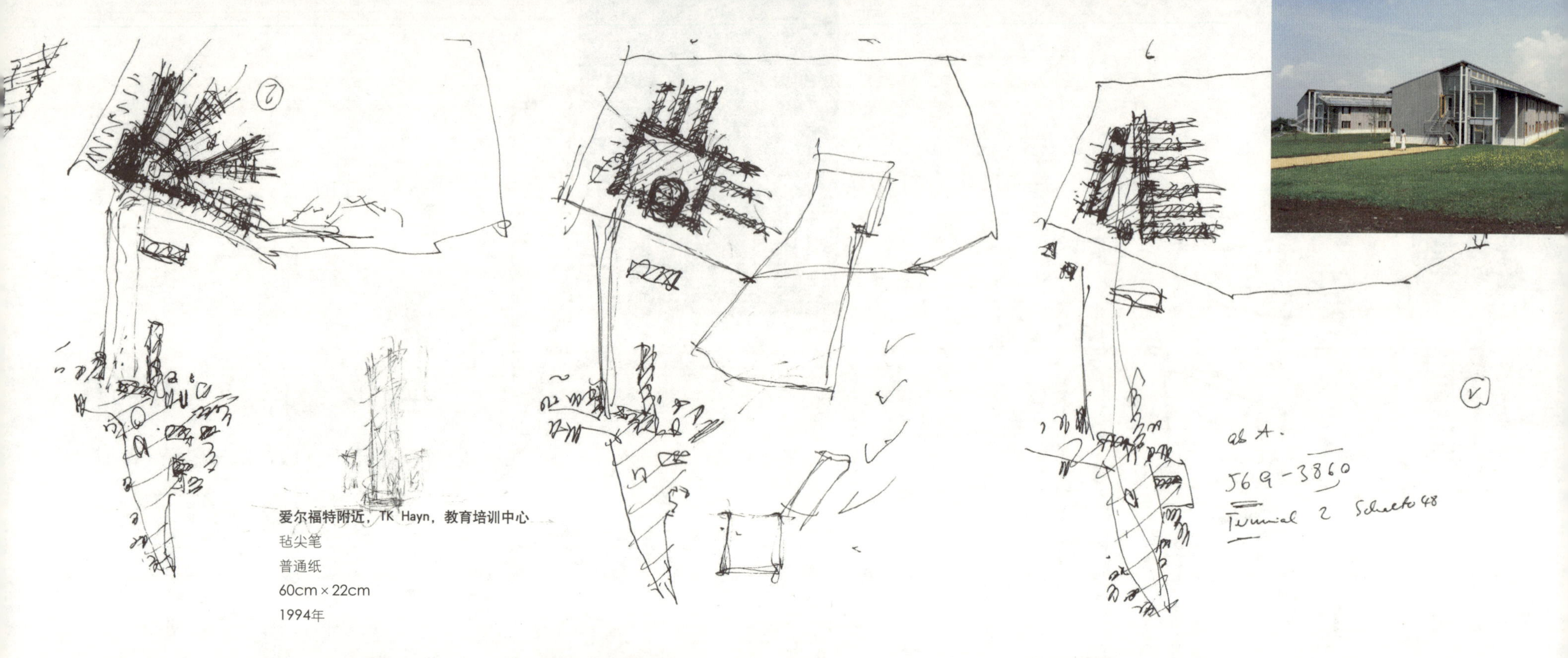

爱尔福特附近，TK Hayn，教育培训中心
毡尖笔
普通纸
60cm × 22cm
1994年

爱尔福特附近，TK Hayn，
教育培训中心
毡尖笔
普通纸
12cm × 12cm
1994年

爱尔福特附近，TK Hayn，
教育培训中心
毡尖笔
15cm × 15cm
1994年

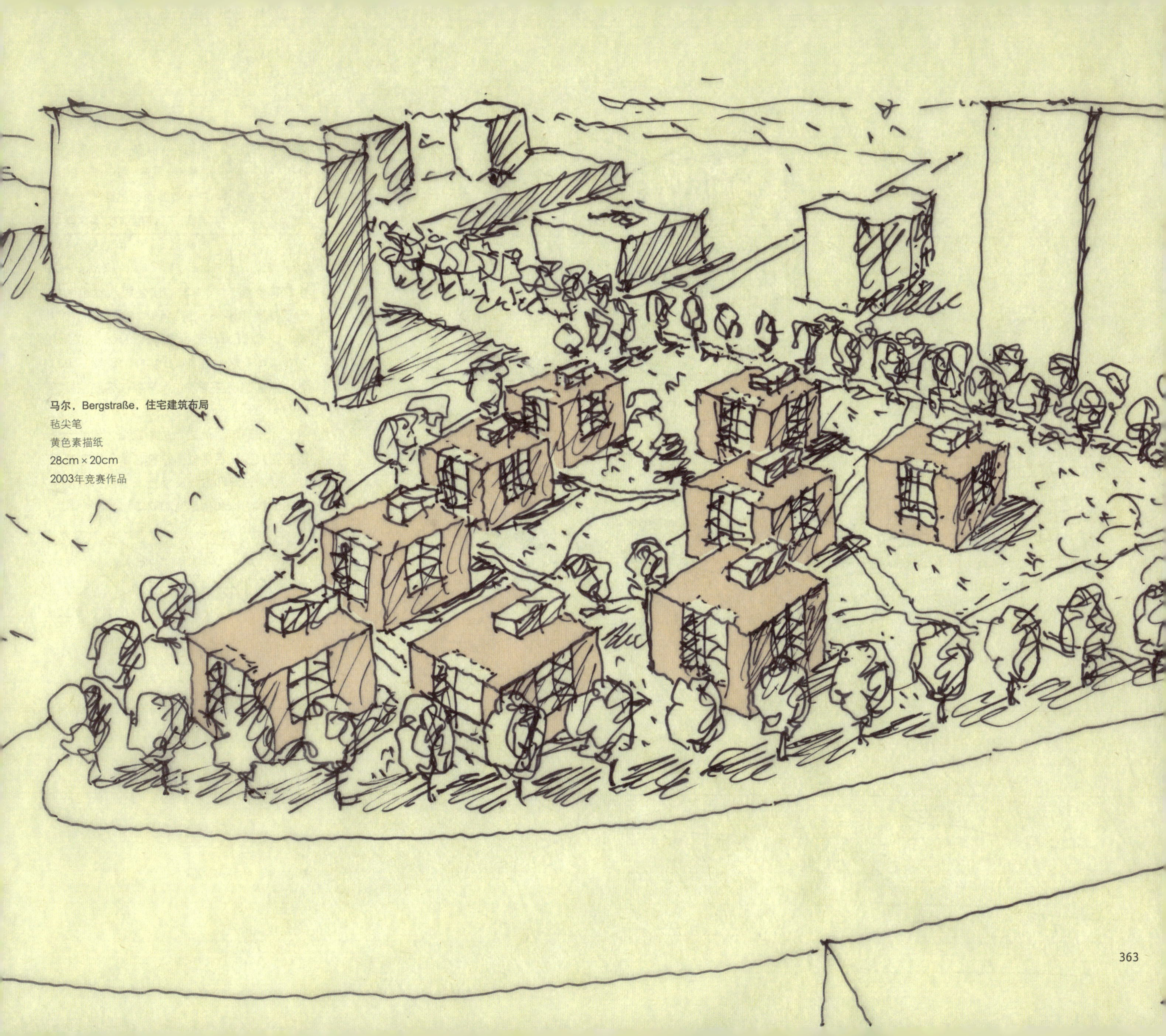

马尔，Bergstraße，住宅建筑布局
毡尖笔
黄色素描纸
28cm × 20cm
2003年竞赛作品

古恩特·扎普·凯尔普教授

古恩特·扎普·凯尔普（1941年生于特兰西瓦尼亚的比斯特里察）在维也纳技术大学学习建筑。1967年他与Laurids Ortner和Klaus Pinter创建了Haus-Rucker-Co建筑事务所。1970年，该公司从维也纳搬到了杜塞尔多夫，直到1992年解散。1971年、1972年Zamp Kelp与Klaus Pinter 和Caroll Mitchels一起，在纽约创办工作室。1981年，他被邀请至康奈尔大学担任客座教授。1987年，他在杜塞尔多夫设立Zamp Kelp办事处。1988年，他成为法兰克福艺术美术学校客座教授，后来成为柏林艺术大学建筑规划、室内设计和数据交换技术专业的教授。他在柏林工作和生活到2002年。

林特尔恩，Jahrtausendblick
墨水
描图纸
29.5cm×21cm
1998年

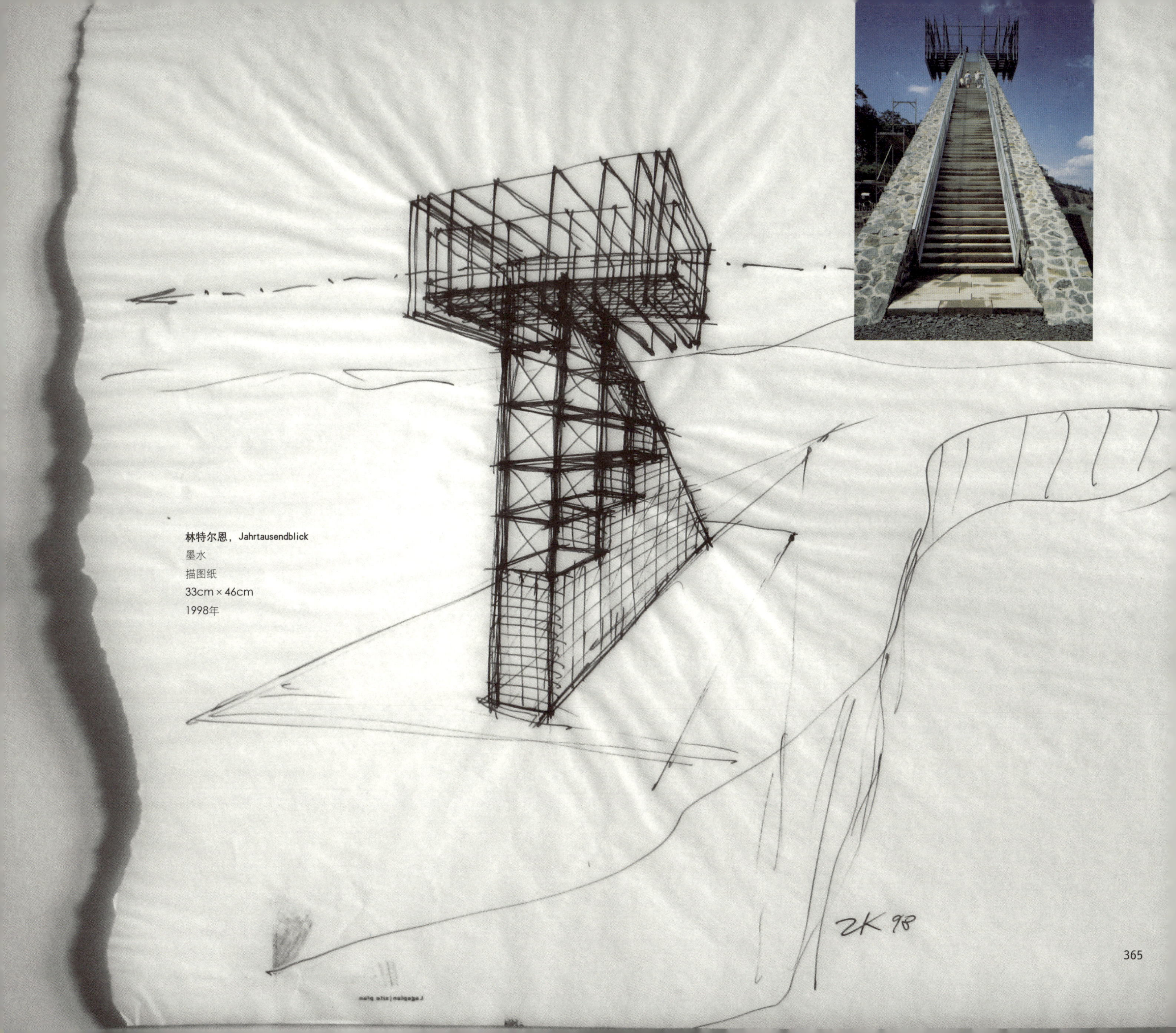

林特尔恩，Jahrtausendblick
墨水
描图纸
33cm × 46cm
1998年

梅特曼，Neanderthal博物馆
铅笔
描图纸
1996年

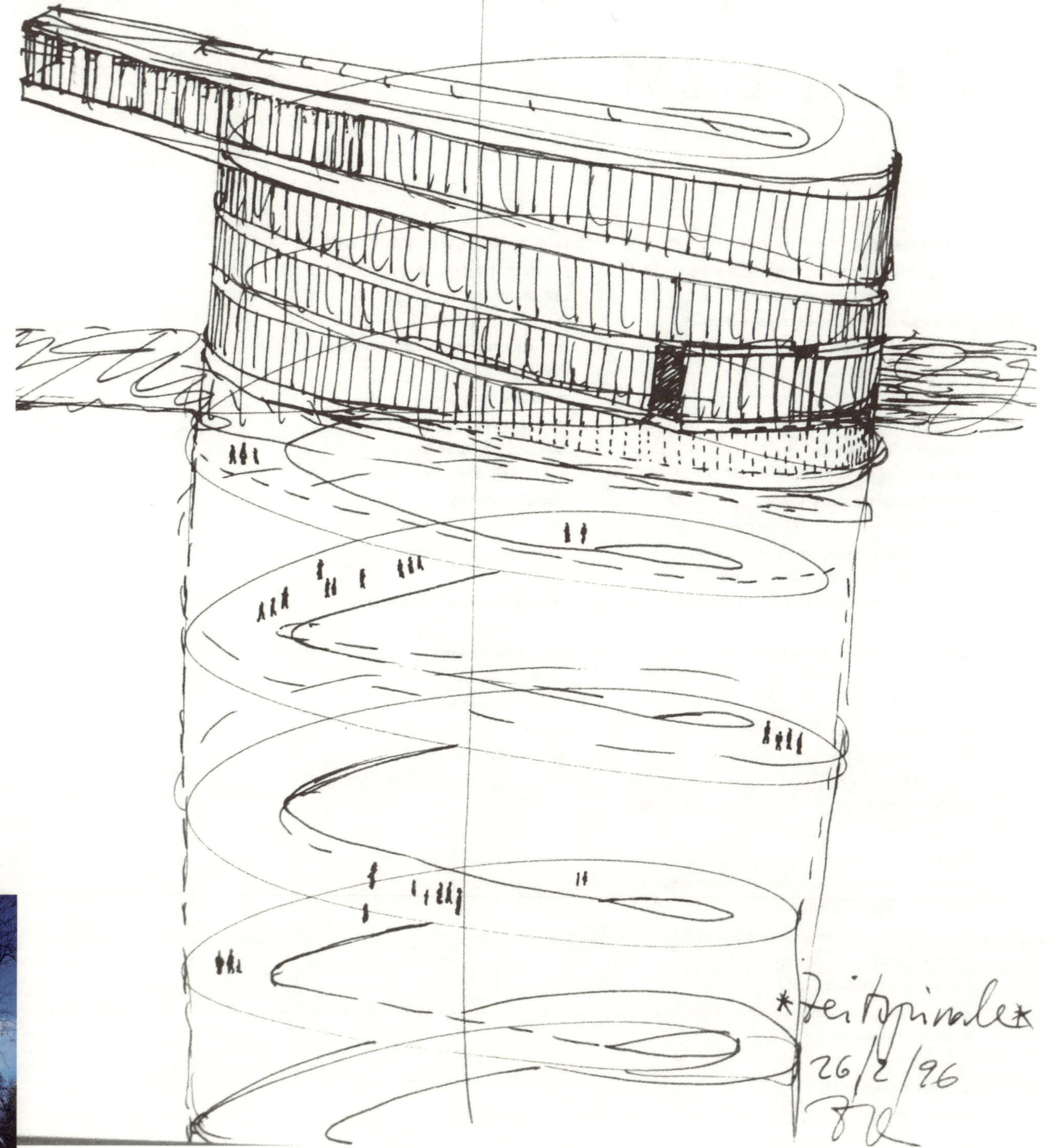

梅特曼，Neanderthal博物馆

铅笔

普通纸

1996年

制作：G. Zamp Kelp 和J. 克劳斯、A. Brandlhuber

图片出处说明

4a Architekten:
Patrick Beuchert (20), Uwe Ditz, Stuttgart (18, 21), KROST Industrial & Building company (22)
ASP Architekten Schneider Meyer Partner:
Bernhard Kroll (51)
BOLLES+WILSON:
Rainer Mader (75 a.), Thomas Rabsch (portrait), Christian Richters (72, 74, 75 b., 76, 77, 78, 79, 81)
Bottega + Ehrhardt:
David Franck Photographie (87, 89)
David Chipperfield Architects:
Christian Richters (103), Ute Zscharnt (102)
d e signstudio Regina Dahmen-Ingenhofen:
Holger Knauf/D. Swarovski & Co., Wattens (105), Anne von Sarosdy (portrait), Thomas Schüpping (104)
Deffner Voitländer Architekten:
Prof. Dieter Leistner (107)
gmp:
Wilfried Dechau (portrait), Foto Luftbild Berlin (123), Klaus Frahm (125), Christian Gahl (124 b.), Ben McMillan (124 a.)
Wolfram Gothe:
Klaus Frahm
Graft:
hiepler brunier architekturfotografie, Berlin (147)
Hilmer & Sattler und Albrecht:
Klaus Kinold, Thilo Mechau, Stefan Müller, Franz Wimmer
KBK Architekten Belz | Lutz:
Roland Halbe, Friedhelm Krischer
Kleihues + Kleihues:
Héléne Binet
Lederer + Ragnarsdóttir + Oei:
Roland Halbe (199, 201)
Léon Wohlhage Wernik Architekten:
Christian Richters, Lukas Roth
m2r architecture:
Prof. Joachim Rostock
Prof. Christoph Mäckler Architekten:
Christoph Lison
Meuser Architekten:
Matthias Broneske
Nalbach + Nalbach:
Reinhard Görner, Stefan Müller
nps tchoban voss:
Florian Bolk, Barclay A. Goepner, Claus Graubner
schneider+schumacher:
Jörg Hempel
seifert.stoeckmann@formalhaut:
Quirin Leppert (311)
Steidle Architekten:
Johann Spengler (329)
Wandel Hoefer Lorch:
Norbert Miguletz, Frankfurt/Main (338)
Prof. Günter Zamp Kelp:
Michael Reisch, Düsseldorf (365, 367)

All other photographs were provided directly by the architectural firms.